页岩气勘查开发方法与评价技术

“十三五”国家重点图书

中国能源新战略——页岩气出版工程

主　编：张金川

副主编：丁江辉　聂海宽
党　伟　唐　玄

華東理工大學出版社
EAST CHINA UNIVERSITY OF SCIENCE AND TECHNOLOGY PRESS
·上海·

上海高校服务国家重大战略出版工程资助项目

图书在版编目(CIP)数据

页岩气勘查开发方法与评价技术/张金川主编. —
上海：华东理工大学出版社,2016.12
(中国能源新战略：页岩气出版工程)
ISBN 978-7-5628-4904-9

Ⅰ.①页… Ⅱ.①张… Ⅲ.①油页岩资源-勘探
Ⅳ.①TE155

中国版本图书馆 CIP 数据核字(2016)第324038号

内容提要

全书共分十章,第1章介绍页岩气资源类型及形成条件,第2章为页岩气勘查开发阶段,第3章是页岩气地质调查,第4章是页岩气测试分析,第5章是页岩气地球物理勘查,第6章是页岩气化学勘查,第7章是页岩气地质与资源评价,第8章是页岩气钻完井,第9章是页岩气开发,第10章介绍页岩气资源经济评价。

本书可供油气相关专业的本科生、研究生和广大青年教师参考,同时也可为从事页岩气勘探开发的专家、学者及业余爱好人员提供指导,具有很高的参考价值。

项目统筹 / 周永斌　马夫娇
责任编辑 / 马夫娇
书籍设计 / 刘晓翔工作室
出版发行 / 华东理工大学出版社有限公司
地　址：上海市梅陇路130号,200237
电　话：021-64250306
网　址：www.ecustpress.cn
邮　箱：zongbianban@ecustpress.cn
印　刷 / 上海雅昌艺术印刷有限公司
开　本 / 710 mm×1000 mm　1/16
印　张 / 19.25
字　数 / 306千字
版　次 / 2016年12月第1版
印　次 / 2016年12月第1次
定　价 / 108.00元

《中国能源新战略——页岩气出版工程》

编辑委员会

总序一

能源矿产是人类赖以生存和发展的重要物质基础，攸关国计民生和国家安全。推动能源地质勘探和开发利用方式变革，调整优化能源结构，构建安全、稳定、经济、清洁的现代能源产业体系，对于保障我国经济社会可持续发展具有重要的战略意义。中共十八届五中全会提出，“十三五”发展将围绕“创新、协调、绿色、开放、共享的发展理念”展开，要“推动低碳循环发展，建设清洁低碳、安全高效的现代能源体系”，这为我国能源产业发展指明了方向。

在当前能源生产和消费结构亟须调整的形势下，中国未来的能源需求缺口日益凸显。清洁、高效的能源将是石油产业发展的重点，而页岩气就是中国能源新战略的重要组成部分。页岩气属于非传统（非常规）地质矿产资源，具有明显的致矿地质异常特殊性，也是我国第172种矿产。页岩气成分以甲烷为主，是一种清洁、高效的能源资源和化工原料，主要用于居民燃气、城市供热、发电、汽车燃料等，用途非常广泛。页岩气的规模开采将进一步优化我国能源结构，同时也有望缓解我国油气资源对外依存度较高的被动局面。

页岩气作为国家能源安全的重要组成部分，是一项有望改变我国能源结构、改变我国南方省份缺油少气格局、“绿化”我国环境的重大领域。目前，页岩气的开发利用在世界范围内已经产生了重要影响，在此形势下，由华东理工大学出版社策划的这套页岩气丛书对国内页岩气的发展具有非常重要的意义。该丛书从页岩气地质、地球物理、开发工程、装备与经济技术评价以及政策环境等方面系统阐述了页岩气全产业链理论、方法与技术，并完善了页岩气地质、物探、开发等相关理论，集成了页岩气勘探开发与工程领域相关的先进技术，摸索了中国页岩气勘探开发相关的经济、环境与政策。丛书的出版有助于开拓页岩气产业新领域、探索新技术、寻求新的发展模式，以期对页岩气关键技术的广泛推广、科学技术创新能力的大力提升、学科建设条件的逐渐改进，以及生产实践效果的显著提高等，能产生积极的推动作用，为国家的能源政策制定提供积极的参考和决策依据。

我想，参与本套丛书策划与编写工作的专家、学者们都希望站在国家高度和学术前沿产出时代精品，为页岩气顺利开发与利用营造积极健康的舆论氛围。中国地质大学（北京）是我国最早涉足页岩气领域的学术机构，其中张金川教授是第376次香山科学会议（中国页岩气资源基础及勘探开发基础问题）、页岩气国际学术研讨会等会议的执行主席，他是中国最早开始引进并系统研究我国页岩气的学者，曾任贵州省页岩气勘查与评价和全国页岩气资源评价与有利选区项目技术首席，由他担任丛书主编我认为非常称职，希望该丛书能够成为页岩气出版领域中的标杆。

让我感到欣慰和感激的是，这套丛书的出版得到了国家出版基金的大力支持，我要向参与丛书编写工作的所有同仁和华东理工大学出版社表示感谢，正是有了你们在各自专业领域中的倾情奉献和互相配合，才使得这套高水准的学术专著能够顺利出版问世。

中国科学院院士

2016年5月于北京

总序二

进入21世纪，世情、国情继续发生深刻变化，世界政治经济形势更加复杂严峻，能源发展呈现新的阶段性特征，我国既面临由能源大国向能源强国转变的难得历史机遇，又面临诸多问题和挑战。从国际上看，二氧化碳排放与全球气候变化、国际金融危机与石油天然气价格波动、地缘政治与局部战争等因素对国际能源形势产生了重要影响，世界能源市场更加复杂多变，不稳定性和不确定性进一步增加。从国内看，虽然国民经济仍在持续中高速发展，但是城乡雾霾污染日趋严重，能源供给和消费结构严重不合理，可持续的长期发展战略与现实经济短期的利益冲突相互交织，能源规划与环境保护互相制约，绿色清洁能源亟待开发，页岩气资源开发和利用有待进一步推进。我国页岩气资源与环境的和谐发展面临重大机遇和挑战。

随着社会对清洁能源需求不断扩大，天然气价格不断上涨，人们对页岩气勘探开发技术的认识也在不断加深，从而在国内出现了一股页岩气热潮。为了加快页岩气的开发利用，国家发改委和国家能源局从2009年9月开始，研究制定了鼓励页岩气勘探与开发利用的相关政策。随着科研攻关力度和核心技术突破能力的不断提高，先后发现了以威远-长宁为代表的下古生界海相和以延长为代表的中生界陆相等页岩气田，特别是开发了特大型焦石坝海相页岩气，将我国页岩气工业推送到了一个特殊的历史新阶段。页岩气产业的发展既需要系统的理论认识和配套的方法技术，也需要合理的政策、有效的措施及配套的管理，我国的页岩气技术发展方兴未艾，页岩气资源有待进一步开发。

我很荣幸能在丛书策划之初就加入编委会大家庭，有机会和页岩气领域年轻的学者们共同探讨我国页岩气发展之路。我想，正是有了你们对页岩气理论研究与实践的攻关才有了这套书扎实的科学基础。放眼未来，中国的页岩气发展还有很多政策、科研和开发利用上的困难，但只要大家齐心协力，最终我们必将取得页岩气发展的良好成果，使科技发展的果实惠及千家万户。

这套丛书内容丰富，涉及领域广泛，从产业链角度对页岩气开发与利用的相关理论、技术、政策与环境等方面进行了系统全面、逻辑清晰地阐述，对当今页岩气专业理论、先进技术及管理模式等体系的最新进展进行了全产业链的知识集成。通过对这些内容的全面介绍，可以清晰地透视页岩气技术面貌，把握页岩气的来龙去脉，并展望未来的发展趋势。总之，这套丛书的出版将为我国能源战略提供新的、专业的决策依据与参考，以期推动页岩气产业发展，为我国能源生产与消费改革做出能源人的贡献。

中国页岩气勘探开发地质、地面及工程条件异常复杂，但我想说，打造世纪精品力作是我们的目标，然而在此过程中必定有着多样的困难，但只要我们以专业的科学精神去对待、解决这些问题，最终的美好成果是能够创造出来的，祖国的蓝天白云有我们曾经的努力！

中国工程院院士

康玉柱

2016年5月

总序三

页岩气属于新型的绿色能源资源，是一种典型的非常规天然气。近年来，页岩气的勘探开发异军突起，已成为全球油气工业中的新亮点，并逐步向全方位的变革演进。我国已将页岩气列为新型能源发展重点，纳入了国家能源发展规划。

页岩气开发的成功与技术成熟，极大地推动了油气工业的技术革命。与其他类型天然气相比，页岩气具有资源分布连片、技术集约程度高、生产周期长等开发特点。页岩气的经济性开发是一个全新的领域，它要求对页岩气地质概念的准确把握、开发工艺技术的恰当应用、开发效果的合理预测与评价。

美国现今比较成熟的页岩气开发技术，是在20世纪80年代初直井泡沫压裂技术的基础上逐步完善而发展起来的，先后经历了从直井到水平井、从泡沫和交联冻胶到清水压裂液、从简单压裂到重复压裂和同步压裂工艺的演进，页岩气的成功开发拉动了美国页岩气产业的快速发展。这其中，完善的基础设施、专业的技术服务、有效的监管体系为页岩气开发提供了重要的支持和保障作用，批量化生产的低成本开发技术是页岩气开发成功的关键。

我国页岩气的资源背景、工程条件、矿权模式、运行机制及市场环境等明显有别于美国，页岩气开发与发展任重道远。我国页岩气资源丰富、类型多样，但开发地质条件复杂，开发理论与技术相对滞后，加之开发区水资源有限、管网稀疏、人口稠密等不利因素，导致中国的页岩气发展不能完全照搬照抄美国的经验、技术、政策及法规，必须探索出一条适合于我国自身特色的页岩气开发技术与发展道路。

华东理工大学出版社策划出版的这套页岩气产业化系列丛书，首次从页岩气地质、地球物理、开发工程、装备与经济技术评价以及政策环境等方面对页岩气相关的理论、方法、技术及原则进行了系统阐述，集成了页岩气勘探开发理论与工程利用相关领域先进的技术系列，完成了页岩气全产业链的系统化理论构建，摸索出了与中国页岩气工业开发利用相关的经济模式以及环境与政策，探讨了中国自己的页岩气发展道路，为中国的页岩气发展指明了方向，是中国页岩气工作者不可多得的工作指南，是相关企业管理层制定页岩气投资决策的依据，也是政府部门制定相关法律法规的重要参考。

我非常荣幸能够成为这套丛书的编委会顾问成员，很高兴为丛书作序。我对华东理工大学出版社的独特创意、精美策划及辛苦工作感到由衷的赞赏和钦佩，对以张金川教授为代表的丛书主编和作者们良好的组织、辛苦的耕耘、无私的奉献表示非常赞赏，对全体工作者的辛勤劳动充满由衷的敬意。

这套丛书的问世，将会对我国的页岩气产业产生重要影响，我愿意向广大读者推荐这套丛书。

中国工程院院士

胡文瑞

2016年5月

总序 四

绿色低碳是中国能源发展的新战略之一。作为一种重要的清洁能源，天然气在中国一次能源消费中的比重到2020年时将提高到10%以上，页岩气的高效开发是实现这一战略目标的一种重要途径。

页岩气革命发生在美国，并在世界范围内引起了能源大变局和新一轮油价下降。在经过了漫长的偶遇发现（1821—1975年）和艰难探索（1976—2005年）之后，美国的页岩气于2006年进入快速发展期。2005年，美国的页岩气产量还只有1134亿立方米，仅占美国当年天然气总产量的4.8%；而到了2015年，页岩气在美国天然气年总产量中已接近半壁江山，产量增至4291亿立方米，年占比达到了46.1%。即使在目前气价持续走低的大背景下，美国页岩气产量仍基本保持稳定。美国页岩气产业的大发展，使美国逐步实现了天然气自给自足，并有向天然气出口国转变的趋势。2015年美国天然气净进口量在总消费量中的占比已降至9.25%，促进了美国经济的复苏、GDP的增长和政府收入的增加，提振了美国传统制造业并吸引其回归美国本土。更重要的是，美国页岩气引发了一场世界能源供给革命，促进了世界其他国家页岩气产业的发展。

中国含气页岩层系多，资源分布广。其中，陆相页岩发育于中、新生界，在中国六大含油气盆地均有分布；海陆过渡相页岩发育于上古生界和中生界，在中国华北、南方和西北广泛分布；海相页岩以下古生界为主，主要分布于扬子和塔里木盆地。中国页岩气勘探开发起步虽晚，但发展速度很快，已成为继美国和加拿大之后世界上第三个实现页岩气商业化开发的国家。这一切都要归功于政府的大力支持、学界的积极参与及业界的坚定信念与投入。经过全面细致的选区优化评价（2005—2009年）和钻探评价（2010—2012年），中国很快实现了涪陵（中国石化）和威远－长宁（中国石油）页岩气突破。2012年，中国石化成功地在涪陵地区发现了中国第一个大型海相气田。此后，涪陵页岩气勘探和产能建设快速推进，目前已提交探明地质储量3 805.98亿立方米，页岩气日产量（截至2016年6月）也达到了1 387万立方米。故大力发展页岩气，不仅有助于实现清洁低碳的能源发展战略，还有助于促进中国的经济发展。

然而，中国页岩气开发也面临着地下地质条件复杂、地表自然条件恶劣、管网等基础设施不完善、开发成本较高等诸多挑战。页岩气开发是一项系统工程，既要有丰富的地质理论为页岩气勘探提供指导，又要有先进配套的工程技术为页岩气开发提供支撑，还要有完善的监管政策为页岩气产业的健康发展提供保障。为了更好地发展中国的页岩气产业，亟须从页岩气地质理论、地球物理勘探技术、工程技术和装备、政策法规及环境保护等诸多方面开展系统的研究和总结，该套页岩气丛书的出版将填补这项空白。

该丛书涉及整个页岩气产业链，介绍了中国页岩气产业的发展现状，分析了未来的发展潜力，集成了勘探开发相关技术，总结了管理模式的创新。相信该套丛书的出版将会为我国页岩气产业链的快速成熟和健康发展带来积极的推动作用。

中国科学院院士

2016年5月

丛书前言

社会经济的不断增长提高了对能源需求的依赖程度，城市人口的增加提高了对清洁能源的需求，全球资源产业链重心后移导致了能源类型需求的转移，不合理的能源资源结构对环境和气候产生了严重的影响。页岩气是一种特殊的非常规天然气资源，她延伸了传统的油气地质与成藏理论，新的理念与逻辑改变了我们对油气赋存地质条件和富集规律的认识。页岩气的到来冲击了传统的油气地质理论、开发工艺技术以及环境与政策相关法规，将我国传统的“东中西”油气分布格局转置于“南中北”背景之下，提供了我国油气能源供给与消费结构改变的理论与物质基础。美国的页岩气革命、加拿大的页岩气开发、我国的页岩气突破，促进了全球能源结构的调整和改变，影响着世界能源生产与消费格局的深刻变化。

第一次看到页岩气（Shale gas）这个词还是在我的博士生时代，是我在图书馆研究深盆气（Deep basin gas）外文文献时的“意外”收获。但从那时起，我就注意上了页岩气，并逐渐为之痴迷。亲身经历了页岩气在中国的启动，充分体会到了页岩气产业发展的迅速，从开始只有为数不多的几个人进行页岩气研究，到现在我们已经有非常多优秀年轻人的拼搏努力，他们分布在页岩气产业链的各个角落并默默地做着他们认为有可能改变中国能源结构的事。

广袤的长江以南地区曾是我国老一辈地质工作者花费了数十年时间进行油

气勘探而“久攻不破”的难点地区，短短几年的页岩气勘探和实践已经使该地区呈现出了“星星之火可以燎原”之势。在油气探矿权空白区，渝页1、岑页1、酉科1、常页1、水页1、柳页1、秭地1、安页1、港地1等一批不同地区、不同层系的探井获得了良好的页岩气发现，特别是在探矿权区域内大型优质页岩气田（彭水、长宁-威远、焦石坝等）的成功开发，极大地提振了油气勘探与发现的勇气和决心。在长江以北，目前也已经在长期存在争议的地区有越来越多的探井揭示了新的含气层系，柳坪177、牟页1、鄂页1、尉参1、郑西页1等探井不断有新的发现和突破，形成了以延长、中牟、温县等为代表的陆相页岩气示范区和海陆过渡相页岩气试验区，打破了油气勘探发现和认识格局。中国近几年的页岩气勘探成就，使我们能够在几十年都不曾有油气发现的区域内再放希望之光，在许多勘探失利或原来不曾预期的地方点燃了燎原之火，在更广阔的地区重新拾起了油气发现的信心，在许多新的领域内带来了原来不曾预期的希望，在许多层系获得了原来不曾想象的意外惊喜，极大地拓展了油气勘探与发现的空间和视野。更重要的是，页岩气理论与技术的发展促进了油气物探技术的进一步完善和成熟，改进了油气开发生产工艺技术，启动了能源经济技术新的环境与政策思考，整体推高了油气工业的技术能力和水平，催生了页岩气产业链的快速发展。

该套页岩气丛书响应了国家《能源发展“十二五”规划》中关于大力开发非常规能源与调整能源消费结构的愿景，及时高效地回应了《大气污染防治行动计划》中对于清洁能源供应的急切需求以及《页岩气发展规划（2011—2015年）》的精神内涵与宏观战略要求，根据《国家应对气候变化规划（2014—2020）》和《能源发展战略行动计划（2014—2020）》的建议意见，充分考虑我国当前油气短缺的能源现状，以面向“十三五”能源健康发展为目标，对页岩气地质、物探、工程、政策等方面进行了系统讨论，试图突出新领域、新理论、新技术、新方法，为解决页岩气领域中所面临的新问题提供参考依据，对页岩气产业链相关理论与技术提供系统参考和基础。

承担国家出版基金项目《中国能源新战略——页岩气出版工程》（入选《“十三五”国家重点图书、音像、电子出版物出版规划》）的组织编写重任，心中不免惶恐，因为这是我第一次做分量如此之重的学术出版。当然，也是我第一次有机会系统地来梳理这些年我们团队所走过的页岩气之路。丛书的出版离不开广大作者的辛勤付出，他们以实际行动表达了对本职工作的热爱、对页岩气产业的追求以及对国家能源行业发展的希冀。特别是，丛书顾问在立意、构架、设计及编撰、出版等环节中也给予了精心指导和大力支持。正是有了众多同行专家的无私帮助和热情鼓励，我们的作者团队才义无反顾地接受了这一充满挑战的历史性艰巨任务。

该套丛书的作者们长期耕耘在教学、科研和生产第一线，他们未雨绸缪、身体力行、不断探索前进，将美国页岩气概念和技术成功引进中国；他们大胆创新实践，对全国范围内页岩气展开了有利区优选、潜力评价、趋势展望；他们尝试先行先试，将页岩气地质理论、开发技术、评价方法、实践原则等形成了完整体系；他们奋力摸索前行，以全国页岩气蓝图勾画、页岩气政策改革探讨、页岩气技术规划促产为己任，全面促进了页岩气产业链的健康发展。

我们的出版人非常关注国家的重大科技战略，他们希望能借用其宣传职能，为读者提供一套页岩气知识大餐，为国家的重大决策奉上可供参考的意见。该套丛书的组织工作任务极其烦琐，出版工作任务也非常繁重，但有华东理工大学出版社领导及其编辑、出版团队前瞻性地策划、周密求是地论证、精心细致地安排、无怨地辛苦奉献，积极有力地推动了全书的进展。

感谢我们的团队，一支非常有责任心并且专业的丛书编写与出版团队。

该套丛书共分为页岩气地质理论与勘探评价、页岩气地球物理勘探方法与技术、页岩气开发工程与技术、页岩气技术经济与环境政策等4卷，每卷又包括了按专业顺序而分的若干册，合计20本。丛书对页岩气产业链相关理论、方法及技术等进行了全面系统地梳理、阐述与讨论。同时，还配备出版了中英文版的页岩气原理与技术视频（电子出版物），丰富了页岩气展示内容。通过这套丛书，我们希望能为页岩气科研与生产人员提供一套完整的专业技术知识体系以促进页岩气理论与实践的进一步发展，为页岩气勘探开发理论研究、生产实践以及教学培训等提供参考资料，为进一步突破页岩气勘探开发及利用中的关键技术瓶颈提供支撑，为国家能源政策提供决策参考，为我国页岩气的大规模高质量开发利用提供助推燃料。

国际页岩气市场格局正在成型，我国页岩气产业正在快速发展，页岩气领域中的科技难题和壁垒正在被逐个攻破，页岩气产业发展方兴未艾，正需要以全新的理论为依据、以先进的技术为支撑、以高素质人才为依托，推动我国页岩气产业健康发展。该套丛书的出版将对我国能源结构的调整、生态环境的改善、美丽中国梦的实现产生积极的推动作用，对人才强国、科技兴国和创新驱动战略的实施具有重大的战略意义。

不断探索创新是我们的职责，不断完善提高是我们的追求，“路漫漫其修远兮，吾将上下而求索”，我们将努力打造出页岩气产业领域内最系统、最全面的精品学术著作系列。

丛书主编

2015年12月于中国地质大学（北京）

前言

我国页岩气资源比较丰富，目前已在南方的五峰组-龙马溪组海相、北方的延长组陆相以及南北方的海陆过渡相页岩地层中获得了大范围的勘探发现，建成了以涪陵为代表的高产页岩气田，证实了我国页岩气的普遍存在。根据全国页岩气资源评价结果(2015)，我国页岩气技术可采资源量为 $21.8\times10^{12}\ m^3$，资源前景广阔。

自从2009年渝页1井发现页岩气以来，我国页岩气在2015年的产量就已经达到了 $45\times10^{8}\ m^3$，在年天然气总产量中的占比达到了3.5%，使我国成为北美之外第一个实现页岩气商业化开发的国家。纵观全球页岩气产量前三强，美国、加拿大和中国的页岩气年产量占各自天然气年总产量的百分比在过去的六年中分别达到了50%、23.3%和3.5%，页岩气产量获得了爆发式的增长，产生了异军突起、后来居上、傲视群雄的“页岩气速度”。

页岩气之所以能够获得大规模的勘探发现和局部地区的快速开发，除了丰富的资源基础外，还与恰当的勘查开发方法及评价技术密不可分。页岩气具有原地成藏、自生自储、岩性致密、改造开发及非均质性强等特点，针对性的勘查开发及评价技术要求高。我国页岩气勘查开发起步相对较晚，方法有限、技术薄弱、经验不足，导致页岩气勘查开发成本居高不下，严重制约了页岩气产业化进程，系统地归纳梳理页岩气勘查开发相关技术势在必行。

本书针对页岩及页岩气的地质特殊性，试图从产业化角度对页岩气勘查开发过程中的基本方法和技术进行梳理。全书共分为10章，第1章对页岩气的资源类型及形成条件进行概述，第2章对页岩气勘查开发阶段进行了梳理，第3~6章分别从地质调查、测试分析、地球物理及地球化学勘查等方面对页岩气的勘查开发方法和技术手段进行梳理，第7章对页岩气地质与资源评价进行阐述，第8~10章分别从钻完井、开发及经济评价等方面进行论述。

中国地质大学（北京）页岩气团队是国内最早开始系统研究页岩气的单位，长期关注国内外页岩气相关进展、研究方法和技术，形成了从地质调查、测试分析到有利选区、资源评价及整体评价的系统方法和技术体系。本书作者群活跃在页岩气评价技术领域，全书编写分工如下：第1章由张金川、马广鑫、霍志鹏编写，第2章由黄璜、聂海宽、林拓编写，第3章由党伟、李中明、郎岳编写，第4章由张金川、茹意、张敏、聂海宽编写，第5章由唐玄、陈康、党伟编写，第6章由刘飏、刘萱、张鹏编写，第7章由郎岳、姜生玲、林腊梅编写，第8章由郭睿波、丁江辉、赵盼旺编写，第9章由丁江辉、毛俊莉编写，第10章由赵盼旺、郎岳编写。全书由张金川、丁江辉统稿。

本书所使用材料部分来源于河南省重大科技专项（151100311000）、北京市科委重大项目（Z141100003514004）、国家科技重大专项（2016ZX05034－002－001）等资助项目的研究成果，得益于国土资源部页岩气资源战略评价重点实验室的支持，在此一并致谢。

由于时间较仓促，所涉内容广泛，各种勘查开发方法与评价技术发展迅速，书中难免存在不足之处，敬请读者批评指正。

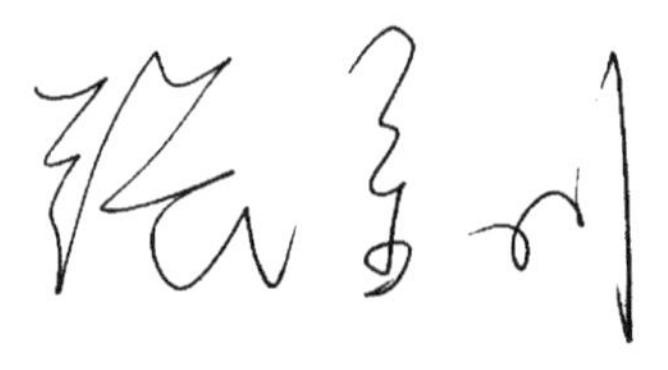

目录

页岩气
勘查开发
方法与
评价技术

第1章

页岩气资源类型及形成条件

1.1 页岩气形成的沉积类型

1.1.1 页岩沉积相

我们将粒径小于 5 μm(表 1 - 1),主要由细粒碎屑、黏土矿物、有机质等所组成的沉积岩认定为页岩。页岩在自然界中的分布较广泛,由黏土沉积物经压力和温度固结后所形成,常可见薄片状层理或薄页状纹理,除黏土矿物(如高岭石、蒙脱石、水云母)外,还含有许多碎屑矿物(如石英、长石、云母等)和自生矿物(如铁、铝、锰的氧化物与氢氧化物等)及有机质。

表 1 - 1 碎屑岩粒径划分

碎屑粒径/mm	陆源碎屑名称	碎屑粒径/mm	陆源碎屑名称
<0.005	泥	2 ~ 10	细 砾
0.005 ~ 0.025	细粉砂	10 ~ 50	中 砾
0.025 ~ 0.05	粗粉砂	50 ~ 100	粗 砾
0.05 ~ 0.25	细 砂	100 ~ 1 000	巨 砾
0.25 ~ 0.5	中 砂	>1 000	块 砾
0.5 ~ 2	粗 砂		

当页岩沉积物堆积并被埋藏下来之后,即进入与原沉积介质隔绝的新环境,由于物理化学条件的改变,沉积物的成分和结构构造将发生一系列变化。原始沉积的软泥状泥质沉积物,其孔隙度可高达 70% ~ 90%,经过压实、黏土矿物转化、脱水胶结等成岩作用而形成固结的页岩。

页岩可形成于多种沉积相环境中(表 1 - 2),可以说,只要有静水环境,就会有页岩沉积,但由于各自条件差异太大,所形成的页岩也就非常不同,所以并不是所有沉积相中所沉积的页岩均可形成页岩气,只有有机质供给充沛、还原条件较好、长期保持稳定的沉积环境,才有利于有效的页岩沉积。

表1-2 形成页岩的沉积相及其特点

相	亚相	页岩发育特点
河流	牛轭湖	粉砂岩与页岩间互发育
	河漫滩	以页岩为主，砂岩颗粒细
	漫滩沼泽	以炭质页岩为主，见钙质结核或团块
湖泊	滨湖浅滩	颜色以灰色为主，常与粉砂、细砂岩互层
	浅湖	粉砂岩与页岩为主，局部夹泥晶灰岩或白云岩
	半深湖-深湖	深灰、灰黑色富有机质页岩，夹薄层泥灰岩
	浊流	夹层状灰、深灰色页岩
三角洲	三角洲平原	薄层状页岩、粉砂质页岩，局部发育富含有机质的沼泽
	前三角洲	以暗色页岩为主，局部夹粉砂岩
海相	滨海（湖间带）	夹层状页岩
	浅海(潮下带)	泥晶(隐晶)或粒屑亮晶灰岩夹页岩
	半深海	泥晶灰岩、泥质灰岩夹少量页岩或硅质(矽质)层或结核
	深海	以暗色富含有机质页岩或硅质岩为主
	浊流	页岩中夹有砾岩

沉积相是控制页岩沉积面积和厚度，决定页岩有机质类型和丰度，影响页岩矿物成分、结构构造、裂缝以及孔隙结构等页岩特点的本质原因(表1-3)。

表1-3 富有机质页岩发育的主要沉积相类型

沉积相	岩性	生物	地球化学指标
沼泽	以黑色泥岩为主，多炭屑，夹煤层或煤线，常见黄铁矿结核及菱铁矿夹层，分布范围较小	含有大量的植物遗体，特别是植物根、茎	Sr/Ba <1；Sr/Ca 小；Th/V >7；$0.03 < Fe_{黄铁矿}/C_{有机} < 0.06$
深湖-半深湖	黑色淤泥、灰质淤泥，可夹少量灰岩、泥灰岩和油页岩，含有呈分散状的黄铁矿	轮藻等淡水藻类，瓣鳃、腹足、介形虫、昆虫等淡淡水生物	Eh 为 −0.3 ~ 0.5；$Fe^{2+}/Fe^{3+} \gg 1$；Cu /Zn <0.21；Sr/Ba <0.2
深海-半深海	沉积为绿色、红色或蓝色软泥，可见碳酸盐、锰结核、自生磷灰石及隐晶质胶磷矿等	红藻等海水藻类、有孔虫、三叶虫、牙形虫、笔石等海水生物	硼质量分数为$(80 \sim 125) \times 10^{-6}$；Sr/Ba > 1；Cu /Zn < 0.21；Z > 120；卟啉分子量范围较宽

在浅表的原始沉积环境中(如河流)，静水环境分布局限，稳定性差，难以形成平面上稳定连续、剖面上厚度足够的页岩，更由于暴露氧化的原因，导致页岩中缺乏有机

质;在如河湖或海陆过渡的较浅沉积环境中(如三角洲、沼泽、潟湖等),水丰土肥、水草丰茂,沉积水动力和沉积速度均较快,有利于大量植物来源的碎屑有机质连续堆积,从而形成累计厚度较大的薄互层状煤、富有机质页岩、粉砂岩甚至灰岩等沉积,形成特征的"砂、泥、煤、灰"频繁薄互层组合,其中的页岩有机质均主要为Ⅲ型;滨浅湖或滨浅海沉积水体能量较强、动荡频繁,仅有局部分布或与砂岩呈互层状发育的页岩,由于氧化条件较强,有机质难以保存,页岩常呈灰色、灰绿色等较浅颜色,不利于页岩气的形成;在浅湖或浅海相环境中,沉积水体滞留严重,封闭性和还原性增强,植屑来源有机质和浮游生物来源有机质混合堆积,且堆积速度大于氧化分解速度,易于形成与砂岩大套互层、连续沉积厚度相对较大、丰度相对较高的Ⅱ型有机质;至深湖或深海相,沉积水体安静、滞留、还原,严重缺乏水体运动,以浮游生物碎屑为主要来源的有机质得以在长期稳定的环境中长期堆积,形成长期不被干扰、以Ⅰ型有机质为主、连续沉积厚度较大的富有机质页岩。

中国广泛发育海相、海陆过渡相和陆相3类富有机质页岩。寒武系及前寒武系、奥陶系、志留系和泥盆系主要为海相沉积,包括浅水陆棚、深水陆棚、半深海、深海沉积环境,其中深水陆棚相对页岩和页岩气的形成最为有利;石炭系、二叠系主要为海陆过渡相沉积,主要包括潮坪、潟湖和三角洲等沉积环境;中、新生界主要为陆相沉积,主要包括河流相和湖相等沉积环境,其中半深湖-深湖相有利于页岩和页岩气形成(张金川等,2009,2016;董大忠等,2012)。

1.1.2 页岩及页岩气沉积分类

从地质原理来看,沉积相主体上决定了页岩分布的面积、厚度、有机质类型和有机质丰度。受沉积相控制,海相、海陆过渡相和陆相页岩有机质类型多样,遵循一定的变化规律。在平面上,从沉降-沉积中心到沉积边缘,页岩厚度逐渐变薄,有机质类型从Ⅰ型逐渐变为Ⅲ型,即使在同一地区或同一沉积相带,有机质类型也具有复杂性和多样性;在纵向上,南方地区下古生界为海相沉积,有机质类型主要为Ⅰ型,上古生界和部分中生界主体为Ⅲ型;北方地区上古生界主要为$Ⅱ_2$、Ⅲ型,中新生界湖相有机质主要为Ⅰ、Ⅱ型。在同一盆地中,早期的深湖-半深湖相沉积往往形成Ⅰ型和Ⅱ型有机质,中晚期逐渐过渡为半深湖、三角洲及河流相沉积,页岩有机质类型逐渐转变为Ⅱ型和Ⅲ型,在四川、鄂尔多斯、准噶尔、松辽、渤海湾等盆地均具存在这种变化规律。

1. 海相

海相富有机质页岩主要形成于沉积速率较慢、地质条件较为封闭、有机质供给丰富的台地或陆棚环境中。北美主要产气页岩均为海相富有机质页岩,形成于晚古生代泥盆纪、石炭纪、二叠纪、侏罗纪-白垩纪的克拉通盆地及前陆盆地(肖贤明等,2013)。中国有利于页岩气勘探开发的海相富有机质页岩主要为分布于南方地区的古生界,以克拉通内坳陷或边缘坳陷半深水-深水陆棚相沉积为主。以扬子、华北、塔里木等板块为中心,中国古生代时期形成了分布广泛、厚度巨大且以腐泥型、混合型干酪根为主的富有机质页岩层系(金之钧等,2016)。在扬子地区,从震旦纪到中三叠世连续发育了多次大规模的海相沉积,形成了以下寒武统、上奥陶统-下志留统、下二叠统、上二叠统等为代表的富有机质页岩。

与北美相比,我国海相页岩特点明显。

(1) 我国海相富有机质页岩主要产自下古生界,地层厚度稳定,侧向延伸距离远,但常与溶蚀性较强的灰岩地层为邻。

(2) 岩性变化相对单一,石英、长石等脆性矿物含量高且稳定,黏土矿物含量相对较低。

(3) 页岩有机质以偏生油的腐泥型为主,兼有部分混合型。有机质丰度高且变化稳定,常有从页岩底部向上逐渐变小规律,进一步可分为干酪根和干沥青。

(4) 页岩成岩作用、有机质熟化作用及构造复杂程度高,有机质热演化目前均主要处于高成熟、过成熟阶段,局部地区甚至发生轻微变质作用。

(5) 页岩孔缝较为发育,特别是有机质孔、有机质收缩缝均较发育。

(6) 页岩地层以含干气为主,可由于高过成熟生烃、地下水侵染、热液影响等原因而产生较高的氮气含量。

(7) 页岩脆性大、敏感性弱,可压裂性好,但区域地层的含气性变化较大。

中国南方尤其是四川盆地海相页岩具有分布稳定、优质页岩厚度大、有机碳含量(TOC)高(以Ⅰ、Ⅱ型为主)、有机质孔隙发育、脆性矿物含量高等特点(张金川等,2008)。在四川盆地及其周缘的牛蹄塘组、五峰组-龙马溪组均获得了页岩气发现,特别是在五峰组-龙马溪组实现了页岩气商业开发。五峰组-龙马溪组页岩气成藏、富集和高产受多种因素影响和控制，主要包括沉积环境、岩性岩相组合、有机地化条件及构造与保存条件等（郭旭升等，2014；何治亮等，2016）。其中，半深水-深水陆棚相沉积环境控制了五峰组-龙马溪组优质页岩的形成与分布，是海相页岩气成藏与富集的有利沉积相带；硅质、钙质页岩普遍发育微纳米尺度的基质孔隙、有机质孔隙和微裂缝，为页岩气成藏与富集提供了丰富的储集空间，为海相页岩气成藏与富集高产提供了有利的气源基础（周文等，2013）。

2. 海陆过渡相

中国海陆过渡相页岩主要形成于石炭纪-二叠纪的含煤碎屑岩建造，其有机质来源以陆源高等植物为主，页岩常与煤层、致密砂岩甚至灰岩等互层，非均质性强。有利于海陆过渡相页岩气勘探开发的优质页岩分布范围广，在南方和北方地区具有大面积发育，如鄂尔多斯、沁水、南华北等盆地。

海陆过渡相和陆相是中国页岩气的重要特点，具有广阔的页岩气资源前景。

（1）主要发育在晚古生代，页岩分布面积和累计厚度均较大，但单层页岩厚度一般较小，粉砂岩、页岩、煤岩及灰岩可频繁互层，岩性垂向变化迅速。

（2）岩石矿物成分复杂，类型较多，脆性矿物含量变化较大，黏土和不稳定矿物含量普遍偏高，胶结矿物普遍偏少，页岩地层具有明显的“缺钙”特点，导致页岩常易粉化。

（3）有机质类型多以偏生气型和混合型为主，有机碳含量变化较快，成熟度普遍偏高。

（4）孔隙和裂缝普遍发育，特别是水平（层理）缝和成岩（收缩）缝较为发育，有机孔普遍不发育。

（5）页岩地层以含气为主，但受多种因素影响，页岩总含气量和含气结构变化较大。

除上扬子及滇黔桂地区单层厚度较大外，其余多数地区的海陆过渡相富有机质页岩单层厚度较薄，不利于页岩气的单层独立开发。但海陆过渡相页岩有机碳含量较高、热演化程度一般在过成熟早期以下，有利于形成页岩气、煤层气和致密砂岩气等多种类型天然气。

3. 陆相

中国陆相富有机质页岩多为中新生代沉积，主体分布在华北、东北、西北及南方局部地区。典型代表层系有鄂尔多斯盆地三叠系延长组,渤海湾盆地古近系孔店组、沙河街组,松辽盆地白垩系沙河子组、营城组、青山口组和嫩江组,四川盆地三叠系须家河组及侏罗系的自流井组、沙溪庙组,塔里木盆地侏罗系阳霞组、克孜勒努尔组、恰克马克组,准噶尔盆地二叠系佳木河组、风城组、乌尔禾组、芦草沟组以及侏罗系八道湾组、三工河组、西山窑组,柴达木盆地侏罗系湖西山组、大煤沟组等,受沉积相控制明显。

相比于海相或海陆过渡相,陆相页岩气成藏与富集具有以下特点。

(1) 深湖-半深湖相富有机质页岩分布范围较为有限,稳定性稍差,多与砂质薄层互层,单层厚度薄,夹层数量多,累计厚度大。

(2) 页岩黏土矿物含量高,脆性矿物含量偏低,压裂造成复杂缝网难度大。

(3) 页岩储层成岩作用弱,侧向和平面变化快,非均质性较强。

(4) 有机质类型多样,Ⅰ、Ⅱ、Ⅲ型都有发育,有机质热演化低(镜质体反射率 R_o 多介于0.6%~1.1%),多与页岩油共生。

(5) 储集空间类型总体上以无机孔为主,有机质孔隙和微裂缝发育程度低。

(6) 构造总体简单,保存条件好,页岩地层可同时含油或含气。

与南方海相页岩相比,我国陆相页岩主体分布在北方平原、丘陵、戈壁等地貌相对简单的地区,且大多数与常规油气勘探开发成熟区重叠,具有很好的基础资料、钻完井、地球物理、基础设施及勘探开发施工条件等优势,这些优势使得我国陆相页岩气具有更好的经济可采性。

1.2 页岩气形成的盆地类型

1.2.1 原生型盆地

由东向西,中国北方地区依次发育了断陷盆地、克拉通盆地及前陆盆地,各自形成了具有不同地质特点的页岩气条件。

1. 断陷盆地

断陷盆地通常发育在中生代末至新生代早期，往往是页岩油气发育的有利地质单元。其中的箕状结构不仅控制了页岩的空间展布，而且还影响着有机质类型和丰度的分布。与构造特点匹配，进一步还控制着不同类型有机质的成熟度及其生油气程度，影响着断陷内页岩油气的发育和分布。受沉积环境、有机质类型和热成熟度等因素的控制，页岩油气形成与分布随着盆地形成、埋藏及沉积演化表现出较好的规律性。断陷盆地页岩油气的分布通常表现为从盆地底部向上，依次出现的页岩气、页岩油气、页岩油、页岩气纵向变化趋势。从横向来看，盆地主页岩段则从盆地中心、斜坡及边缘，依次从页岩油渐变为页岩气，在平面上表现为盆地中心区的页岩油、过渡区的页岩油气、边缘区的页岩气变化趋势。

辽河西部凹陷为典型的陆相断陷，在洼陷中心，沙三段底部和沙四段埋深超过了5 600 m，镜质体反射率 R_o 值超过 1.6%，有利于页岩气的形成(党伟等，2015)；在浅部层位，R_o 值不足 0.7%，有机质位于生油窗内并以生油为主，是页岩油聚集的区域。在平面上，从沉积中心向边缘方向，有机质类型逐渐由偏生油的 Ⅰ-$Ⅱ_1$ 型过渡为偏生气的 $Ⅱ_2$-Ⅲ 型干酪根，由于腐殖型有机质热演化过程中生气早，整个演化阶段皆以生气为主，因此在边缘部位尽管 R_o 较低，但经常发育有页岩气。

2. 克拉通盆地

克拉通盆地形成时代相对较早，是页岩气发育的有利类型，在众多页岩气产出盆地类型中占据重要地位。通常，盆地的构造形态为四周高、中间低，在盆地边缘构造活动相对强烈，容易形成不同级别的断裂，这些断裂可以成为早期大气淡水淋滤渗透的通道，有利于生物成因气的生成；在向盆地中心的区域，页岩成熟度相对较高，形成热成因的天然气。因此，克拉通盆地一些地质和改造条件较好的页岩层段存在热成因和生物成因的“二元”成因页岩气，气藏呈环状分布。美国有页岩气产出的克拉通盆地，主要以密执安、伊利诺斯、威利斯顿和德拉华等盆地为代表。

与美国主要克拉通盆地相比，中国克拉通盆地一般具有块体相对破碎、盆地规模偏小、开合旋回次数多、多期盆地叠合发育、新生代改造强烈等特征，典型代表是鄂尔多斯盆地、四川盆地等。鄂尔多斯盆地太原组-山西组页岩有机质以Ⅲ型为主,有机碳含量普遍较高,一般在2%左右,R_o为0.5%~1.5%(唐玄等,2016);中生界的延长组页岩有机质以Ⅱ型为主,含Ⅲ型,有机碳含量偏低,一般为0.6%~0.8%,R_o主要在0.7%~1.5%,处于主体生气阶段(杨超等;2013;王香增等,2014)。这些优质页岩具有较好的地球化学指标,可以形成干酪根热解气或者原油裂解气,为页岩气藏形成提供气源条件。克拉通盆地页岩气成藏模式对于我国其他类型盆地的页岩气勘探也具有指导意义。

3. 前陆盆地

前陆盆地形成于造山带前缘与相邻克拉通之间的前陆地区,主体位于与克拉通相关的陆壳上。下部地层通常为厚度较大的克拉通时期的沉积,为页岩气形成提供了充足的物质基础;其上部地层通常受到后期冲断褶皱的挤压,由此引发的构造热事件促进了下部页岩的热演化和页岩中天然裂缝的产生。故前陆盆地是页岩气形成和富集的重要盆地类型(龚建明等,2012)。在靠近逆冲断裂带附近的区域,页岩厚度大、有机碳含量高、热演化程度较高,有利于页岩气的形成和富集。美国有页岩气产出的前陆盆地主要以福特沃斯、阿巴拉契亚、圣胡安等盆地为代表。

鄂尔多斯盆地西缘是在晚三叠世-中侏罗世克拉通基础上形成的前陆盆地,盆地结构出现在晚侏罗世,新生代之后遭受改造并最后定型。盆地延长组长7段为深湖-半深湖相沉积,发育了5~100 m厚的黑色页岩夹薄层粉砂岩,有机碳含量较高,成熟度适中,具备页岩气形成和聚集的基本地质条件。

1.2.2 改造型盆地

1. 叠合盆地

叠合盆地是由若干不同盆地纵向叠置而形成的一种具有复杂结构的盆地,每个时期的盆地都有自己相对独立的原型,不同原型的叠加反映了古地理环境和古构造格局的演变。叠合盆地在多旋回的构造演化过程中,可先后发育有海相、海陆过渡相和陆相等富含有机质页岩层系,具有多层系、多类型、多成因等特点。

四川盆地是一个特提斯构造域内长期发育、不断演变的古生代-中新生代海陆相复杂叠合盆地(刘树根等,2004),大致可以分为从震旦纪到中三叠世的克拉通和晚三叠世以来的前陆盆地两大演化阶段(汪泽成等,2002),形成了与美国典型页岩气盆地相似的构造演化特点和地质条件。其中,古生界页岩不仅是盆地内常规油气藏的烃源岩,而且还是页岩气藏勘探的主要对象。根据盆地演化及地质条件分析,四川盆地非常规天然气具有两分格局,东南部以页岩气为主而西北部以致密气为主,古生界主体发育页岩气而中生界主体发育致密气。川东和川南地区古生界页岩厚度大、埋深浅、有机碳含量高,下寒武统和下志留统具有良好的页岩气形成与富集条件;川中地区发育的上三叠统、下志留统及下寒武统页岩可作为页岩气勘探的有利层位;川西中生界页岩常与致密砂岩频繁互层,具备页岩气形成和发育的地质条件,局部埋藏相对较浅的富有机质页岩是页岩气勘探的基本对象。

2. 残留盆地

我国中、古生界海相地层经历了从加里东期到喜马拉雅期的多期复杂构造运动的改造,原始沉积盆地的基本面貌已经不复存在,形成了残留盆地。这类盆地发育多套深海-半深海相富有机质页岩,虽然经历了后期构造运动的改造,但在构造活动相对稳定、邻近生烃中心的区域,仍然是页岩气发育的有利区带。

在鄂尔多斯、四川、塔里木等海相中、古生界残留盆地中,普遍发育加里东期、海西期、印支期形成的继承型大型古隆起,古隆起周缘的富有机质页岩地层由于经历了构造抬升,页岩成熟度适中,有助于页岩气大量形成。此外,适当的构造活动促使页岩产生了微裂缝,改善了页岩的储集空间。由于这种良好的配置,使得残留盆地,尤其是古隆起边缘成为页岩气发育和富集的有利区域。

1.2.3 页岩及页岩气构造分类

针对我国南方下古生界复杂构造区海相页岩气富集规律,国内学者普遍认为,构造、保存条件是影响页岩气富集程度的主要因素(金之钧等,2016;聂海宽等,2016)。根据页岩含气条件,可将页岩气藏划分为如下 4 种构造类型。

（1）古隆起斜坡型

以古隆起为中心，可在沉积条件有利、后期构造破坏较弱的区域内形成一系列页岩气有利富集区域。威远地区下寒武统筇竹寺组页岩区域盖层保存完整，与下伏震旦系灯影组地层呈不整合接触，基底为区域性古隆起。在靠近地层缺失带的地区，地层压力系数明显降低；远离地层缺失带的地区，地层压力系数逐渐增大。因此，这种古构造凸起样式下，在远离地层缺失带的背斜核部或者斜坡部位，页岩层段压力系数较高，保存条件较好，页岩含气性较高，是页岩气富集有利区。

（2）向斜型

在残留向斜中，页岩地层保存条件较好，其中的页岩气也可得到较好的封存。在贵州铜仁地区较为宽缓的岑巩向斜，下寒武统牛蹄塘组页岩分布平缓，保存良好，尽管存在一系列断层网络，但页岩地层仍然具有较高的含气量。这主要得益于该向斜中页岩有机质的热演化程度相对较低，后期的构造改造作用相对较弱，页岩地层中的天然气得到了后期相对较好的保存。进一步，若能增加页岩地层自身的封闭性能，则地层含气性将会更好。在贵州正安安场向斜，中志留统石牛栏组（松坎组）页岩、灰质页岩、泥质灰岩等地层频繁互层，表现出了高异常地层压力含气特点。

（3）背斜型

发育条件良好的背斜往往更容易产生页岩气的富集。位于重庆莲湖镇的锅厂坝背斜为一陡倾状的紧密褶皱，尽管埋藏较浅，下志留统龙马溪组页岩距离地表只有100余米，且轴向断裂发育，但在钻井过程中仍然发现了良好的页岩地层含气。在焦石坝地区，下志留统龙马溪组页岩发育为箱状背斜，富有机质页岩地层厚度大、埋藏适中、断裂发育少、地层压力系数高，具备了页岩气成藏与富集高产的优良条件。

（4）逆冲断裂型

区域上带状延伸的紧密状逆冲断裂，不仅能够为页岩气提供相对良好的封闭与保存条件，而且还能够产生较好的页岩裂缝储集空间，视为页岩气发育的有利方向之一。重庆城口地区处于四川盆地东北缘，主体位于南大巴山褶皱冲断带。由北向南，叠瓦冲断带、滑脱褶皱带及断层-褶皱带依次发育，紧密断层、压性褶皱及局部背斜等，为页岩气形成和发育提供了良好条件。

1.3 页岩气形成的有利地质条件

与常规天然气聚集不同,页岩气具有岩性致密、源储一体、储盖通融、自生自储等特点。作为一种非常规天然气,页岩气与常规气、煤层气、致密气相比,其形成条件和富集特点具有明显特殊性(表1-4)。

表1-4 天然气主要特征对比(张金川等,2004;聂海宽等,2011;邹才能,2011)

类　型	页岩气	煤层气	致密气	常规气
天然气来源	沥青质或富有机质页岩	煤层	富有机质页岩、煤系地层等	富有机质页岩、煤系地层等
气体成因	热成因为主	生物成因与热成因	多种成因	多种成因
储集空间	微孔、微缝	微孔、微缝(割理)	孔隙或局部裂缝	孔隙或裂缝
赋存方式	吸附和游离,相对含量变化大	吸附为主	游离	游离
运移特点及方式	扩散式初次运移	无运移	活塞式极短的二次运移	置换式长距离运移
渗流特征	解吸、扩散等非达西流	解吸为主,非达西流	达西流为主	达西流
分布特征	盆地中心或斜坡	盆地斜坡或边缘	盆地斜坡	正向构造单元
资源丰度	较低	较低	较高	高
开采方式	压裂-采气	排水-降压-采气	压裂-采气	直接采气
采收率	10%~35%	10%~15%	15%~50%	75%~90%

页岩气主要来源于富有机质页岩中的干酪根、已生成的液态烃类或页岩中残留的沥青质,可有生物成因、热成因及混合成因之分。储集空间主要为各种微纳米级孔缝,分布于原始的盆地中心、斜坡及特殊情况下的盆地边缘区域。影响页岩气形成、富集及保存条件的主要因素有构造运动及其所产生的抬升剥蚀、断裂发育、盖层破坏以及水气热等条件。在保存条件有利的情况下,页岩气聚集体规模大、压力足、含气量高、封闭条件好。页岩气为原地或微运移后的原地聚集模式,常需在压裂后进行工业开发。

页岩气需要以富有机质页岩为主。就勘探角度看,常采用乐观观点,即页岩有一定的基础厚度,其中的有机碳含量(TOC)不小于0.3%~0.5%,反映有机质热演化的镜质体反射率不小于0.4%或不大于4.0%;但从开发角度看,页岩气形成与富集的相关条件对应提高，页岩单层厚度不小于 10 m 或以页岩为主的地层(页地比大于 60%)连续厚度不小于 30 m，TOC >2.0%，0.5% $< R_o <$ 3.5%，埋藏深度不超过经济开发界限深度(目前为 4 500 m)。

页岩气的形成和富集主要受构造、沉积及两者的共同作用影响。

1. 构造运动造就了盆地的形成，约束了页岩气的形成和分布

地壳差异性构造运动产生并约束了盆地的形成，决定了盆地的沉积类型和特点，控制了盆地的构造回返和剥蚀，决定了现今盆地内的页岩厚度和埋藏深度。盆地沉降中心，特别是大型深水盆地的沉降-沉积中心是页岩沉积和页岩气形成的有利场所。

构造作用影响了盆地构造样式，影响了断裂分布和裂缝发育，不仅从根本上控制了生成、富集和保存，而且还控制了页岩气的空间分布、类型及其可采性，页岩气在向斜、单斜、背斜及复杂构造地区均可有效发育。尽管页岩气的聚集和分布在机理上不需要类似于常规油气藏的圈闭存在，但相对较高的构造环境和背景，譬如页岩沉积发育的古高地、页岩分布的坳中隆、页岩发育区中的大型宽缓背斜、页岩地层厚度较大的古隆起及其周缘等，仍然是页岩气富集的有利场所和目标区域。

后期构造运动是页岩气保存条件的重要影响因素，它既可能促进页岩裂缝的产生，改善页岩气的富集和保存条件，又可能产生破坏作用和效果，对页岩气的继续存在产生有利或不利的影响。除了埋深加大，维持页岩气继续存在以外，地层的抬升和断裂的产生加快了页岩气聚集体的消失。回返式抬升性构造运动除了导致页岩地层的剥蚀或地表、近地表埋藏以外，还具有产生通天断层、碎裂页岩、沟通地层水、释放地层压力、破坏页岩气聚气条件等作用。构造运动对页岩气的影响表现差异较大，譬如在后期保存条件整体较差的我国南方地区古生界残留盆地区，相对较大的埋藏深度更加有利于页岩气的分布。在保存条件相对较好的古生界叠合盆地区，埋藏深度适中的裂缝发育区则更加有利于页岩气的经济开发。而在保存条件较为优越的地区，尽量小的埋深是页岩气勘探开发的首要方向。

2. 沉积作用奠定了页岩的形成和分布，决定了页岩及页岩气的质量

沉积作用是页岩及页岩气形成与富集的基础，沉积环境控制了页岩发育的地层剖面结构、分布范围、沉积厚度、页岩中有机质类型及有机质丰度。不同的沉积相分别控制了页岩的类型、质量及形成页岩气条件的好坏，盆地沉积中心往往是页岩及页岩气

发育的最佳地带。

富有机质页岩往往形成于沉积速率较快、地质条件较为封闭、有机质供给丰富的深水沉积环境中，页岩往往分布面积广，累计厚度大，是保证页岩气富集成藏的重要条件。海相沉积环境控制范围大、页岩沉积的有利性条件好，常可形成厚度较大、分布稳定的有利页岩，深水、半深水陆棚相是页岩及页岩气发育的有利相带；当沉积水体变浅、还原环境变差或外碎屑物质供应不足时，难以形成大规模的有效页岩分布。海陆过渡相页岩在平面或剖面上常夹于海相或陆相之间，在时间上也可有大规模的海陆过渡相页岩发育，譬如潟湖相、三角洲相等，常可提供品质优良的页岩沉积；当空间狭小、时间缩短时，有利页岩的发育规模常受较大影响。陆相页岩常形成于深湖-半深湖沉积相带，由于湖平面变化较快，页岩常出现于较为局限的盆地沉降-沉积中心处。与海相相比，陆相页岩沉积有效面积缩小、分布稳定性变差、质量变化较大。当盆地体积及沉降速率足够小时，陆相页岩将难以继续发育。沉积相控制了页岩沉积的类型，沉积微相进而约束了页岩气有利区的分布。

除了对岩性规模及其空间展布影响较大之外，沉积作用还对页岩的质量产生了重要的约束作用。在分布范围广、沉积水体大、沉积速率快的盆地沉降中心处，页岩有机质生气潜力大、脆性矿物含量高、孔缝发育条件好，常会导致产生更加有利的页岩及页岩气条件。而在构造变动复杂、沉积相变快、水体稳定性差、物源多样性强的页岩沉积中心处，将可能产生面积不足、厚度不够、稳定性弱或质量较差的页岩分布。

3. 构造与沉积的匹配决定了页岩气的形成，控制了页岩及页岩气的分布

构造与沉积的相互作用产生了多种页岩及页岩气形成条件的组合，尽管构造约束沉积、沉积与构造具有良好的应变关系，但构造角度的有利区或沉积角度的有利区均有可能不是页岩气发育的有利区，而构造或沉积角度的非有利区也不一定最终成为页岩气勘探开发的禁区，页岩气发育的有利区取决于两者作用的共同结果。

构造与沉积的共同作用，决定了页岩气的形成过程和结果，包括页岩中有机质的成熟，页岩中天然气运移、扩散和保存，页岩气聚集的后期蚀变和破坏等。相比于常规气与致密气，页岩气对成藏条件要求较低，主要因素包括页岩厚度、有机碳含量、镜质体反射率、脆性矿物含量、裂缝发育程度、古构造配合以及保存条件等，这些因素最终通过对页岩气赋存方式和含气量的影响而产生作用，并决定页岩气是否具有工业勘探

开发价值。

盆地沉降-沉积中心是页岩及页岩气发育及分布的核心地带，但由于后期复杂的构造运动，常会导致原型盆地的页岩发育有利区与晚期新生盆地的沉降-沉积中心发生偏移、变迁或完全改造，原型盆地所形成和发育的有利页岩现今可能表现为隆起或剥蚀区域。对于早古生代及以早的残留盆地区，页岩气主要发育在原始的盆地沉降-沉积中心处，盆地叠合后的沉降-沉积中心与现今的页岩气发育中心没有直接关系；中新生代以来接受改造程度较轻或未接受改造的盆地，现今盆地中心就是页岩气发育有利区中心；对于不同程度接受改造的残留-改造型盆地，现今页岩气发育的有利中心区域可与原始盆地的沉降-沉积中心存在某种联系或联系薄弱，须区别对待。

第2章

页岩气勘查开发阶段

2.1 页岩气勘查阶段

按规模和勘查程序,页岩气勘查对象可划分出盆地群、盆地、盆地一级构造单元和区带四个级别(童晓光等,2001;表2-1)。这四个对象的划分体现了从大到小的完整体系和逐渐逼近目标的原则。对于页岩气勘查实践,不同的勘查对象具有不同的勘查方法和目的。

表2-1 页岩气勘查阶段划分

勘探阶段	页岩气普查与勘探			
	大区概查	远景区详查	有利区预探	目标区勘探
勘探对象	盆地群	盆　地	盆地一级构造单元	区　带
勘查目的	盆地优选	远景区优选	有利区评价	甜点区评价
勘查任务	查明区域地质概况和盆地发育，优选出有含气潜力的盆地，评价潜质页岩	优选出盆地内具备规模性页岩气形成地质条件的潜力区域，进行远景区评价和资源量估算，并指出进一步预探的有利区	查明有利区含气层系和含气页岩分布规律，优选可能获得页岩气工业气流的区域，为目标区勘探作准备	优选目标区，确定具有页岩气工业开发价值的区域
工作部署	小比例尺地质、航磁、重力等地球物理勘查、地表化探等，根据需要部署参数井，优选盆地	中比例尺地质、地震等地球物理勘查，根据需要部署参数井和基准井，优选远景区	大比例尺地质、地球物理勘查，部署预探井，优选有利区	地质、3D 地震、钻井等，部署评价井，优选目标区
评价成果	推测资源量	预测资源量	地质资源量	预测、控制及探明储量

2.1.1 大区概查阶段

大区概查是在一个大的未进行过任何勘探活动的新区,从基本的地质调查开始,到识别和优选出有利盆地群,在有利盆地群中对页岩气潜在层系、有利区域进行初步评价的整个过程。

(1) 目的与任务

大区概查阶段的主要目的是优选出规模大、地质与地面条件好、勘探前景较好的盆地,再从盆地区域整体出发,通过查明区域地质概况和基本地质条件,开展盆地优选,并在盆地整体评价的基础上进一步优选出潜在有利的勘探区带而进行初步评价,为远景区详查阶段的工作作准备。该阶段需要明确盆地的地质结构特征,包括盆地规模大小、类型与演化、盆地内区域构造单元、各构造层之间关系、断裂展布与构造发育史,以及盆地可能发育的页岩分布层位、规模及生烃潜力等。

(2) 工作部署

盆地群区域勘查主要是地面地质调查和物化探等普查,对地表出露的页岩层段进行野外踏勘,利用航遥、地震、地表化探等手段对大区域的地貌和地层进行普查,在有需要的情况下优选出参数井位置,对深部地层进行钻探并获取相关信息。该阶段的工作量需要从整个大区的盆地群设计开始着手,在最少的工作量和最短的时间内获得最详细的基础地质资料。

(3) 评价结果

大区区域与盆地评价结果主要包括石油地质基本条件、页岩发育层系、页岩气推测资源量及页岩气富集潜在远景区等。在资源评价中主要通过类比法、体积法、成因法和特尔菲法等方法开展资源量估算,页岩气富集远景区主要通过地质条件分析和综合信息叠加法实现。

2.1.2 远景区详查阶段

远景区详查是在区域地质调查的基础上,结合地质、地球物理、地球化学等资料,优选出盆地内具备规模性页岩气形成地质条件的潜力区域。远景区优选主要以区域地质资料为基础,从整体出发来掌握区域构造、沉积及地层(页岩)发育,在页岩发育区域地质条件研究、页岩气形成条件分析以及定性-半定量区域评价基础上完成。

(1) 目的与任务

远景区详查阶段是从盆地区域勘探到优选出页岩气远景区的过程,主要目的是探明盆地内具备规模性页岩气形成地质条件的潜力区域,通过整体解剖页岩的地层、构造、沉积、地化、含气性等参数,根据实际地质条件建立远景区评价标准,优选出页岩气发育远景区,计算远景区页岩气地质资源量,并进一步指出预探的有利区。

(2) 工作部署

远景区详查阶段的工作主要针对页岩气形成的地质条件进行地面地质调查和物化探等的详查,其中主要的勘探技术手段是地震勘查,了解地下基本地质情况,必要时部署参数井,获取页岩气远景区评价参数。

(3) 评价成果

远景区评价成果主要包括远景区页岩空间展布、远景区基础地质条件评价、页岩气远景区优选、远景区页岩气资源量预测等。

2.1.3 有利区预探阶段

有利区预探是在地质、地震、钻井、测试等资料的基础上,通过分析页岩沉积环境、构造背景、储集物性及地化指标等参数,依据含气页岩分布规律而在远景区内进一步优选出有利区,计算地质资源量,为下一步进行详探提供部署依据。

(1) 目的与任务

有利区预探阶段的主要目的是发现潜在的工业性气流区域,在页岩气远景区优选的基础上,进一步结合页岩厚度、地化指标、储层物性、含气性等多项参数,优选出有利区域,并为目标区勘探评价作准备,主要包括有利区优选、地质资源量计算等。

(2) 工作部署

有利区预探阶段的工作内容主要为地质与地震详查、预探井钻探和页岩层段评价。该阶段是以发现商业性页岩气为主要目的,预探的主要技术是地震详查和预探井。

(3) 评价成果

有利区评价成果主要包括有利区优选、风险分析、地质资源量与储量计算、经济评价等。

2.1.4 目标区勘探阶段

目标区勘探是在基本掌握了页岩的空间展布、沉积特征、地化指标、储层物性、裂缝发育规律、含气性以及生产测试数据等资料的基础上,结合已有的探井控制及其页岩气显示或产出,采用地质类比、多因素叠加及综合地质分析等方法,优选出能够获得工业气流或具有工业开发价值的区域,获得可信度较高的页岩气预测储量或控制储量。

(1) 目的与任务

在页岩气有利区内,主要依据页岩埋深、厚度、矿物组分、地化指标和含气量等参数,优选出经过压裂改造后能够获得页岩气工业开发价值的区域,同时要明确目标区内的页岩气储量。

(2) 工作部署

目标区勘探阶段的主要内容是地质和地震精查、评价井钻探和目标区评价等。该阶段是以详探为主,通过加密评价井和地震精查对所发现的页岩气目标区进行评价,满足部署评价井井位的要求。

(3) 评价成果

目标区评价成果主要包括目标区位置、面积、含气页岩层系、构造位置及目标区页岩气预测储量和控制储量等。

2.2 页岩气勘查开发方法与技术

按专业范畴和实施方式,页岩气勘查开发技术可以分为地面地质调查(野外踏勘、地质剖面调查、路线地质调查、遥感地质调查等技术)、地球物理勘查(地震调查、重磁电法调查、微地震监测、测井评价等技术)、地球化学勘查(地表化探、实验测试分析等)以及钻井勘探(钻井技术、录井技术、固井技术、完井技术、开发技术)等四大类。

相对于常规气藏,页岩气勘查开发对技术的要求更高,所需投入的资金更多,因此在页岩气勘查开发过程中更需要重视对不同勘查开发方法与技术的运用，勘查开发技术可能会影响整个页岩气勘查开发战略布局的决策。因此，对于从事页岩气生产及科研的工作者来说，更需要注重各种勘查开发技术对特定地质条件的有效性和经济适用性。

2.2.1 页岩气勘查开发进展

尽管目前已经建立了涪陵、威远、长宁-昭通和延长 4 个页岩气生产示范区，基本掌握了 3 500 m 以浅的页岩气勘查开发技术。但相比北美页岩气勘查开发进程，我国的页岩气勘查起步时间晚，勘查开发技术体系还很不完备，具体技术如下。

（1）页岩气地质评价技术。结合典型页岩气藏解剖及中美页岩气地质条件对比，在选区和资源评价、储层评价及含气量测定等研究方面取得了重要认识，形成了页岩气勘查开发主体技术。这些技术主要表现为：① 针对页岩气储层发育微纳米级孔喉的特点，发展形成了微纳米级微观孔隙评价、纳达西级渗透率测试等实验方法，推动了页岩气储层评价技术的发展；② 集成地震、测井、地球化学、岩石矿物学及实验分析方法，初步形成了页岩气开发有利区优选技术；③ 在含气量分析方面，自主研发了页岩现场含气量测试系列仪器，建立了页岩含气量测定及损失气含量恢复方法，为科学地开展资源评价、选区选层及储量计算提供了关键参数；④ 形成了先寻找核心区，然后再拓展到非核心区的开发程序及布井方式。

（2）页岩气开发优化技术。随着南方海相页岩气投入开发，初步形成了水平段压裂间距优化、气体解吸量预测、数值模拟及井距优化技术，为支撑页岩气藏的高效开发提供了保障。

（3）页岩气井优快钻井技术。针对我国南方广大地区地面及地质条件复杂、页岩气钻井机械钻速低、井控难度大、井壁垮塌等问题，从井身结构优化、井眼轨迹控制、钻井液优选等方面开展了卓有成效的技术攻关，形成了能够适应中国页岩气地质条件的优快钻井配套技术，大大缩短了页岩气井的钻井周期。

（4）页岩气“井工厂”作业模式。针对我国南方大部分页岩分布区均为山地的特殊条件,形成了“井工厂”作业模式,有效地提高了作业效率,缩短了投产周期,降低了开发成本,减少了环境和生态污染,提高了资源利用效率。

(5) 页岩气压裂及储层改造技术。借鉴国外的非常规油气储层压裂方法,结合我国页岩及页岩气特殊性,初步形成了国内页岩气体积压裂设计方法和施工工艺,包括水平井(井组)钻完井技术体系、分段多级压裂技术体系和微地震监测技术体系,在三维空间实现了页岩气藏的体积改造,最大限度地提高了储量的动用程度。

2.2.2 页岩气勘查开发技术发展趋势

经过持续攻关与反复实践,我国的页岩气勘查开发技术取得了长足进步,但页岩发育的地质条件复杂,新的适应性工艺技术尚需进一步探索。

(1) 储层预测: 页岩气地质评价技术正随着地球物理、计算机、信息传输、远距离测控等技术进步,向系统化、直观化和综合化方向发展,储层裂缝预测、有机碳含量预测、地质建模、含气量分析等技术正在快速发展。

(2) 甜点预测: 页岩气甜点区的识别与预测技术正在随着页岩气开发进程的拓展,理论和技术不断创新并呈现个性化特点,利用地质评价、多属性甜点地震预测等技术寻找甜点区的方法日渐成熟。

(3) 开发技术: 页岩气开发采用“井工厂”作业模式,需大力发展自动化、智能化钻完井技术,钻完井技术向着更安全、更为高效、更低成本、更高的储层钻遇率的方向发展。

(4) 页岩气增产改造: 页岩气的增产改造正在向着储层伤害更轻、效果更好、环境污染更小的方向发展。由于页岩气目前的压裂工艺需要大量用水,返排水处理量也大,所以页岩气开发一直饱受环保人士非议。发展新型压裂液体系、减少水的用量、增大改造体积、实现环境友好是页岩气增产改造的重要技术发展方向。

(5) 页岩气开发正向着开发井网更加优化、地面破坏更小、生产管理更为智能化、更低成本技术的方向发展。重点发展的技术主要包括水平井井眼轨迹设计、产能评价、数值模拟、井网优化技术等。

（6）页岩气生产水处理技术正在向着高效处理、移动撬装式、更加环保和更低成本方向发展。重点发展的技术主要包括井下气水分离与回注技术、提高渗滤效果和污染物络合技术、撬装式水处理系统等。

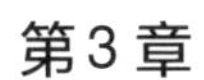

页岩气地质调查

3.1 页岩气地面地质调查的工作程序及方法

完整的页岩气野外地质调查工作程序是页岩气地质调查工作高质量完成的保证，一般可分为工作目的和任务、前期准备、设计编写、野外地质踏勘及调查、实施与完成等几个方面。

3.1.1 野外地面地质调查的目的与任务

页岩气野外地质调查是地质工作者携带地质工具在提前选定的区域内，按照设计路线和要求在野外展开页岩气勘探的实地考察和测量工作，整个野外地质调查工作的目的和具体任务应整体服务于页岩气的勘探工作，主要包括以下 7 个方面。

（1）落实工作区域内的地层发育状况，特别是富有机质页岩层系的发育状况，包括地层接触关系、地层厚度、埋藏深度、空间展布等，建立地层综合柱状图。

（2）构建区域内的构造基本格架，包括构造形态、褶皱发育、断裂分布、构造样式等，分析倒转结构、薄皮褶皱、走滑断裂及花状构造等特殊现象。

（3）分析区域内沉积演化、岩相古地理格局及页岩目的层段沉积条件，研究富有机质页岩层系发育的有利沉积相带。

（4）掌握区域内自然地理、人文风俗等情况，包括山川地势、森林植被、道路交通、居民分布以及水文条件等。

（5）调查分析区域内其他已知矿产和油气苗发现状况。

（6）采集样品，包括页岩样品、古生物标本、油气苗、水等。

（7）以上述成果为基础，结合地表条件，优选潜质页岩层系发育有利区，建议页岩气地质调查井位。

3.1.2 前期准备

1. 资料收集与整理

在野外工作准备期间，搜集、整理并研究调查区及其邻区的前人工作成果资料，初步了解调查区内基础地质和油气地质工作基础，对区内潜质页岩分布、勘探工作程度、野外工作条件及研究认识状况作出合理判断，用以确定下步工作重点和方向。在页岩气野外地质调查的整个过程中，对已有资料的掌握和综合分析应当有计划地不间断进行。搜集资料应主要包括以下3个方面。

（1）调查区内现有的油气地质调查工作成果。包括地质、地化、物探、化探等手段资料，涉及地层发育、沉积环境、构造背景、页岩垂向及平面分布等相关内容，涵盖不同比例尺的地质图、前人野外调查工作报告、不同形式的专题研究报告、测试分析化验成果等。以上可从各种资料库、文献库、咨询站及作业者手中获得，在此基础上可编制实际资料分布图或建立已有资料数据库。

（2）调查区内自然、经济、地理及水文资料。借助航遥、卫照等各种手段对山川形势、森林植被、经济活动、气候变化、道路交通、水系分布、居民分布、民俗习惯等情况进行汇总和标记，用以更好地开展相关工作。

（3）调查区及邻近地区内其他矿产相关资料及标本。包括正在勘探开发或已经终止的矿山，前人在调查区内采集的矿物、岩石、古生物、煤油气等实物标本、切片、素描、照片等，也包括各种形式的油气苗（稠油、沥青、沥青砂、油砂、油页岩、油迹、自燃、天灯、雨后气泡、怪味、意外爆炸等）。

最后，对所搜集的全部资料进行分门别类地整理，编制资料文献目录，编绘资料汇总分析图件并建立资料档案，以供后期随时调用，及时调整野外工作安排和部署。

2. 物资的准备

为顺利开展野外调查工作做好充分的提前准备，主要包括基础资料、地质工具（地质锤、罗盘、定位仪、测距设备、样品袋等）、技术与安全装备（取样器、轻型钻机、便携式显微镜、数码相机、硬度计、色度计、记号笔等）、交通工具、保护与防护、后勤保障等物资。

3. 野外踏勘

1）野外踏勘的任务和工作内容

在详细研究前人油气地质工作成果的基础上，对调查区进行先期的野外现场踏勘，其主要任务和工作内容包括以下 4 个方面。

（1）了解区域地质概况。主要了解富有机质页岩的厚度、分布及裸露程度，不同地层的主要岩性特征、分布范围以及接触关系，调查区内构造的复杂程度、典型地质现象，油气苗及其他矿产的种类及分布，典型剖面、实测剖面位置的选定等。

（2）了解区域自然、经济地理概况，包括山川形势及可逾越程度、交通运输条件、气候变化特点、居民点分布、地区物产等，确定适于野外工作的时间，提出针对性的安全提醒建议，并对交通工具和其他有关装备和设备的选择提供设计依据。

（3）了解调查区内的不安全因素及防治办法，包括洪水、山崩、滑坡、泥石流等。

（4）检查有关资料的可靠性程度，如前人工作成果的质量及其资料可供利用的程度等。

2）野外踏勘方法

野外踏勘方法通常采用基于卫星照片或航遥照片的地面踏勘方法。其中，针对研究程度较高的地区，可进行重点踏勘，观察区域地质研究中所记载含富有机质页岩层系的标准地层剖面或典型地层剖面。而对于研究程度较差的地区，可初步进行概略性路线踏勘。

3.1.3 野外地质调查工作的实施和完成

（1）地面地质调查野外工作设计

野外工作设计需要在前期野外踏勘和前人工作资料研究的基础上展开，结合野外地质调查区的实际情况制定有针对性的野外调查工作整体方案。工作设计书是开展页岩气地质调查、质量把控以及后期成果验收鉴定的基本依据，其主要内容与其他地调项目的立项论证报告或开题设计相类似，主要包括前言、前期工作基础与条件、区域地质背景、调查工作目标与内容、技术方案与实物工作量部署、预期成果、人员组织与时间安排、经费预算及保障措施等内容。

在野外工作设计当中，应切实根据调查区的页岩气地质调查程度以及地表条件，提出相应的页岩气野外地质调查方法与技术，以确保页岩气野外地质调查工作高效、高质量地完成。

（2）野外地质调查工作的实施

结合地面地质调查工作程序、安全操作规范及技术工作规范，按照任务设计书要求，如期开展相应工作。执行设计要求是实际工作中需要坚持和掌握的基本原则，对于因设计过程中未预测或未涉及而产生的预期外工作障碍问题及其所产生的工作量缺陷，须及时采取相应的补救措施。工作过程中，也应当注意观察、研究并发现新的问题，寻找新的工作突破口。

（3）野外工作检查

野外工作的检查与验收应以工作设计书中所规定的内容作为主要依据，核实野外记录簿、野外地质信手剖面图或照片（视频）、采集的各种数据、实际材料图以及采集的样品等工作量，及时改善工作过程中的不足，总结工作经验并提升工作效率，按计划进度补充完成实际工作量，确保野外地质调查工作的高质量完成。

（4）野外地质调查成果编制及验收

野外地质调查成果的编制主要包括符合设计要求的地质调查报告编写和相应地质图件编绘，用以对野外地质调查工作成果进行总结和说明。在成果验收过程中，应将野外地质调查原始资料、野外地质调查成果报告以及相应图件全部提交至验收组，由验收组专家依照设计书对工作量的完成情况、成果的完成质量、取得的重要进展及存在的问题等进行全面、客观评价。

3.2 页岩气地质调查

3.2.1 遥感地质调查技术

1. 遥感地质调查的一般程序

遥感地质调查主要依赖于遥感技术的迅速发展和各种遥感图像解译技术的提高。

遥感地质调查将遥感图像分析技术、地质分析技术及地面地质调查技术结合在一起，主要通过对空中或近地面探测所获得遥感图像的解译和分析，对地面地质条件进行调查和分析。

（1）资料收集与初步解译

收集地质、航空物探、地面物化探、水文、气象、地貌、土壤、植被、环境、遥感数据、图像及卫星照片等资料，对其进行统一的归位处理和标注分析，在此基础上进行遥感图像的初步解译，编制地质解译概略图件。进一步，使用初步解译成果确定踏勘路线，选择实测地层剖面的位置，编制遥感地质调查设计书。

（2）地质解译标志的建立

在通过野外踏勘和地层剖面实测建立地质解译标志的过程中，着重将各种实地标志与遥感图像上的影像特征进行对比研究，建立地形地貌、岩性地层、断裂分布等地质现象与遥感影像特征之间的紧密关系，研究地层、地质现象及地质界线解译的特征标志，划分遥感地质分区。

（3）详细解译

使用已建立的地层、地质界线解译标志，按相应比例尺精度要求，对遥感图像进行精细解译，借助立体镜勾绘地质解译图件，对调查区域进行整体认识。对于其中有疑惑、不确定或难解释的现象，主要通过野外调绘方法加以确定和解译。

（4）成图及编写报告

通过系统解译，编制解译图件，分析地质条件及其变化关系。综合使用多种资料，对地层分布、断裂延展、重要地质界线等进行分析预测，汇总研究成果，编制研究报告。

2. 遥感地质调查的工作方法

遥感地质调查主要包括探测和解释两大部分。其中，探测的目的是获取符合精度和质量要求的遥感图像，解释的目的是将遥感影像信息转化为可为页岩气勘探所用的地质资料。遥感地质调查与野外地面地质调查存在较大差异，具体如下。

（1）应用条件：遥感地质调查以应用遥感资料为主，结合已有的地质、物化探等资料，对遥感影像进行分析和地质解释，勾绘出概略的地质解释图，适用于大区域的快速调查和面积展开。野外地面地质调查主要适用于局部区域内的典型解剖研究和精确地图件编制。

(2) 工作效率：遥感地质调查的工作过程是探测、解释、野外调绘、再解译、再调绘等多次过程的反复，是从局部到整体、再到局部的反复认识过程。尽管如此，其工作效率和速度仍然远高于野外的地面地质调查。

(3) 调查精度：尽管遥感地质调查的工作速度较快，但其解释精确度和准确度远较野外地面地质调查为小，对其合理的地质解释离不开地面地质调查的配合。

遥感地质调查技术已广泛应用于区域基础地质调查工作中，并取得了一系列成果。但在页岩气勘探方面，该技术还尚未得到广泛应用，仅在位于湖南省的保靖页岩气勘查区块内进行了应用，该区块此前的基础地质调查工作较少，现有的地质图精度不够，难以满足后续页岩气区块的勘探任务，遂在前期勘探阶段采用了遥感地质调查技术。结合野外地质调查技术，对保靖区块进行了 1∶50 000 地质填图，实现了页岩气区块内地质露头、地面地质构造以及地表特征的精准描述(图 3－1)，在很大程度上提高了野外地质调查的工作效率，加快了该区页岩气勘探的步伐，填补了页岩气区块基础地质勘查的空白。

图3－1 保靖区块三维地理信息影像(神华地勘，2014)

3.2.2 野外地质调查方法与技术

1. 位置和地层产状要素的测定

传统的定位方法常采用相对位置标定法,即在地形图或航片上利用特征点对地质点进行相对位置标定或坐标转化,这种方法速度慢、周期长,严重制约了工作效率和精准度的提高。随着灵敏度高、速度快、精度高、小型便携全球定位系统(Global positioning system, GPS)手持机的出现,野外定位方法和技术很快受到了广大野外工作者的普遍欢迎,被广泛地应用于各行各业。

地质罗盘是测定野外地质产状要素最常用的工具,尽管类型较为多样(图3-2),但均主要由磁针、刻度盘、悬锥、水准器、瞄准器等部分所组成。地层产状要素的测定通常需要遵循磁偏角的校正、方位角的测定以及产状要素的测定三个步骤。在地层产状测量时,一般只需要测量地层的倾向和倾角,而走向可通过倾向的数字加或减90°得到。

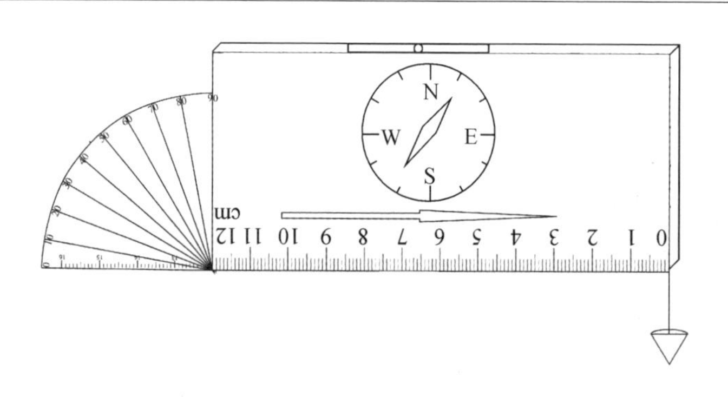

图3-2 一种自制的新型罗盘

在地层产状要素测量过程中,应当注意测量数据的真实性、可靠性和代表性,尤其对于页岩层系而言,页岩层理面易于遭受风化及其他因素影响而破坏,从而影响对层理面的选择,或可能导致选择错误的层理面进行测量。因此,在测量页岩层系产状的过程中,要着重注意测量数据的真实性、可靠性和代表性。

正确判断地层层理面是保证产状要素测量真实可靠的关键。由于页岩层系受风化作用影响较为强烈,常导致层理面破碎严重而难以识别。测量过程中,需要判断测量的页岩露头是否受过风化侵蚀作用或其他作用因素的影响(滑坡、山崩、塌陷、崩落、滚石或不规则位移等)而使其空间位置或露头表面发生了变动,特别是构造或非构造因素引起的局部产状变化,适当的远观比近处观察更容易发现层理面。

只有判定所选的测量面是层理面时,才能使用把罗盘仪贴在层面上的方法来测定产状要素。当岩层的产状在较大范围内比较稳定并且层理面比较平整时,在层面上的任意点测量都能够代表岩层的真实产状。但受风化作用影响,页岩层里面往往凹凸不平或未有明显延伸,这就必须正确地估量页岩层的总体产状而采用平面空间平移法进行测量,也可根据上下相同产状的邻层(如砂岩、灰岩层段等)产状,选择能代表页岩的平整层面进行测量,或借助野外记录本的硬壳封面,将其贴在层面上营造一个人工几何平面进行测定。这种情况下,就需要同时在较大范围内多测几个点,以便对比(图3-3)。

图3-3 贵州省安顺市镇宁县芭仙村下石炭统岩关组页岩露头照片

2. 地层剖面的观察与测制

按照地层层段的完整程度和页岩发育的特点,可将地层剖面划分为页岩层段地层剖面(或露头)和全层段地层剖面。其中,全层段地层剖面能够反映页岩层段更多的外部信息,可为观察研究富有机质页岩层段提供更多细节,对其中与页岩段相邻、相近或相间的其他层位进行观察和描述,有助于确定页岩层段在地层剖面中的相对位置并为沉积演化、盆地分析等提供其他细节。

剖面的观察内容主要包括地层岩性、分层标志、层位标定与划分、厚度变化、结构构造、地层层序、接触关系、时代归属、含油气特征等。而页岩层段地层剖面的主要工作任务是对富有机质页岩层段及其组合特征进行研究，重点了解其典型标志、颜色、厚度、古生物、岩性和岩相变化等。

1）实测剖面位置的选择

所测量的地层剖面应选择在能代表一个区域或一个小区的页岩层系、地层岩性以及厚度特征的地方，具体要求如下。

（1）宜选择在地层露头完整、分布连续、化石丰富的地方。

（2）尽量选择在暴露清楚、构造简单、破坏较弱的地方。当岩性变化、地层产状或接触关系等重要内容因掩覆而不清时，应考虑使用槽探工程或剥土方法予以揭露。

（3）尽可能使剖面方向垂直于地层走向，一般情况下两者之间的夹角不宜小于60°。

（4）优先选择产状平缓的地层剖面进行测量。

2）实测地层剖面的技术要求

（1）实测剖面时，必须逐层进行岩性描述，系统采集代表性的岩石样品或地质标本。

（2）实测剖面的数量应根据调查区内岩相建造的复杂程度、厚度及其变化情况以及前人研究程度等因素来考虑确定。一般各地层单位及不同相带，至少应有1~2条代表性的剖面控制。

（3）实测剖面比例尺应根据规范要求及实测对象的具体情况而定，以能充分反映其最小地层单位或岩石单位为原则，剖面图比例尺一般为1∶800~1∶100。

3）实测剖面的一般程序和方法

（1）选定剖面位置后，应沿剖面线进行初步踏勘，了解岩层大致的厚度、岩性组合、构造形态及不同构造部位的岩层对比关系，确定标志层，研究接触关系。

（2）按导线及分层号在野外记录本或剖面记录表中详细记录实测剖面的观察内容，并画出沿线的信手剖面图。同时，剖面线起点和终点的位置、剖面观察点、岩层产状要素及地层分界线、采样位置、照片位置等都应准确地标定在剖面图上。

（3）实测剖面的野外作业完成后，应及时进行资料整理和样品的处理，包括对各项实测数据进行整理计算，对各种样品进行分析鉴定等。在进一步整理、研究剖面地质资料基础上，根据室内分析鉴定成果对野外观察资料进行修正补充，编绘相关图件

(实测剖面图及柱状图)等。

4)实测剖面的编绘

实测剖面图的成图方法包括展开法和投影法两种。当剖面导线方位比较稳定、转折较少时,多用展开法编图;当导线方位多变、转折较多时,则宜采用投影法编图(图3-4)。当剖面上的地质构造比较复杂、岩层产状变化较大时,为了更真实地反映构造特点,可以采用投影和展开两者相结合的方法,称为分段投影法(或真厚度法)。其中,用展开法绘制实测剖面图,作业流程简单,便于在野外边测边绘,但在地质剖面图上夸大了地层体的实际宽度,地层厚度只能用公式计算求得;投影法是首先根据导线方位和各段导线的水平距离绘出导线平面图,并把各地质要素标绘到相应的位置上,构成路线地质图,然后选择剖面投影的基线方位。在选择实测剖面线位置时,尽量使剖面线导线方向垂直于地层或区域构造线走向,这样就可以将垂直地层基本走向的方位作为剖面投影基准线的方位。将导线平面图上的导线点位置垂直投影到基准线上,并以基准线作为计算高程的"零点",根据各段导线的累计高差勾绘出地形轮廓线。这样,在基准线上绘制地质要素,就主体构架了剖面图。由于投影剖面线的方位基本

图3-4 投影法实测剖面图示例

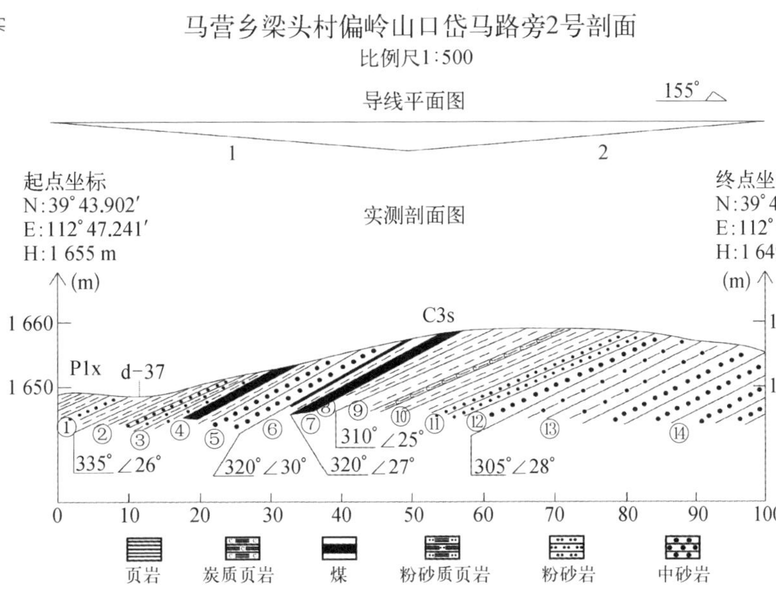

马营乡梁头村偏岭山口岱马路旁2号剖面

比例尺1:500

导线平面图

实测剖面图

上垂直于地层走向，所以除局部地层产状有变化的地段外，大多数都可直接根据真倾角数据来绘出层面投影线，不需要进行视倾角的换算。

对于页岩地层剖面，除了需要编绘实测剖面图以外，一般还要求编绘页岩地层综合柱状图，此时就需要一些数学计算方法将所测剖面层段的视厚度转换为真厚度。此外，在页岩地层综合柱状图上还须突出构造、沉积、储集性、裂缝、含油气性等相关内容。

3. 路线地质调查与地质填图

1）观察路线与观察点的布置原则和方法

（1）观察线的布置原则和方法

地质调查过程中所用的观察线路有两种基本形式，即穿越路线和追索路线。其中，穿越路线基本上沿垂直于地层或区域构造路线方向布置，按照一定间距横穿整个测区，以最短的线路观察较多、较全面的地质现象，以达到填图、研究地层、构造并解决较多地质问题的目的。通过沿着设定路线进行观察，地质工作人员即可绘制地质路线剖面，在地质分界、页岩分布或其他特殊地质现象处定出观察点，并把观察点准确地标在地图上，然后在野外现场对各线之间的地层体进行联结，逐步构成地质图。追索路线是沿着地层体、地质界线或构造线的边界、轴向或走向布置，用于追索特定的地层单位、接触关系以及断层等。追索法可以详细研究地层体的纵向变化，并可以准确地绘制地质界线。追索过程中，可在每隔适当的距离处或地层体发生变化的部位处布置观测点（周仁元等，2009）。

（2）观察点的布置原则和方法

在野外路线观察过程中，须根据精度控制要求及时标定观察点。观察点的布置以能有效地控制各种地质界线和地质要素为原则，一般均应布置在填图单位的界线、标志层、化石点、岩相或岩性发生明显变化的地点，或者岩浆岩的接触带、内部相带边界、矿化带、蚀变带、矿体、褶曲枢纽、断层破碎带、节理、片理、劈理的测量统计点、代表性产状要素测量点、取样点、山地工程、钻孔位以及其他有意义的地质现象观察部位（如水文点、地貌点、出土文物点等）处。

2）路线地质观察

（1）标定观察点的位置。

（2）描述露头地层、研究露头地质和地貌、测量地层产状、记录构造等其他要素，采集样品和标本。

（3）追索与填绘地质界线，沿前进方向进行路线观察与描述，及时做好野外记录工作，包括文字记录和照片拍摄记录等，并测绘路线地质剖面图（信手剖面图或素描剖面图）。地质人员需要在行进的路线上连续进行地质观察，当研究并描述完一个观察点后，无论沿追索或者穿越路线，都应该连续观察并记录到下一个观察点，以了解和掌握地质要素（地层岩性、产状要素、接触关系及厚度变化等）从一个点到另一个点之间的变化情况。

4. 样品采集

1）标本

标本采集后，立即在标本上涂白漆编号，同时填写标签并登记，在标签及野外记录本上记明标本名称、编号、采集地点、层位及构造、岩性简述、样品类型（薄片样、年龄测试样、化学分析样等拟分析项目）、采集日期和采集人等，并统一按剖面填制样品登记簿。

2）样品

样品的种类主要包括油、气、水样、岩矿样、古生物样、页岩样等，记录要求同上。

3）取样基本要求

（1）按设计要求，沿垂向剖面或侧向剖面等间距、等岩性或等效要求采集样品，或者在平面上按约定要求顺序取样，所选取样品要有代表性。

（2）按照实验测试项目对岩石样品的重量、体积或形状要求，取足用量，单项次实验采样量一般不低于 200 g。

（3）应采集新鲜页岩样品，不得在表层风化面和滚石上采集样品。

（4）将采集的样品依次入袋或封装，同时进行编号和记录。

（5）与不同实验项目之间的配比相对应，岩石取样时需要考虑大小样搭配。

（6）化石样品要有明确的层位，并表明上下地层层位。

（7）流体样品应采集流动的、新鲜的。

（8）对某些具有特殊现象或意义的样品（如化石、矿物、结构、构造或指相标志等），应进行照相、素描或附剖面图并登记，标签与样品一起包装。

3.2.3 地质调查井井位优选

1. 调查井井位优选

相对于常规油气而言,页岩气在形成机理、赋存方式、富集成藏等方面存在明显的特殊性。页岩气地质调查井的优选应按照低勘探程度区和高勘探程度区分别进行,分别按照各自不同的目的和要求进行井位优选和设计。

如何在基础地质资料和地震资料均较为缺乏的复杂地质构造区,仅依靠野外地质调查所获成果进行页岩气调查井位的部署,并找到优质页岩层系或页岩气富集带,提高井位钻探成功率,降低勘查风险与勘查成本,实现经济效益最大化,是提高页岩气勘查能力和水平的主要方面。我国页岩发育类型多样,后期构造运动复杂,为页岩气的勘查带来了一定困难。虽然目前已进行了大量的井位钻探并取得了一定成果,但由于资料缺乏、地层构造复杂、技术经验不足、部分调查井的前期井位优选和论证较弱,导致出现了页岩目的层异常减薄甚至未钻遇目的层等钻井失败的情况,影响了勘查进展和效果。特别是断裂和褶皱严重影响着页岩目的层的厚度、深度及分布特点。

(1) 断层

断层的存在可以导致地层埋藏深度和厚度的明显差异(图 3-5)。其中,正断层可能会导致地层的拉伸减薄或者局部缺失,逆断层可能会导致地层的重复、叠加或者局部加厚。单面山的陡面、平顶山四周、馒头山的棋盘格等通常均是断层的直接指示,崖、坎、台或沟、槽、缝等地形地貌也常可作为断层的基本依据,局部平直、规则弯曲、间断平行的河流也是断层的直接体现。此所谓我们常说的逢沟必断。

(2) 褶皱

褶皱不仅能够改变页岩地层的厚度,而且更能使地层的埋深发生有规律的变化。对于新形成不久或未遭剥蚀破坏的褶皱,其地表形态可表现为背斜高抬、向斜拗陷特点。但对于经受时间较长或遭受剥蚀改造的褶皱来说,其地表形貌常表现为向斜成山、背斜成谷特点(图 3-6)。这主要是由于褶皱常与断裂共生,而褶皱(背斜)轴部又是断裂最常发生的部位,位置较高处破碎的岩石自然就成了风化剥蚀的主要对象。

图3-5 我国南方断阶地形

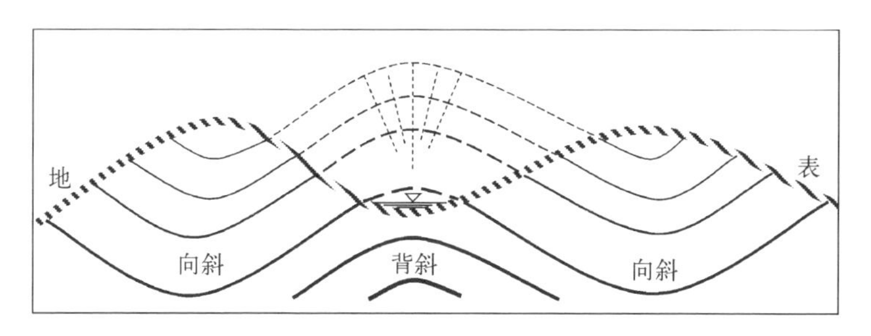

图3-6 背斜成谷与向斜成山地形的成因示意

进行井位设计应尽量收集已有的地质资料和地理资料，并采用最新的资料和研究成果，根据地下地质和地面工程条件，并考虑经济和钻探效果，设计最佳的井口位置和井眼轨迹。

2. 地质几何原理

我国在多旋回叠加构造背景下使得沉积盆地后期构造破坏整体较强，具有时间长、期次多、强度大等特点。不同阶段的原形盆地在纵向上叠置复合、横向上拼合转移，地表露头风化严重，初始面目全非，在缺乏足够的地质及地震资料的基础上实现页岩气井位的高效部署存在巨大的挑战。

在确定有利沉积相发育和有利页岩分布范围的基础上，遵循合理高效的井位优选方法和技术要诀，是实现页岩气井位优选的关键一步。主要受构造和沉积作用控制，地质历史时期中所形成的地层体具有明显的自身规律性。虽然经过后期复杂的各种地质作用改造，地层体发生了重大改变甚至剥蚀作用，可能改变了地层的倾角、减小了地层厚度或者导致地层发生了局部位移，但其原始的地层厚度趋势、空间展布规律以及上下覆岩性地层关系等，是不会随着后期构造变动而改变的。

不同的地层体在经历了长期地沉降、挤压、抬升、拉张、剥蚀等复杂地质作用破坏后，在形态上多已变为不规则状。但不同地层体之间或地层体与断裂之间仍具有一定的空间组合关系，具有一定的地质变化规律和几何逻辑性，目的层的空间展布有迹可循（图3－7）。如果地层体有所改变（抬升剥蚀、挤压推覆或剪切平移等）的话，也一定是在原有基础上有规律地改变。在假定原始沉积地层为水平沉积、厚度按趋势变化、在一定范围内按趋势分布的前提下，根据地表岩性时代分布、断裂构造作用规律以及标志性岩性地层的出露状况，易于对现今的目的层分布和埋深变化进行合理预测。

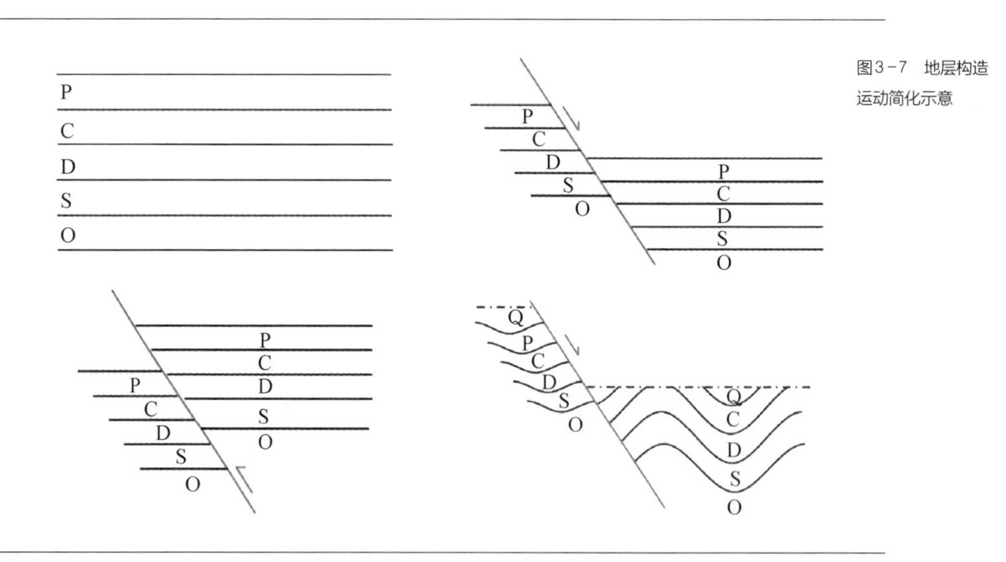

图3－7 地层构造运动简化示意

页岩目的层系空间分布预测的基本假设主要包括以下几个方面。

（1）受构造演化和沉积环境的控制和影响，页岩分布在一定的空间范围内是平面连续的。

(2) 受沉积层序约束和控制,页岩的分布在垂向上是相对稳定的。除沉积相变外,页岩所在的地层剖面具有特定的沉积相序及岩性组合关系。

(3) 页岩的原始沉积面为水平或近似水平,盆地中的页岩可视为平板状。

(4) 破裂(断裂)使页岩的分布预测更加复杂化,但除剥蚀或局部构造外,对页岩原始的厚度变化趋势不发生改变作用。

(5) 页岩的埋藏深度可由上覆岩层厚度确定,上覆地层厚度可由出露地表的岩石层位确定。

(6) 出露地表的断裂或褶皱,可向地下衰减、延续或强化,可由区域构造特点或规律推定。

(7) 地面可见一定数量的地层出露,用以控制目的层系的空间分布。

基于野外地质调查所获得的相应地层体的地质信息和成果,应用空间几何的方法就可实现对地层体组合关系和变化规律的描述和预测,并据此获得有利勘探目标区的地质构造发育情况,预测有利目标层段的空间分布,称为页岩分布预测的地质几何原理。

在缺乏物探、钻井等其他可用资料条件下,将主要依靠地质几何原理而进行的页岩气井位优选方法称为"裸定井位"。我国第一口页岩气发现井(重庆钻遇下志留统龙马溪组页岩气的渝页1井,图3-8)和最早的下寒武统牛蹄塘组页岩气发现井(贵州岑巩区块的岑页1井)等,均是采用裸定井位法优选的井位、确定的钻井深度。

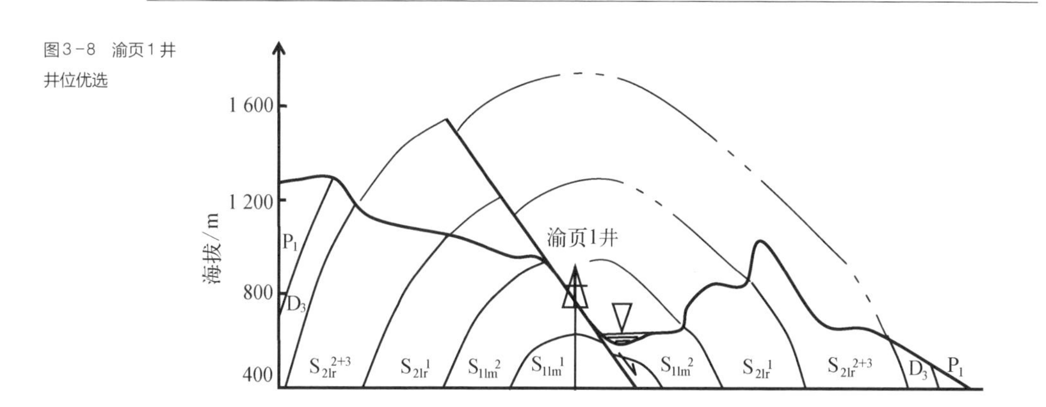

图3-8 渝页1井井位优选

3. 调查井井位优选原则

井位的优选是在研究区内地层、沉积、构造及其他多种因素综合分析与研究基础上，结合页岩气成藏原理及调查区成藏条件，优选具体的平面位置。页岩气调查井优选必须遵循“地面服从地下、地下照顾地面”的基本原则，兼顾地质研究与工程实施、经济成本、环境效应于一体，具体如下。

（1）逐步收缩：即从区域到局部，再到具体的位置，“由大到小”，逐步收缩，确保所选井位在区内最佳。通过相对较大区域的调查和研究，确定页岩层段的发育和分布，编制相应的地质分析图件，确定有利的沉积相带及符合要求条件的埋藏深度，圈定不同可信度条件下的页岩气分布有利区域。

（2）满足地质条件：页岩气调查井的优选实施应保证地质任务的完成，达到页岩气钻探目的，兼顾钻探效果与工程地质条件。根据页岩气成藏条件分析，将能够满足页岩气成藏要求的面积区域分别按不同地质要素全部勾绘出来，采用有效面积叠合法，在平面上确定满足所有地质条件的叠合区域，并以此作为页岩气成藏有利区，以此保证所选井位满足页岩气地质条件。借助综合因素分析法，将影响并控制页岩气的各主要因素，包括富有机质页岩厚度和埋藏深度、有机质丰度和成熟度、构造要素与保存条件、含气性与含气量等，采用图件叠合法或多元信息递进叠合分析法对钻探井位进行地质预测和分析，进一步缩小最有利的页岩气发育地质有利靶区。

（3）工程条件最优：充分利用地形、节约用地、方便施工。即在页岩气地质条件最优基础上，结合资料可靠程度和地面工程条件，确定最佳井位，以此保证最佳效果、最大把握及最经济施工。综合考虑勘探纵深、已有或布置工作量情况（如已有钻井、地震测线等）、地面条件（如道路交通、井场条件、铁路桥梁等）以及工程等条件，综合选定可作为井点的位置，通过目的性、有利性及风险性的分析与评价，采用排序法最终确定最佳井位。确定井位过程中，应尽量利用荒地、差地，少占良田，减少挖方。

（4）安全生产：钻井用水应能就近解决，但井位的选择应为地势较高的位置，避开洪水区、山洪爆发区、山坡滑坡带、低洼区以及泄洪排水通道等灾害易发区，尽量避免定在海滩地、沼泽地和洪水易冲刷的地方。若必须在特殊的地理环境下进行井位优选，则必须要有切实有效的综合防护措施。

4. 井位优选工作流程

（1）任务确定：任务确定后下达页岩气井位优选任务书，内容包括地质任务、地理位置、勘探面积、工作量、钻井设计技术要求及施工工期要求、钻井后期评价、区域页岩气潜力分析研究任务等。

（2）资料收集：主要包括地质资料和其他资料收集两部分。前者主要包括区域地质资料（大地构造区划、地层、岩性、构造、页岩地质、地震等），主要探井及相关资料（钻井、综合完井、测井、探区以往的页岩气相关勘探成果及综合报告等），研究认识资料（地震解释、沉积相、构造、地球化学分析等资料）。对于低勘探程度区，主要为煤矿、水文、金属矿等其他矿种勘探成果。对于高勘探程度区，侧重于常规油气勘探成果相关资料的收集。对于南方山地页岩气区，还须收集地质露头、大地应力场、地表化探、大地音频测深以及重、磁、电等勘探资料。后者则主要包括自然地理资料（地形、河流资料、动植物分布及地表覆盖物类型、分布范围等），人文地理（行政区划、居民点分布、公路、铁路、工业电网、地下设施、农田分布、文物古迹、民族风俗等）以及气象（气候特点、温度、风季、雨季及洪水期、冰冻期等）等内容。

（3）调查井实地踏勘：根据地质任务、总体部署和项目技术要求，在设计前对工区进行详细踏勘，实地调查并落实所收集到的地质信息、地理资料，对比其符合性，了解工区情况，绘制附有工区范围、测线（束）号、起止桩号的踏勘草图，编写工区踏勘报告。

（4）井位优选：井位优选涉及构造、沉积、储层及工程等一系列条件，井位优选过程中，宜首先对已有资料进行单因素分析，其次还需要重点考虑各条件要素之间的匹配关系。井位优选宜将页岩气的静态地质要素与动态聚集过程相结合，以实现页岩气井位优选及页岩气地质评价目的。

5. 调查井裸定井位基本步骤

按照地质几何原理，不同地层体之间或地层体与断裂之间的组合关系在经历后期构造运动后仍然遵循一定的地质变化规律。基于此，野外地质踏勘过程中所获得目的层系的一些基本地质信息，就可以用来推断分析有利勘探目标区内目的层系的发育情况。

具体实施操作过程主要包括室内基础资料研究和野外地质踏勘两个环节。其中，室内基础资料研究主要是通过对有利勘探目标区内区域地质构造、钻井资料、地理交通以及地表地貌等特点的分析，尽可能多地掌握有利目标区的地质特征，为野外地质踏勘做好准备;而野外地质踏勘主要是通过对有利目标区内及周边区域目的层系的野外露头和剖面进行观察,获取包括目的层系岩性、产状、厚度、邻层状况、断层性质、地层产状及平面发育位置等在内的基本地质信息,随后依据地质几何原理,分析目的层系在有利目标区内的发育和分布情况,包括目的层系的埋深、厚度及断裂分布等特点。具体如下。

(1) 根据区域地层变化、野外踏勘及剖面测量,建立小区内的标准地层综合柱状图,落实地层在平面和剖面上的变化趋势和特点。

(2) 编制地质分析基础图件,确定富有机质页岩的发育层位、厚度及其分布,判断页岩沉积环境,明确页岩厚度及其与上下覆地层之间的关系,分析页岩发育的沉降-沉积中心。结合样品测试实验和分析,确定页岩发育最有利层段及其平面变化特点。

(3) 分析研究区内的断裂与褶皱特点,解剖断层的性质、断距、切割关系,研究褶皱的形态、紧密程度、与断裂的关系等,确定断裂、褶皱及两者组合对页岩厚度和埋深的影响关系,判断地质作用特点对页岩厚度和埋深的影响或控制作用。

(4) 根据野外记录并借助沉积环境分析原理,采用图件叠合法,在平面上选定页岩厚度大、有机质丰度高、沉积相带有利、构造与埋深条件合适的页岩分布平面有利区。

(5) 根据沉积环境判断富有机质页岩原始沉积厚度,结合地表出露的地层层位,充分考虑断层、褶皱等构造作用的影响,按照地质几何学原理,在有利区内选定满足地质条件的井位靶区范围。

(6) 结合地形地表、道路交通、工程条件等其他因素分析,选择能够满足上述地质条件的地面有利区域。

(7) 根据页岩气勘探过程和原理,在地质和地表条件均能满足的区域内进一步确定有一定勘探纵深、区域控制或其他特殊意义的靶区范围。

(8) 鉴于页岩气的成藏特点、褶皱及断裂对页岩气储集空间的贡献作用或逸散作用,井位的最终确定可适当倾向于背斜的轴部高点,在埋藏较深、上覆地层稳定、保存条件较好的条件下,可忽略或倾向于目的层裂缝发育区。但在页岩埋藏较浅条件下,宜选择断层少、产状缓的区域。

(9) 尽量选择有特殊观察目的和意义的点作为有效井点,包括地质观察点、地球物理测线点、地表化探控制点等。

(10) 对符合上述各种条件的井位进行有利性和风险性分析,排出优先性顺序。

采用上述方法，先后对渝页1井、岑页1井、酉科1井、渝科1井等钻井井位进行了优选和实施，并达到了预期效果。在实际操作过程中，可根据具体情况进行量化处理。即在钻探目标确定基础上，将影响确定井位的因素划分为地质、地表及资料等3方面条件，制定页岩气调查井井位优选评价方案或赋值参考标准，在不同的工作条件下分别实行不同侧重点的打分方法（表3－1、表3－2、表3－3），实现对页岩气调查井位的可靠程性量化，经分值对比，以便选出最佳调查井位。其中，地质条件是影响调查井位优选的最主要影响因素，其次为地表工程条件和资料条件。

表3－1 调查井位优选评价参考依据（地质条件）

<table>
<tr><th>级别/分值</th><th>优/4</th><th>良/3</th><th>中/2</th><th>差/1</th><th>非/</th><th>权重</th></tr>
<tr><td>目的层厚度</td><td colspan="5">说明：通常指富有机质页岩的实际残留厚度，因沉积相不同而有较大变化，可根据调查区内页岩实际厚度发育的统计情况来确定分级依据。具体又可从总厚度、单层厚度、夹层厚度等方面进行分解考量</td><td></td></tr>
<tr><td>沉积相</td><td colspan="5">说明：沉积作用控制着页岩的垂向厚度及侧向分布的稳定性、有机质的类型和丰度、矿物学组成和特点以及页岩中的油气赋存与产出。靠近原型盆地的沉降-沉积中心处是页岩气的最佳选择</td><td></td></tr>
<tr><td>预测深度</td><td colspan="5">说明：一般情况下，页岩含气量与其埋藏深度呈一定条件下的正相关关系，可根据调查区域内页岩实际的平均埋深、钻井主要目的、钻井工程预算等因素综合确定分级依据，500 m和4 500 m分别可作为页岩气勘探的上限和下限参考</td><td></td></tr>
<tr><td>构造位置</td><td colspan="5">说明：断层通过岩石的破碎作用产生流体运移通道，导致天然气以多种方式逃逸或逸散。一般认为，当钻井位置距断层最近处的距离超过2～5 km或以上时（取决于断层性质、规模、活动时间等），断层的破坏和影响作用就基本可以忽略。当目的层埋藏较深时，断裂对页岩气破坏的影响作用较弱，在背斜区形成页岩气富集的地质条件相对较好。当页岩目的层埋藏较浅时，断裂对页岩气的破坏作用增强，平缓地层、单斜地层及向斜区域的页岩气地质条件更加有利</td><td></td></tr>
<tr><td>构造运动历史</td><td colspan="5">说明：构造运动既能产生盆地，但也更能改变盆地、终结盆地，其中页岩生气后的构造运动次数、强度、沉降幅度、回返时间及现今的构造应力场特征等，对页岩气的封存条件产生了不同程度的影响和破坏。页岩沉降幅度适中、回返时间相对较晚的盆地，形成页岩气的地质条件相对较好</td><td></td></tr>
<tr><td>断裂发育程度</td><td colspan="5">说明：主要包括断层的规模、性质、密度、组合方式等，活动时间早、规模相对小、后期充填程度高的逆断层对页岩气的保存条件相对较好；反之，具有后期活动、目的层系与地表沟通、以张性活动为主或通天属性等特点的断层，对页岩气的封存条件较差。据此可将断层划分为弱、较弱、中等、发育及强发育等级次</td><td></td></tr>
<tr><td>地层倾角</td><td colspan="5">说明：通常情况下，地层倾角越大，表明构造作用越强，页岩气藏越容易遭受破坏。需要说明的是，由于构造作用过程复杂，地层倾角常可能出现地面与地下不一致现象。一般可按5°晋级进行分档</td><td></td></tr>
<tr><td>地层流体</td><td colspan="5">说明：地层水活动是影响页岩气封存与改造的主要因素，也是反映页岩气封存条件的基本指标。可使用的地层水指标主要包括流体物理（流体温度、压力系数、流体势、流体物理参数的分层性等）和流体化学（水型、矿化度、组分配比、变质系数、钠氯系数、脱硫系数、钠钙系数、钙镁系数、碳酸盐平衡系数及封闭系数等）等参数，可将地层水活动分为不活跃、活动弱、活动较强、活动强、断层通天等</td><td></td></tr>
<tr><td>总权重</td><td colspan="6"></td></tr>
</table>

表3-2 调查井位优选打分评价赋值参考标准(资料条件)

级别/分值	优/4	良/3	中/2	差/1	非/	权重
资料完整程度及可用性	说明: 支持井位优选的资料类型和内容较为多样,可根据资料的拥有和使用情况进行分别赋值,分为丰富、较丰富、一般、匮乏及严重匮乏等几种情况					
资料质量及把握度	说明: 对使用资料的来源、质量、可靠性及其使用效果、产生误差等进行评价,可分为把握、较把握、基本把握、弱把握、不把握等					
地层产状及露头点控程度	说明: 有效地层产状测量控制点、目的层段露头观察控制点及采样分析控制点的多寡、在平面上分布与控制的有效性,均可能对井位优选的合理性产生重要影响。 有效控制点数越多、平面上分布的合理性越强,地质分析及井位优选的把握程度越大					
拟钻井开口层位确定程度	说明: 依靠对出露地层的精细研究和判断,准确确定它在标准地层中的相对位序,结合地层倾角计算,用以确定目的层埋深。 可分为确定、相对确定、基本确定、推测、不确定					
工作量投入情况	同等情况下,投入的有效人员和工作量越多,研究认识程度越高,所选井位把握性越大。可按满负荷工作量作基准参考					
总权重						

表3-3 调查井位优选打分评价赋值参考标准(地表条件)

级别/分值	优/4	良/3	中/2	差/1	非/	权重
井场条件	说明: 井场需要满足钻井工程需要,有时也必须考虑压裂工程需要。 可根据井场是否天然存在、井场修建需要土石方工程量、工程车辆进出是否方便、雨季是否安全以及井场土地使用费等进行考量分级					
障碍避让	说明: 出于多种因素的安全考虑,井场选择需要对居民区、重大工程及设施区、自然保护区等进行避让,主要包括村镇、铁路、水库、防洪设施、军事设施、电力设施、通信设施、自然景区、自然保护区及风俗文化区等进行安全避让					
进场道路条件	说明: 根据可利用的道路条件或道路的可通行条件、需要辅修或改造的道路公里数等情况确定					
勘探纵深	说明: 在一旦获得钻井发现或突破情况下,能够同时满足页岩气地质条件和地表条件的页岩气勘探有效面积区域即被称为勘探纵深。 页岩气勘探纵深可根据有效勘探面积确定					
其他地面资源条件	说明: 其他尚有可利用水源、可施工季节及接触物资供应等,可一并考虑					
总权重						

在进行井位优选过程中,除了上述的方法以外,还有许多地质现象能够为页岩气的井位优选提供佐证,如矿坑爆炸、雨后冒泡、岩石自燃(图3-9)、空气怪味、鱼贯气泡等。在2006—2009年,分别在重庆市的城口县和酉阳县发生了因开采锰矿而导致的矿洞爆炸和因隧道工程施工而导致的页岩自燃现象。两者均发生在下寒武统的牛蹄塘组黑色页岩地层中,均系富有机质的黑色页岩在被破碎的过程中,由于甲烷气体不

图3-9　重庆酉阳上寨隧道附近的页岩自燃

断释放析出所致。当页岩破碎时，岩石比表面积不断增加，其中所含的甲烷气体不断析出，当满足自燃（磷、硫、甲烷、有机质等）或爆炸条件（甲烷含量4.6%~15%）时即发生燃烧或爆炸，形成不期望发生的事故。

需要说明的是，调查井位优选评价赋值参考表是仅依靠野外地质调查情况而制定的，在实际的井位优选和确定过程中，还应将尽可能多的其他要素，包括地球物理剖面、地表物化探、页岩有机地化、岩石矿物及储层物性等条件一同考虑进来，以求优选出的井位又准又好。

3.3　技术展望

随着当今科学技术的不断进步，实现从野外数据采集、室内数据整理和解译、室内成果成图、报告编制和输出全过程的数字化、标准化、集成化和数据库化，从根本上改变了使用纸质地质图、记录本和手工制图的传统工作方式,提高了区域地质调查工作的现代化程度,是未来野外地质调查技术发展的重要方向。采用计算机制图,不仅提高了工作效率,而且还提高了图件的美观和规范化程度,极大地提高了定量化、统一化、规范化处理水平。

到目前为止,我国已在数据处理和解译、室内外成果编图、成果输出与分析等方面全面实现了全过程信息化,部分正在向自动化和智能化方向发展。虽然目前已经将GPS 技术和遥感地质调查技术全面地应用到了野外地质调查过程中,但其信息化水平仍然较低,仍有较大的发展空间。

随着整体技术水平的提高,新的技术不断被引入地质调查工作过程中。在空中,可利用以小型无人机为平台的无人机观察与航测技术,利用高分辨率相机获取实时影像,特别适合于面积较大、地表条件复杂、人类活动较难企及的区域,有助于快速发现页岩层系或其他层系露头或剖面,极大地提高了野外地质工作效率。在地面,可将目前的三维激光扫描技术与小型无人机技术相结合,不仅解决野外地层剖面的面扫问题,而且还可以获得 3D 数据,用于后期 3D 立体建模和成像,在室内就可获得地层剖面的产状要素等信息,实现从 2D 测量发展到 3D 测量的目的。除此之外,正在研发的地面岩石信息综合测量系统(马路扫描者)、远程地层信息采集系统(观察者)、浅埋藏岩石信息采集系统(探路者)、空间自动成像与智能分析系统(虚拟仿真)等新技术的实现和应用,也将在成倍提高工作效率的同时获得更多的地质有用信息。

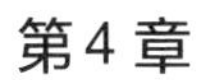

页岩气测试分析

4.1 页岩气实验测试方法

4.1.1 页岩样品预处理

所有进入实验室的样品均应造册登记、重新编号，按样品的形状、大小和规则程度进行实验顺序编排和样品分割，然后进行必要的实验前预处理。

（1）预处理的主要目的包括除去微粒、减少干扰杂质，浓缩微量组分，提高检测的灵敏度和选择性。

（2）为避免页岩自身非均质性的影响，可进行碾磨、均匀混合。

（3）对于有机质分离等特殊样筛选等工作，可采用目测挑选或者化学方法分离等手段。样品制备过程中尽可能防止和避免待测定组分发生化学变化或成分丢失。

（4）预处理过程中，要减少无关化合物引入制备过程，减少甚至不用有毒有机溶剂。

（5）预处理过程应简单易行，减少操作步骤；同时还应尽可能快，或者使用适当方法消除可能产生的干扰，做好样品的保存。

页岩气相关测试常具有样品数量大、测试种类多及分析项目多等特点，为把控实验测试的质量，常需要进行实验质量监控，包括实验副样、平行样及剩余样的预留等，均需在样品编排、实验调度及样品分割时予以统筹，具体原则如下。

（1）当多批次测试时，在每批样品内插入空白样以检测试剂的纯度。

（2）在多批次的页岩样品测试中，插入标准样和重复样以检查分析的精确度。

（3）在同样的实验条件下，实验测试结果应该具有可重复性。

（4）尽管不同实验方法获得的实验结果可以不同，但是总体上应具有可比性。

（5）应对实验结果进行合理性分析。

4.1.2 页岩气实验测试方法

在页岩气实验测试方面，不同机构/学者采取不同的分类体系，但概括起来可分为生气能力、储气能力和开采能力三大方面，可划分为矿物岩石学、地球化学、储层物性、含气性及可采性等方面(表4-1)。

表4-1 页岩气实验测试项目、方法及参考标准

分类		参考测试项目	参考测试方法	参考测试标准
岩石学	岩石物理性质	颜色	岩石颜色测量系统	《石油地质岩石名称及颜色代码》(SY/T 5751—2012)
		硬度	肖氏硬度法	《岩石物理力学性质实验规程第6部分：岩石硬度实验》(DZ/T 0276.6—2015)
			磨耗硬度法	
			摩氏硬度法	
		密度	量积法	《岩石物理力学性质实验规程第4部分：岩石密度实验》(DZ/T 0276.4—2015)
			水中称量法	
			蜡封法	
	岩石力学性质	泊松比、杨氏模量、抗压强度及地应力等	岩石单轴抗压强度实验	《岩石物理力学性质试验规程第18部分：岩石单轴抗压强度试验》(DZ/T 0276.18—2015)
			岩石三轴抗压强度实验	《岩石物理力学性质试验规程第20部分：岩石三轴压缩强度试验》(DZ/T 0276.20—2015)
			声发射测试	《岩石物理力学性质试验规程第24部分：岩石声波速度测试》(DZ/T 0276.24—2015)
	岩石矿物学	岩矿成分	岩石薄片鉴定	《岩石薄片鉴定》(SYT 5368—2016)
			X射线衍射分析	《沉积岩中黏土矿物总量和常见非黏土矿物X射线衍射定量分析方法》(SY/T 6210—1996)
			矿物定量评价	—
地球化学	岩石地球化学	有机碳含量(TOC)	干烧-红外检测法	《沉积岩中总有机碳的测定》(GB/T 19145—2003)
			干烧重量法	
			非水滴定法	
		有机质成熟度	光学分析法	《沉积岩中镜质组反射率测定方法》(SY/T 5124—2012)
			化学分析法	—
			谱学分析法	—
		有机质类型	光学分析法	《透射光-荧光干酪根显微组分鉴定及类型划分方法》(SY/T 5125—2014)
			岩石热解分析	《岩石热解分析》(GB/T 18602—2012)
			干酪根碳同位素分析	《地质样品有机地化测试有机质稳定碳同位素组成分析方法》(GB/T 18340.2—2001)
		生烃潜力	岩石热解分析	《岩石热解分析》(GB/T 18602—2012)
			生烃热模拟	《黄金管生烃热模拟实验方法》(SY/T 7035—2016)

（续表）

分类			参考测试项目	参考测试方法	参考测试标准
地球化学	流体地球化学	气体	成分	色谱-质谱分析	《天然气组成分析：气相色谱法》(GB/T 13610—2003)
			同位素	同位素分析	《地质样品有机地球化学分析方法 第2部分：有机质稳定碳同位素测定同位素质谱法》(GB/T 18340.2—2010)
		油	原油生物标志化合物	气相色谱-质谱联用法	《气相色谱-质谱法测定沉积物和原油中生物标志物》(GB/T 18606—2001)
			原油族组成	薄层色谱-火焰离子化检测技术(TLC/FID)或液相色谱法	《岩石可溶有机物和原油族组分棒薄层色谱 火焰离子化定量分析方法》(Q/SH 0300—2009)
		水	矿化度	重量法	《矿化度的测定(重量法)》(SL 79—1994)
			主要离子含量	离子色谱法	《离子色谱仪分析方法通则》(JY/T 020—1996)
储层	储集物性		微观孔隙结构	压汞法	《压汞法和气体吸附法测定固体材料孔径分布和孔隙度》(GB/T 21650—2008)
				气体吸附法	
				核磁共振法	《岩样核磁共振参数实验室测量规范》(SY/T 6490—2007)
				小角散射法	—
				聚焦离子束-扫描电镜	《纳米级长度的扫描电镜测量方法通则》(GB/T 20307—2006)
				宽离子束-扫描电镜	
				场发射扫描电镜	
				原子力显微镜	
				微纳米CT	
			孔隙度	压汞法	《覆压下岩石孔隙度和渗透率测定方法》(SY/T 6385—2016)
				气体膨胀法	
				核磁共振法	
			渗透率	岩屑压力衰减法	
				压力脉冲衰减法	
				核磁共振法	
	储层敏感性		速敏	储层敏感性流动实验	《储层敏感性流动实验评价方法》(SY/T 5358—2002)
			水敏		
			盐敏		
			酸敏		
			碱敏		
			应力敏感性		
含气性			含气量	等温吸附法	《煤的高压等温吸附试验方法》(GB/T 19560—2008)
				现场解吸法	—

（续表）

分 类	参考测试项目	参考测试方法	参 考 测 试 标 准
含气性	含气结构	测井解释法	—
		现场解吸法	—
		同位素预测法	《地质样品有机地球化学分析方法 第2部分：有机质稳定碳同位素测定同位素质谱法》(GB/T 18340.2—2010)

4.2 岩石学测试分析

4.2.1 岩石物理性质

（1）颜色

颜色作为岩石重要的宏观特征之一，在地质工作中对观察描述岩石的颜色进行确定是必不可少的一项工作。从沉积学角度看，颜色往往蕴含了岩石形成时的丰富信息，包括物质来源、沉积环境以及气候变化等。而从页岩气勘探角度看，页岩的颜色还可以辅助判断页岩的有机质丰度、矿物组成和风化程度等。人对颜色的感知是光源、物体和观察者之间交互的结果，既与物体本身的分光特性有关，又取决于照明条件、观测条件以及观察者的视觉特性等，故个体辨色能力的差别常导致对岩石颜色描述的不准确、不规范或者意见分歧。在相同实验条件下对不同岩石新鲜面的定量描述和确定，便成了岩石颜色表征的最佳选择。对岩石颜色的确定常可采用直接测量法（分光光度计法和光电积分法）或间接测量法（比色法），在实际确定过程中对岩石颜色的定量化表达方法与技术，可参考标准《石油地质岩石名称及颜色代码 SY/T 5751—2012》。

（2）硬度

硬度是岩石抵抗其他物体表面压入或侵入的能力。岩石硬度的测定与表示方法有很多种，主要有肖氏硬度、磨耗硬度和摩氏硬度等。肖氏硬度实验原理是用撞销从一定高度下落并撞击岩石表面而发生回跳，利用撞销回跳高度来表征岩石硬度。磨耗硬度实验原理是借助岩石样品在均匀外力作用下的被磨耗作用和程度，用磨耗前后样品的质量变化来表示岩石硬度。摩氏硬度是通过已知硬度的标准矿物在岩石表面的划痕程度来确定岩石的硬度，共10个等级，滑石的硬度为1、石膏2、方解石3、萤石4、磷灰石5、正长石6、石英7、黄玉8、刚玉9、金刚石10；野外作业时常采用指甲硬度为2.5，硬币硬度为3.5～4，钢刀硬度为5.5。具体实验方法及标准参考《岩石物理力学性质实验规程第6部分：岩石硬度实验 DZ/T 0276.6—2015》。

（3）密度

岩石密度与其强度、孔渗特性、抗腐蚀性及变形特征等许多物理特性有着密切关系，包括天然密度、干密度和饱和密度，主要测量方法有量积法、水中称量法和蜡封法等。其中，量积法原理是通过称量规则岩石样品的质量和体积，两者之比值即为岩石密度。水中称量法是利用岩石样品在空气和水中的质量差求得岩石的密度，适用于遇水崩解、溶解和干缩湿胀外的其他各类岩石。蜡封法是对不能直接在水中称量测定的样品进行蜡封处理，然后测量其在空气和水中的质量差而求得岩石的密度，适用于不能用量积法或水中称量法进行测量的岩石。具体实验方法及标准可见《岩石物理力学性质实验规程第4部分：岩石密度实验 DZ/T 0276.4—2015》。

4.2.2 岩石力学

作为储集并运移天然气的重要介质，裂缝及微裂缝是页岩气成藏与富集的基本条件之一。不同于常规气藏，页岩气单井一般无自然产能，通常均需要通过压裂技术对页岩储层进行改造以提高气井产能。页岩岩石力学特征（主要包括泊松比、杨氏模量、抗压强度等参数）直接影响储层的压裂改造效果，控制着压裂缝的方向、长度、形态等特征，对其进行测试和表征是压裂改造能否成功的关键。由于页岩易裂易碎，对其岩石力学特征参数的测试比常规储层难度更大（图4-1）。

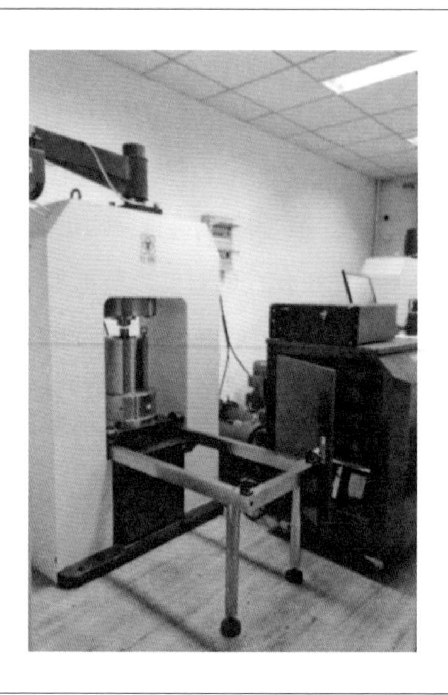

图4-1　岩石力学测试仪

1. 杨氏模量与泊松比

弹性模量是物体变形难易程度的度量参数。根据受力情况的不同,分别有相应的拉伸弹性模量(杨氏模量)、剪切弹性模量(刚性模量)和体积弹性模量等,而杨氏模量在页岩气领域中的应用较为广泛。杨氏模量越高,脆性越大,钻井或压裂过程中越容易造缝,越有利于页岩气的开采。测量杨氏模量的方法一般有拉伸法、梁弯曲法、振动法及内耗法等,其中最常用的方法是拉伸法。在测量杨氏模量方面,目前不断有新的测试方法和技术涌现,譬如利用光纤位移传感器、莫尔条纹、电涡流传感器和波动传递技术(微波或超声波)等实验方法和技术。

泊松比是横向正应变与轴向正应变绝对值的比值。泊松比越低,页岩脆性越大,越容易压裂造缝。泊松比的测量方法和杨氏模量相同,常用的方法也是拉伸法。

岩石的杨氏模量和泊松比常通过岩石三轴抗压强度实验来获得,即在三向应力状态下对页岩的强度和变形进行测量。在进行三轴实验的同时,一般也会测定试样的单轴抗压强度,比较常见的实验仪器为岩石三轴试验机。

通过岩石应力应变试验,可获得岩样变形至破坏的应力应变曲线(图4-2),计算

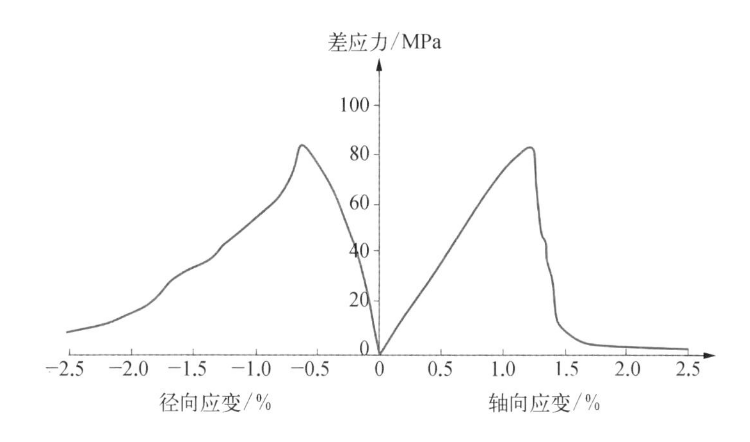

图4-2 三轴应力实验的应力应变曲线

得到杨氏模量、泊松比等岩石力学物性参数。

（1）杨氏模量计算公式

$$E_{50} = \frac{\sigma_{c50}}{\varepsilon_{h50}} \tag{4-1}$$

式中，E_{50}为杨氏模量，MPa；σ_{c50}为50%应力处的应力值，MPa；ε_{h50}为应力在抗压强度50%时的纵向应变值。

（2）泊松比计算公式

$$\mu = \frac{\varepsilon_{d50}}{\varepsilon_{h50}} \tag{4-2}$$

式中，μ 为泊松比；ε_{d50}为在应力50%时的横向应变值；ε_{h50}为在应力50%时的纵向应变值。

结合单轴抗压强度参数值，实验所测页岩的三轴抗压强度参数值可用于页岩的岩石力学研究、裂缝预测、压裂模拟及效果评价中，特别是用于后期的页岩裂缝模拟实验中，模拟页岩地层在压裂过程中的缝网发育特征。

2. 抗压强度

页岩抗压强度参数通常借助于单轴抗压强度实验来获取。当页岩样品受到纵向压力作用时可出现压缩破坏，此时单位面积上所承受的载荷即为单轴抗压强度，即页岩样品遭受破坏前所承受的最大载荷与页岩承压面积之比值。进一步，在测定单轴抗压强度的同时,还可进行形变试验。

1）对不同含水状态条件下的试样进行测定

（1）烘干状态的试样：在105~110℃下烘24 h。

（2）饱和状态的试样：使试样逐步浸水,首先淹没试样高度的1/4,然后每隔2 h分别升高水面至试样的1/3和1/2处,6 h后全部浸没试样,试样在水下自由吸水4 h;采用煮沸法饱和试样时,煮沸箱内水面应高于试样面,煮沸时间不少于6 h。

2）压力试验机

（1）应有足够的吨位,即能在总吨位的10%~90%进行试验,能够连续加载且无冲击。

（2）承压板面平整光滑且具有足够的刚度。承压板直径不小于试样直径,也不宜大于试样直径的两倍。如果承压板直径大于试样直径的两倍以上,就需要在试样的上下端增加辅助承压板。

（3）压力试验机的校正与检验应符合国家计量标准的规定。

抗压强度可通过以下公式算出：

$$\sigma_c = \frac{p_{max}}{A} \tag{4-3}$$

式中,σ_c为岩石单轴抗压强度,MPa;p_{max}为页岩试样最大破坏载荷,N;A为试样受压面积,mm^2。

4.2.3 岩石矿物学

岩石矿物成分是储层研究中不可或缺的部分,是研究页岩气赋存状态、裂缝发育、渗流机理及压裂改造等的基础。岩石矿物成分一般通过薄片鉴定、X射线衍射等手段确定。

1. 薄片鉴定

岩石薄片鉴定主要是对所采岩石标本进行切割、打磨、抛光等处理后,结合矿物学、岩石学、矿相学等方法,在镜下对岩石的矿物成分、结构、构造、组合、次生变化等进行观察与研究。

岩石光学显微镜下的观察效果依赖于岩石薄片的制作质量。薄片制作前，一般均须首先对页岩进行注胶处理，将适当尺寸的岩样置于松香和松节油配制的胶液中，缓慢升温至80℃浸泡至无气泡逸出。其次选择需要观察的切面（一般垂直层面）进行厚度尽量薄的切割，经过粗砂磨和细砂磨（氧化铝砂浆）之后，使用氧化铝或混合悬浮液（氧化铝 + 金刚石）在抛光机上进行手动抛光，以去除表面划痕或机械损伤层，可得一个端面平整的切片。然后选用标准折射率的加拿大胶或冷杉胶（环氧树脂），经低温烤熔后将平整的岩石切片端面与截玻片粘固（注意排出气泡），再次研磨切片至0.02 ~ 0.03 mm 厚（可在甘油中研磨以防碎裂），形成岩石薄片。最后，使用同样的方法将盖玻片粘固在岩石薄片上，得到2 cm × 3 cm 的标准岩石薄片，即可在偏光显微镜下进行观察和研究（图4－3）。

图4－3 新生界陆相（上图）和下古生界海相（下图）页岩镜下照片

2. 扫描电镜观察

当一束极细的高能电子轰击岩石表面时,被激发的岩石表面区域将产生二次电子、俄歇电子、特征 X 射线、背散射电子、透射电子以及电磁辐射等,对这些激发出的各种物理信息进行接收、放大并显示成像,即可得到岩石表面的形貌图像(图4-4),借以进行矿物形态、组成、晶体结构等分析。扫描电子显微镜一般可产生 200 000 × 200 000 倍的放大效果,均由电子光学、信号收集与显示、真空等系统所组成,岩石样品在实验前需要进行表面清洁、干燥去水、表面镀膜等处理。配合使用透射电子显微镜、扫描隧道显微镜、原子力显微镜等技术,可以得到更多的微观信息和更高的分辨率效果。

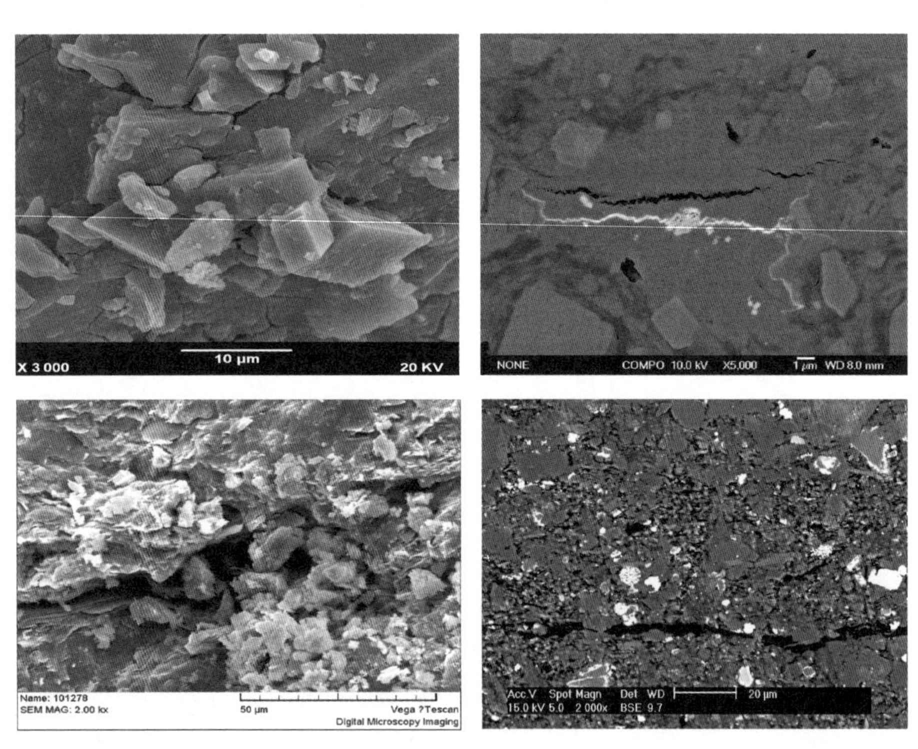

图4-4 扫描电镜照片(左为未抛光扫描效果;右为氩离子抛光后扫描效果)

3. X 射线衍射分析

X 射线衍射分析是判定页岩矿物成分的常用方法,其基本原理是当 X 射线沿某一方向入射矿物晶体时,晶体中原子的核外电子就会产生二次荧光 X 射线,形成反映晶体微观结构的衍射角位置(峰位),通过测定谱线强度,就可以进行定量分析。每种特定矿物的X射线衍射图谱不同,但多种矿物的混合并不能产生相互的干扰而影响其衍射角位置。X射线衍射分析方法首先是制备各种单相矿物的标准样并进行规范化处理,随后将待测物质的衍射图谱与标准样进行对照,从而确定岩石的矿物组成。由于各相图谱的强度与其组分的含量呈正比,若假定所有矿物总含量为100%,就可以根据各自的强度对各组分进行相对含量的计算和分析。由于该方法的局限性,目前尚无法反映岩石的结构、构造及排列分布等信息。

4. 扫描电镜矿物定量评价

扫描定量评价技术主要依托扫描电镜矿物定量评价(Quantitative Evaluation of Minerals by Scanning, QEMSCAN)系统,该系统的核心部件是带有样品室的扫描电镜、X射线衍射分析仪及配套软件。其工作原理是将背散射电子图像灰度与X射线衍射强度相结合,得到元素的含量并将其转化为矿物相,从而识别出岩石中的不同矿物。该系统的优点是能在岩石薄片中进行矿物的原位成像和分析,在不破坏岩石结构情况下真实地反映岩石的矿物组成、含量和分布(图4-5)。

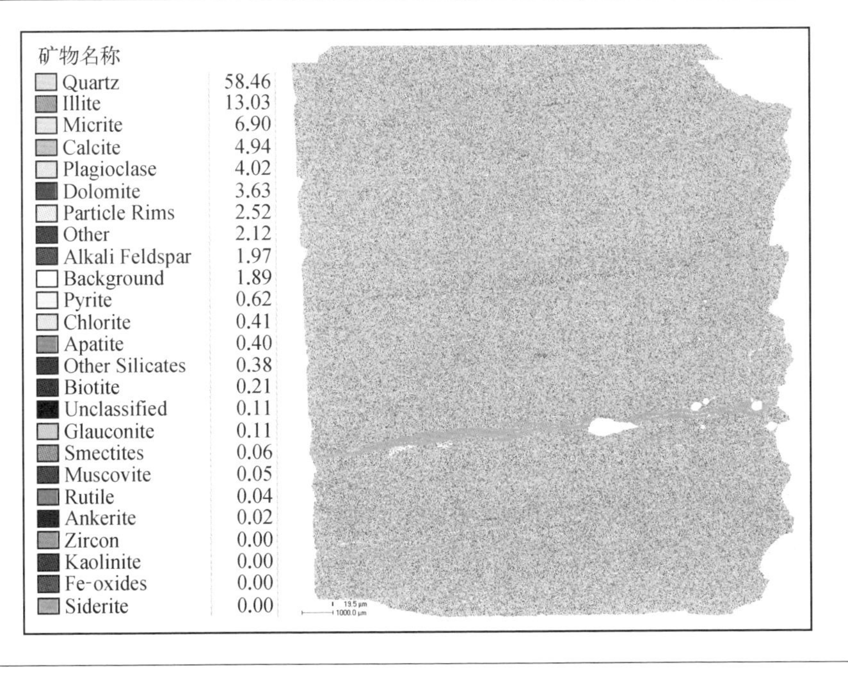

图4-5 桐页1井龙马溪组页岩QEMSCAN图像(TOC为6.1%;R_o为1.9%)

4.3 地球化学测试分析

4.3.1 岩石地球化学

1. 干酪根分离

干酪根分离是采用化学、物理的方法去除岩石中的无机矿物及可溶有机质,使不溶有机质富集,满足后续各种实验测试需要。

干酪根分离时,首先将页岩粉碎至粒径 <0.18 mm 的粉末,称取定量岩样并经过水泡、酸解、热解后用碱处理。然后将处理后的样品进行多次离心和重液浮选。将初步选出的干酪根样品用氯仿清洗,除去可溶有机质,风干后可用于烧失量的测定,干酪根的烧失量(质量分数)应大于 75% 。若烧失量小于 75% ,可进行黄铁矿处理。最后是将最终剩余的干酪根样品进行清洗并烘干。

2. 有机碳含量测定

有机碳含量(TOC)是指示页岩中有机质丰度的重要参数之一,有机碳含量与页岩吸附气含量之间存在明显的正相关关系,是页岩生气能力与含气量评价的重要参数。有机碳含量的测定方法较多,但总体上可分为干烧法和湿烧法两种。所谓干烧法,即经过稀盐酸处理的样品在无二氧化碳的氧气流或惰性载气流中燃烧,收集、测量二氧化碳总量或通过对样品失重总量的测量,来计算得到总有机碳含量。而湿烧法则是采用化学氧化法,通过对氧化剂消耗量的测定,计算总有机碳含量。

1) 干烧-红外检测法

先用稀盐酸对样品进行处理以去除试样中的无机碳,然后使岩样在高温氧化气流中进行燃烧,有机碳转化为二氧化碳,利用红外检测器对碳元素进行检测分析,经计算可得有机碳含量。

2) 干烧重量法

在样品经过稀盐酸处理以去除碳酸盐矿物之后,再去除氯离子,然后烘干,完成样品的预处理。在样品氧化燃烧的同时,将生成的二氧化碳用烧碱石棉吸收,称量吸收管的增重量,或称量烘干样品在燃烧前后的重量差,使用烧失量(二氧化碳的增重量或岩样的损失量)就可以计算有机碳的含量。

3）滴定法

对岩样进行磷酸处理以去除无机碳,在硫酸和磷酸介质中使用氧化剂(三氧化铬)将有机物氧化成二氧化碳。使用乙二醇、丙酮或氢氧化钾等作为二氧化碳的吸收液兼滴定液,得到二氧化碳总量并以此折算出有机碳含量。

测试所得到的有机碳含量仅代表现今条件下的TOC,为对比研究需要,常要对测试所得TOC进行原始条件恢复,对有机碳原始含量的恢复须根据TOC与成熟度来进行。

(1）对于中低成熟度页岩(R_o <1.1%),一般认为残余有机碳与原始有机碳差别不大。

(2）对于中高成熟度页岩(R_o >1.1%),有机碳恢复系数可参考以下范围:Ⅰ型有机质为1.25~3.03;Ⅱ型有机质为1.09~1.44;Ⅲ型有机质为0.80~0.95。

3. 有机质成熟度测定

评价有机质成熟度的方法有多种,可分别使用有机质的光学、化学或结构特征等参数进行成熟度的测定。

1）光学分析法

在生烃过程中,有机质的各种组分及其光学特征会发生相应的不可逆式递进变化,利用一些特殊组分的反射率、透射光颜色或者紫外激发荧光等变化,即可表征有机质的成熟度。常用的检测指标为镜质体反射率,也可采用牙形石色变指数、孢粉颜色或热变指数、荧光颜色等参数。当热演化程度较高时,也可采用类镜质体(图4-6)或固体沥青反射率,此外还可使用诸如伊利石结晶度等其他方法。

2）化学分析法

对应于有机质的生烃特点和规律,不同的有机质热演化阶段会对应出现相应的产物、特征化合物及其相互比例的变化,据此可以对有机质的热演化程度进行标定。测试过程中常用的指标包括最大热解峰温T_{max}、甲基菲指数MPI、H/C原子比、碳同位素和生物标志化合物等指标。

3）结构分析法

在热演化过程中,有机质内部结构会发生因变性变化,利用有代表性的光谱信息

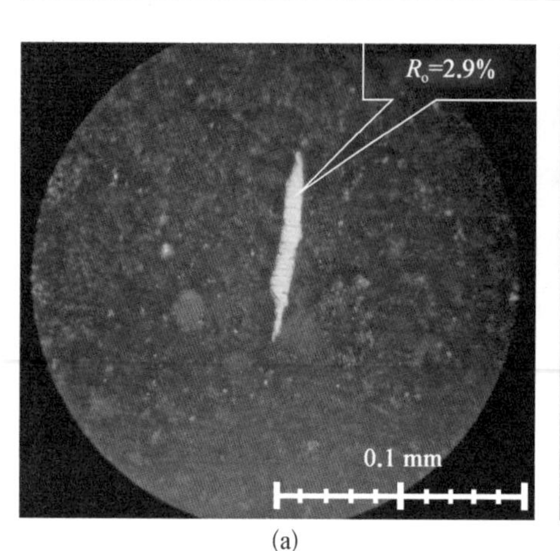

(a)

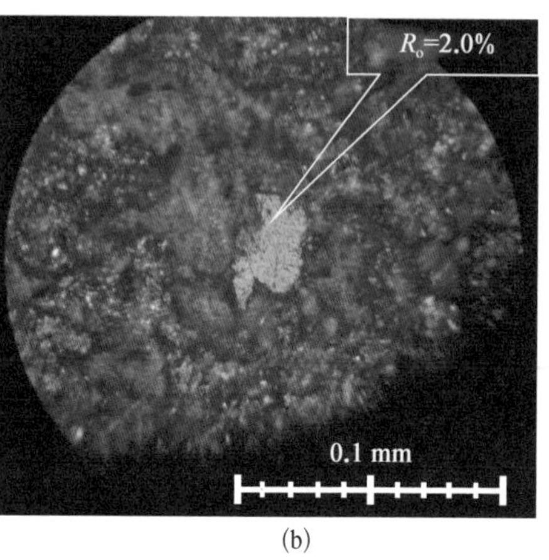

(b)

图4-6 类镜质体反射率测定

(a) 下寒武统牛蹄塘组页岩,TOC 为9.8%;(b) 上奥陶统五峰组页岩,TOC 为6.6%

来反映有机质内部的结构特征,达到判断有机质成熟度目的,这些指标包括干酪根自由基浓度、芳环平均结构尺寸等参数。

4) 其他方法

随着研究程度的不断深入,一些新方法不断产生。其中,伊利石结晶度就是一种有意义的尝试。伊利石结晶度测试时,首先将井岩石样本破碎成72目以上,取5 g样粉倒入试管,注入蒸馏水,制成悬浮液,利用重力沉淀法或离心分离法提取小于2 μm的粒级样品。将这些样品溶于少量蒸馏水中,将蒸馏水滴在干净的载玻片(25 mm × 27 mm)上,并使其在静止、低温下蒸发,得到定向片。将定向片放入X射线衍射仪中,在衍射倍角为7.5°~100°下扫描,可获得伊利石10 Å[①] 衍射峰,利用10 Å衍射峰,可得伊利石结晶度。

作为高成熟烃源岩或晚成岩-浅变质热演化阶段的划分指标,伊利石结晶度通常采用Kübler指数来反映伊利石的结晶程度: 当伊利石结晶度大于0.42°时,R_o小于3%,可作为页岩气生成和聚集的有效层段;若伊利石结晶度介于0.42°~0.25°,R_o介于3%~6.5%,岩石处于极低变质带;若伊利石结晶度小于0.25°,则R_o大于6.5%,岩石

① $1\ Å = 10^{-10}\ m$。

进入浅变质作用阶段。

中国发育海相、海陆过渡相和陆相三种类型的富有机质页岩，有机质类型多样，Ⅰ、Ⅱ、Ⅲ型都有分布。在区域上，页岩成熟度跨度大，低成熟、中等成熟、高成熟及过成熟类型兼具。有机质成熟度测试方法各有优缺点，也存在各自的适用范围。因此，准确评价页岩的成熟度需综合考虑不同的沉积背景及构造热演化历史等，来选择合适的测试分析方法。譬如，中国北方地区的陆相页岩应首选镜质体反射率方法来测试有机质成熟度，再结合其他指标作为辅助手段。南方地区的下古生界海相页岩缺乏镜质体，成熟度普遍为高，镜质体反射率等光学指标已不能满足页岩有机质成熟度评价的需要，应主要选用结构分析法求得有机质成熟度。

4. 有机质类型确定

不同类型有机质的生烃能力和特点不同，有机质类型识别可以直观地确定有机质的来源并了解母质类型。确定有机质类型可为页岩气的成因类型、分布规律、资源评价等提供依据。有机质类型识别方法主要包括干酪根显微组分镜检、岩石热解和干酪根碳同位素分析等方法。

1）干酪根显微组分镜检

干酪根显微组分镜检采用干酪根粗样。干酪根样品应该潮湿密封保存在阴凉处。当样品为干样时，需用蒸馏水浸泡 24 h 后进行 30 min 超声波处理，再离心富集备用。用完后的样品应密封保存在阴凉处。为保证测试可靠性，每批样品均须重复鉴定 10%，其类型划分必须相同。

干酪根显微组分镜检能够直观评估各种显微组分含量（表 4－2），判断干酪根母质来源及生烃差异。干酪根显微组分中，腐泥组主要来源于藻类等低等水生生物和细菌；壳质组主要来源于陆生植物的孢子、花粉及角质层；镜质组和惰质组主要来源于植物木质纤维和炭化纤维。可以采用图版法或计算法确定干酪根类型，前者也称相对含量法，即统计腐泥组和壳质组之和与镜质组的比例，可得有机质类型；后者也称类型指数（TI）法，即计算 TI 值来划分干酪根类型，TI =（腐泥组含量 × 100 + 壳质组含量 × 50 − 镜质组含量 × 75 − 惰质组含量 × 100）/100。$TI \geq 80$ 为Ⅰ型，$40 \leq TI < 80$ 为$Ⅱ_1$型，$0 \leq TI < 40$ 为$Ⅱ_2$型，$TI < 0$ 为Ⅲ型。

表4-2　干酪根类型划分

类型	图像	描述
Ⅰ型干酪根	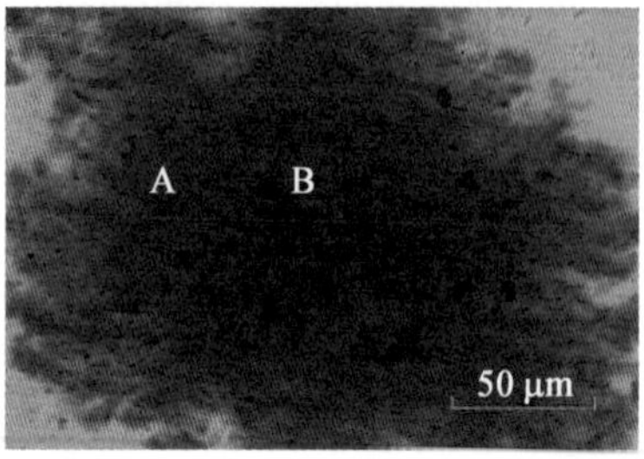	以云雾状、团粒状腐泥无定形体(A)为主，见少量孢粉体(B)
Ⅱ$_1$型干酪根	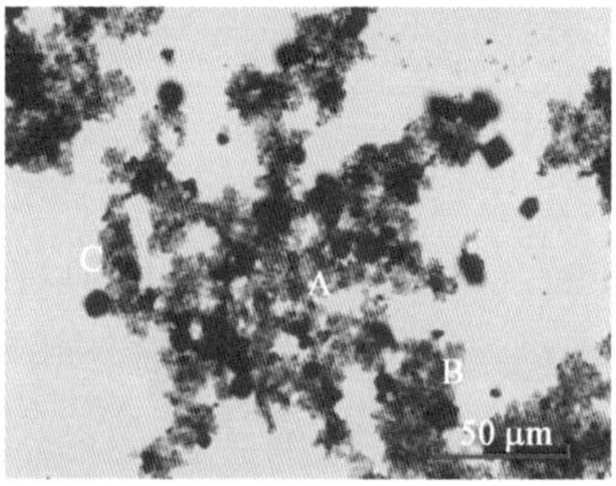	可见大量棕色絮状腐泥组分(A)，少量黑色块状惰质体(B)，可见黑色圆形、菱形黄铁矿颗粒(C)
Ⅱ$_2$型干酪根		大量棕色絮状腐泥组分(A)，少量黑色块状惰质体(B)，少见棕色块状镜质体(C)。 可见黑色圆形黄铁矿颗粒(D)
Ⅲ型干酪根	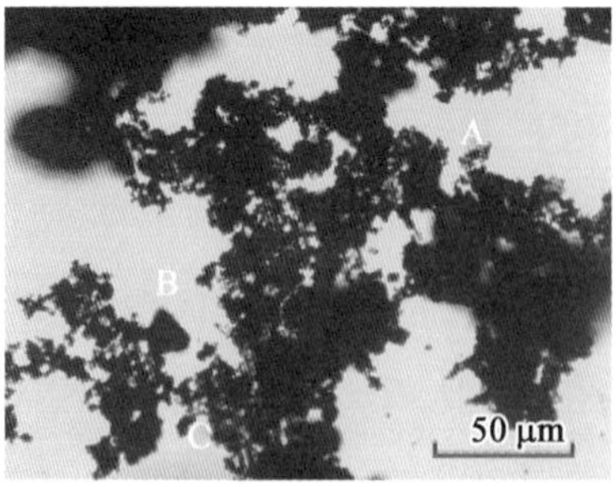	大量黑色块状惰质体(B)和棕红色块状、棱角状镜质体(C)，一些棕褐色分散状腐泥组分(A)

2）岩石热解分析

岩石热解分析主要是利用岩石热解（Rock－Eval）分析仪进行加热，使样品中的烃类在不同温度下进行热解或蒸发，形成液态烃和气态烃，用气相色谱氢火焰离子化检测器对热解产物进行检测。岩石热解分析实验应在室温 10～30℃、相对湿度80%以下的环境中进行，要求样品不得烘烤，氢气、氦气或氮气供气工作压力为0.2～0.3 MPa，空气工作压力为0.3～0.4 MPa。

对于热解后的残余有机质，经加热氧化使其转化为二氧化碳，再由气相色谱热导检测器或红外检测器对其进行检出，从而得到一系列热解参数，主要根据氢指数（HI）和氧指数（OI）、氢指数（HI）和热解峰温（T_{max}）、S_2/S_3 和 T_{max} 等对干酪根类型进行确定（图4－7）。

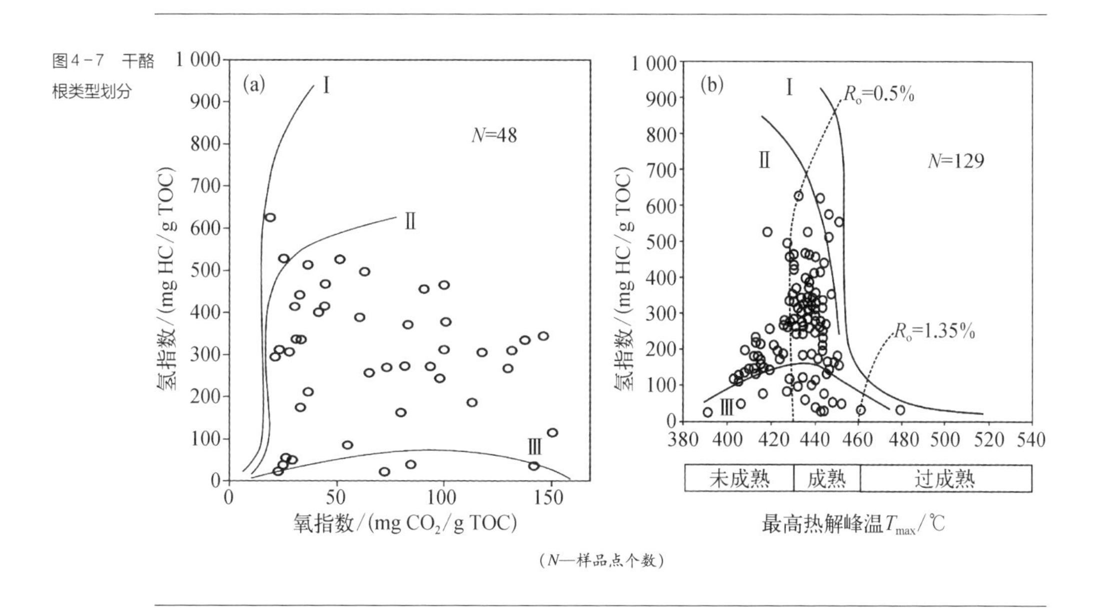

图4－7 干酪根类型划分

3）干酪根碳同位素分析

从Ⅰ型到Ⅲ型，干酪根的 $\delta^{13}C$ 值呈现逐渐增大的趋势。随着页岩成熟度的增大，不同类型干酪根的趋同性增加，导致一些常规的类型识别方法失效，尤其是对我国南方地区的高-过成熟页岩来说更是如此。而干酪根的 $\delta^{13}C$ 值在整个沉积成岩过程中基本保持不变，故使用干酪根 $\delta^{13}C$ 值划分干酪根类型具有明显优势。

最常见的干酪根显微组分鉴定方式是借助显微镜的光学分析；岩石热解分析法通过热解参数的评价反映干酪根类型，具有很好的便利性与参考意义；稳定碳同位素分析法由于分析精度较高而被广泛接受。以上三种方法各具优缺点，常需结合多重指标进行分析。

5. 生烃潜力分析

1）生烃热模拟

生烃热模拟实验是研究生烃动力学、页岩气形成机理以及模拟页岩气成藏过程的一种重要手段。根据热模拟系统的开放程度可以将其分为开放体系、半开放体系和封闭体系。页岩气为典型的自生自储式气藏，其形成、演化和聚集都处于一个相对封闭的体系，因此采用封闭体系下的热模拟实验更符合页岩气形成和演化的过程条件。常见的热模拟实验封闭体系有黄金管、高压釜及小型封闭管（Micro Scale Sealed Vessel，MSSV；图4－8）等。

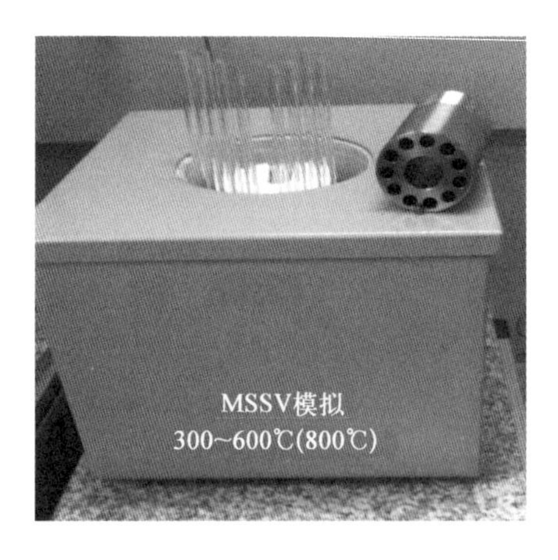

图4－8 小型封闭管（MSSV）模拟装置

黄金管模拟体系由黄金管限定体系及产物收集与测试分析系统组成，在使用时将模拟初始样品装入黄金管中密封，放置于可外控压力的冷封式高压容器中开始实验，限定体系中的压力直至实验结束。打开高压釜，取出黄金管进行热解气体的产物分析。

高压釜模拟体系由高压反应釜、温控装置及产物收集装置组成。实验过程中，将模拟样品放入高压反应釜，通过控制实验温度进行热解反应，反应过程中的压力由热解生成的挥发气体组分数量决定。实验结束后,打开反应系统收集并分析热解产生的气态烃和液态烃。

小型封闭管模拟体系主要由石英玻璃管、密封碎样装置及气相色谱仪所组成。基本流程是先将适量干燥均匀的粉末状干酪根加入玻璃管,当玻璃管内真空度达到 0.08 ~ 0.09 MPa 时,用高温火焰将玻璃管密封。将密封好的玻璃管放入热解炉中即可得到热解分析数据。

2）岩石热解分析

岩石热解分析主要是利用岩石热解分析仪,将试样在氦气流中加热,对其热解排出的游离气态烃、自由液态烃和热解烃使用氢火焰离子化检测器进行检测。对热解排出的二氧化碳和热解后残余有机碳加热氧化生成的二氧化碳,由气相色谱热导检测器或红外检测器进行检测。在不同的分析条件下可得到热解分析的各分析参数,主要包括 S_1、S_2、S_3和 T_{max}等,根据这些热解分析参数可以实现快速的热演化程度评价、油气生成动力学参数计算、干酪根产烃量及页岩生烃潜力等评价。

4.3.2 流体地球化学

1. 天然气地球化学

(1) 气体组成

页岩气是一种可燃混合气体,其成分主要包括甲烷、乙烷、氮气、二氧化碳等,各种成分的含量关系到页岩气的安全生产和经济价值。因此,有必要对页岩气的气体组成进行分析。对页岩气气体组成的测试通常采用气相色谱法(图 4 - 9、图 4 - 10),色谱柱和检测器[如热导检测器(TCD)和火焰离子化检测器(FID)等]是气相色谱仪的两个关键组成部件。在页岩气组成分析时,首先把页岩气样品送进气相色谱仪的进样口,气体样品被载气送进色谱柱中并由于各组分的运动速度差异而被逐渐分离,分离后的页岩气先后进入检测器并对应产生与其浓度成正比的电信号,形成按时间顺序排列的峰谱图。通过对峰谱图的识别和积分面积的计算,就可以得到页岩气样品中各组分的百分含量。

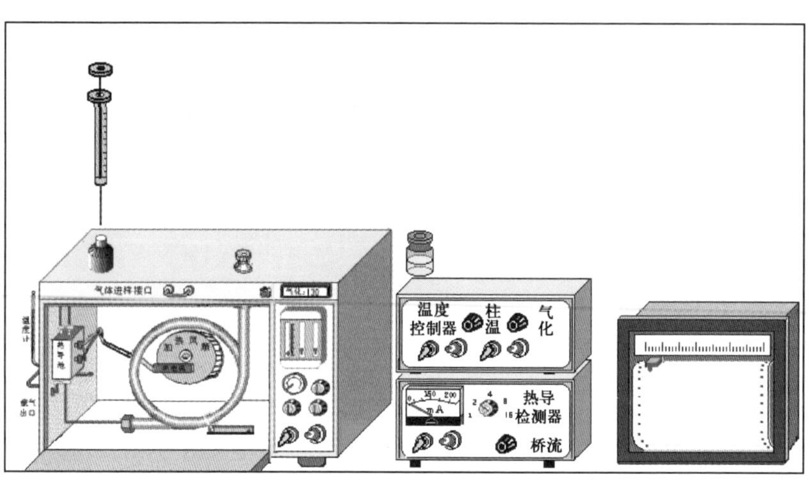

图4-9　气相色谱仪构成原理图(刘志广，2002)

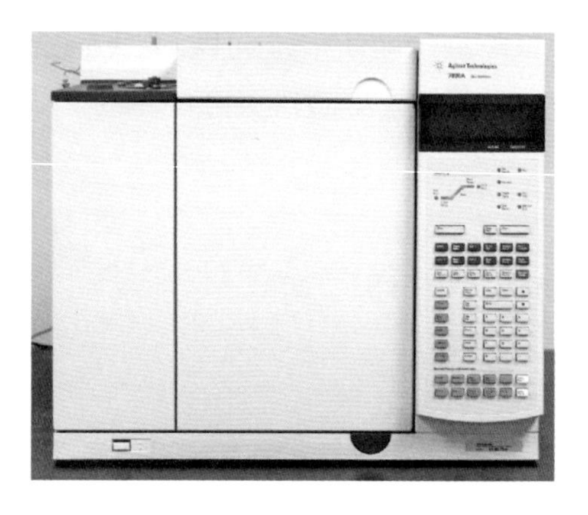

图4-10　气相色谱仪

(2) 稳定同位素分析

页岩气稳定同位素研究中应用最多的是烃类的碳、氢同位素分析，分析结果可用来判识页岩气成因类型、指示含气量的大小、判别页岩气的赋存状态等，在页岩气的勘探开发过程中发挥着重要作用。

稳定碳同位素主要通过同位素质谱仪获取(图4-11)。质谱仪主要由离子源、质量分析器及离子检测器所构成。实验原理是使用高能电子流轰击样品分子，使分子失去电子而变成质量不同的带正电荷分子离子和碎片离子，当它们在真空中穿越磁场时，将会发生不同程度的路径偏移，导致其到达检测器的时间出现差异；当它们经过检

图4-11 MAT253型稳定同位素比质谱仪

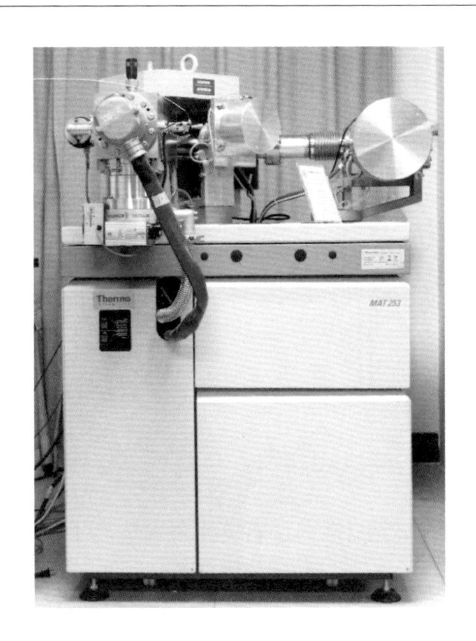

测器时可得质谱图,据此可将不同的离子及其丰度检测出来。

同位素测定常需要与色谱联用,以氢同位素分析测定为例,在进行天然气单体烃氢同位素测试时,需要首先将天然气通过色谱分离为单体烃,然后进入1 450℃的高温转换炉中将烃类分解为C和H_2,C附着在炉中,而H_2在载气(He)推动下进入同位素质谱仪,测试后可得结果。

2. 原油地球化学

(1) 原油生物标志化合物

原油生物标志化合物被广泛地应用于油源对比、沉积环境研究、成熟度评价等方面。目前常用气相色谱-质谱联用(GC-MS,图4-12)的方法来分析原油中的生物标志化合物。基本实验方法是先将原油样品制备出饱和烃组分,将其导入气相色谱和质谱联用系统,对生物标志物进行分离和鉴定,数据经计算机处理后得到所需的总离子色谱图、质量色谱图和质谱图。

(2) 原油族组成

原油族组成测试常采用薄层色谱-火焰离子化检测技术(TLC/FID)或液相色谱

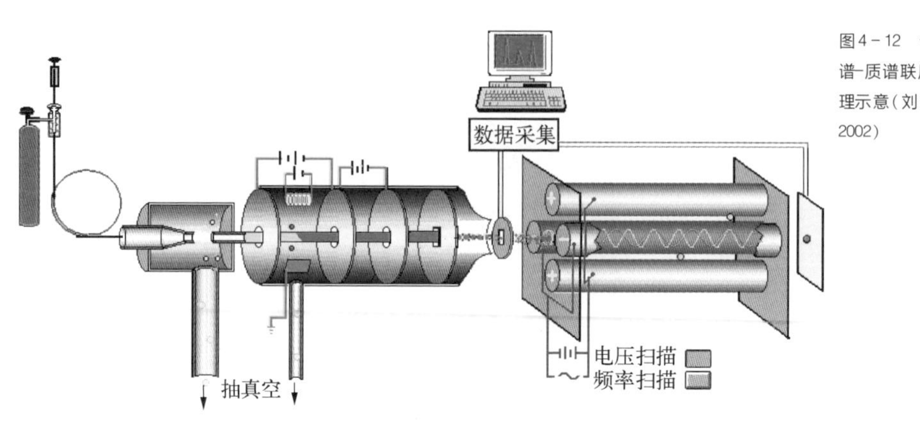

图 4-12 气相色谱-质谱联用仪原理示意（刘志广，2002）

法。TLC/FID 分析仪器由烧结硅胶薄层石英棒与火焰离子化分析仪组成。原油和可溶有机物用氯仿溶解，点在烧结的硅胶棒上，分离饱和烃、芳烃、非烃和沥青质。经火焰离子化检测器检测，以峰面积计算方法获得每个族组分的相对质量分数。

3. 地层水地球化学

(1) 矿化度

地层水矿化度（TDS）是指地层水中溶解组分的总量，包括水中的离子、分子以及络合物等，分析地层水矿化度对于认识沉积盆地中地层水的成因、来源及演化具有重要的意义。地层水矿化度的传统测试方法是通过地层水取样进行室内分析化验来确定。地层水矿化度测试主要采用重量法，即水样经过滤去漂浮物及固体物质后，放在蒸发皿内蒸干，用过氧化氢去除有机物，然后在 105 ~110℃ 下烘干至恒重，将分析天平称得的重量减去蒸发皿的重量即为矿化度。

(2) 主要离子

地层水化学成分是地质历史时期复杂的沉积成岩和构造演化的产物，地层水化学成分的获取有利于认识油气的生成过程和保存条件。成分测试主要包括各种阳离子、阴离子、总矿化度等（表 4-3），也可包括碘、硼、溴、氟等离子以及酸碱度、水型等。地层水中主要离子含量检测的一般方法是离子色谱法。实验过程中，使被测水样在淋洗液携带下流经色谱柱，水样中各种离子的半径、电荷及其他性质各有差异，它们对离子交换树脂的亲和力、在淋洗液与树脂之间的分配系数也各不相同，在经过色谱柱后就

表4-3 地层水主要化学成分测试项目

样品信息			阳离子			阴离子				总矿化度
编号	深度	层位	$Na^+ + K^+$	Mg^{2+}	Ca^{2+}	Cl^-	SO_4^{2-}	HCO_3^-	CO_3^{2-}	

会被分离开来,经电导检测器检测可得各自的谱图,由峰高或峰面积计算可得不同离子的含量。

4.4 储层测试分析

4.4.1 储集物性

与常规储层不同,页岩储层发育不同尺度的微纳米级孔隙,具有特低孔渗的物性特点,使得常规储层物性评价方法应用受限。如何通过有效的测试方法和计算模型获得能够真实反映地下岩石储集物性和孔隙结构特征的参数,对页岩气有利区优选、资源评价和后期开采具有重要意义。目前,页岩储集物性的表征主要借助于微观孔隙结构、孔隙度及渗透率等参数,这些参数的获取对应有多种测试手段和方法。

1. 孔隙度

页岩孔隙度的有效测定是评价页岩储层物性、页岩气成藏及储量估算的重要参数之一。由于页岩本身孔隙度偏低,许多针对常规储层的孔隙度测定方法不再适用。可用于页岩孔隙度测定的方法较多,主要有压汞法、碎样法、气体膨胀法、气体吸附法、核磁共振法和数字岩心重构法等。不同方法在样品制备、实验原理和实验流程等方面存在较大的差异性,这里以气体膨胀法和核磁共振法为例简作讨论。

(1) 气体膨胀法

气体膨胀法一般选用稳定性强、分子体积小的氦气作为介质,对测试样品进行孔隙体积和骨架体积测量,进而求得孔隙度。该方法测试的基本原理和过程是首先将待测样品放入体积已知的密封测试腔内,在等温条件下使压力腔与测试腔连通,气体产生膨胀,两腔压力达到平衡。根据等温条件下的压力与体积平衡关系,经测量和计算可得页岩的表观体积。然后将样品粉碎,采用同样的方法对全部或一部分(需要根据质量分数进行计算)已经粉碎的样品进行测量,可得骨架体积。表观体积和骨架体积两者之差即为孔隙体积,由孔隙体积和表观体积计算可得孔隙度。

气体膨胀法测试的孔径范围变化较大,并且具有较高的测试精度(小于 2 nm 的微孔体积)。但采用氦气作为测试气体,则存在一定的局限性。当孔隙喉道小于或接近于气体分子直径时,所产生的分子筛效应将会使测量结果产生一定误差。

(2) 核磁共振法

核磁共振孔隙度测量的理论依据是核磁信号值与孔隙中流体所含氢核数量呈线性关系,流体所含氢核数量的多少取决于流体的自身属性、储层孔隙度及流体饱和度。理论上,核磁共振法(Nuclear Magnetic Resonance, NMR)所测孔隙度为包含了闭合孔隙体积在内的总孔隙度,其结果要比气体流动法测试的结果大。实际上,常会由于仪器设计精度、测试环境、孔隙结构、孔隙流体以及磁性物质等因素影响,导致其测试结果较之气体流动法或压汞法结果偏低。因此,在实际测试开始前,常需要用标准样对仪器进行标定,建立核磁总信号与孔隙度之间的线性基本关系。

2. 微观孔隙结构

页岩的微观孔隙结构测试是获取页岩储层特征参数的重要手段,测试内容主要包括孔径分布、比表面积及储集空间类型等。

1) 孔径分布

(1) 高压压汞法

压汞法测试结果不仅能够用于样品的孔隙结构研究,而且也可以为其他孔渗物性参数研究提供参考。压汞法可分为常规和高压压汞两种类型,常规压汞法对被测样品的规格要求不高,可为不超过 1 cm^3 的碎块或粉末,可测最小孔径为 7 nm。高压压汞法一般使用直径 2.5 cm、长度不超过 5 cm 的规则岩心柱样品,最小测试孔径为 3.6 nm。

利用高压压汞仪(图 4-13)可将液态汞(Hg)注入试样,获取页岩储层孔喉分布测定的技术参数。假设页岩中所有的孔隙均连通,进汞顺序是从大孔依次转向小孔,则

当进汞压力从 p_1 升高到 p_2 时，平衡进汞增量 V 即为对应孔喉直径为 d 的微孔总体积，而最终的累积进汞体积就等于测试样品的总孔隙体积。据此逻辑，就能得到样品的孔喉分布和孔体积分布参数，用以表征页岩的孔隙结构（图 4-14）。

图 4-13 高压压汞仪

图 4-14 高压压汞曲线表征页岩孔隙结构

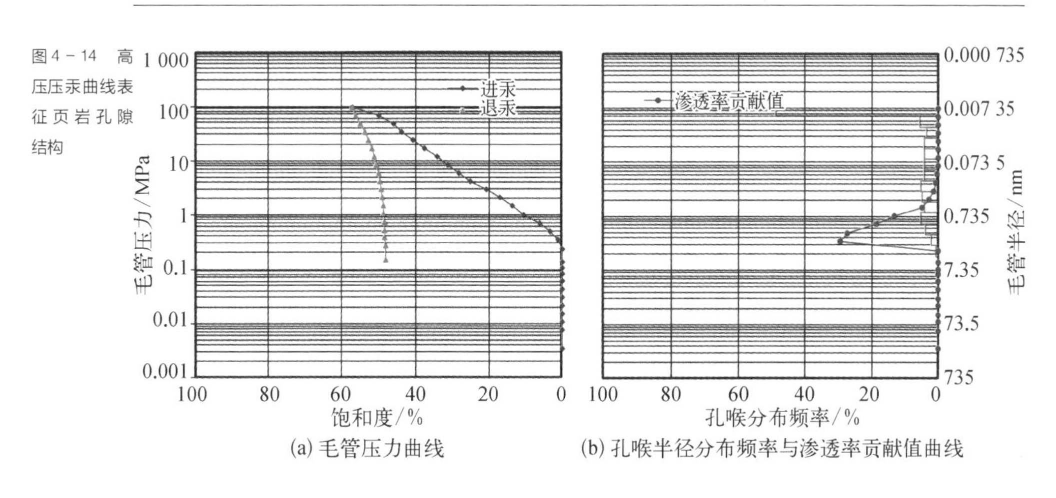

页岩储层致密且以微、纳米级孔隙为主，故高压压汞法在用于页岩储层孔隙研究时，主要受两个方面影响。一是理论假设与实际孔隙存在较大差异，测试实验的理论

假设是样品孔隙为圆柱形的连通孔隙，而实际页岩样品的孔隙形态和结构复杂，明显的不一致势必会对孔隙结构参数的表征造成误差；二是较高的进汞压力常会造成页岩样品的裂缝或破裂，测试结果并不反映真实的页岩孔隙结构。尽管高压压汞法在定量表征页岩孔隙结构方面仍然存在一定的问题，但它能在获取孔径分布、比表面积、孔隙度等主要参数的同时，对宏孔（孔径 >50 nm）表征及孔隙度测试体现出明显优势，目前仍是页岩孔隙定量表征的重要方法和手段。

（2）气体吸附法

在采用气体吸附法进行测量时，所用样品的粒度一般应小于 250 μm。实验前，应在 150℃条件下烘干 12 h 以上，以去除样品中易于挥发的杂质。

① 氮气吸附法

借助氮气吸附仪（图 4 - 15），将氮气（N_2）作为吸附质注入样品，在恒温条件下逐步升高气体分压，测定气体在页岩样品中的对应吸附气量，可得气体在样品介质表面的吸附气量并获得相应的吸附等温线（图 4 - 16）；反之，逐步降低气体分压，测定气体在页岩样品中相应的脱吸附气量，可得到对应的脱吸附等温线。

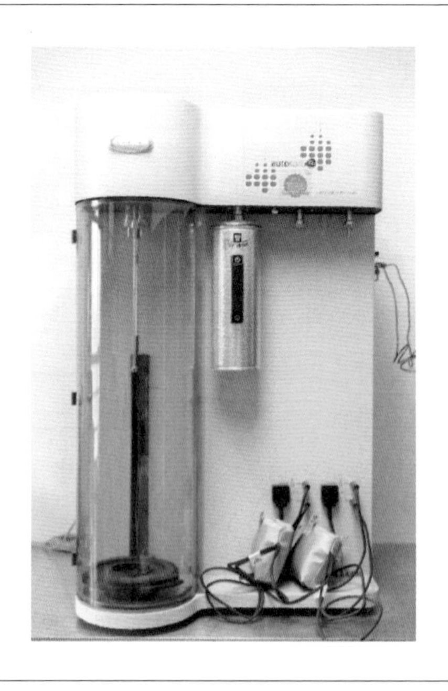

图 4 - 15　氮气吸附仪

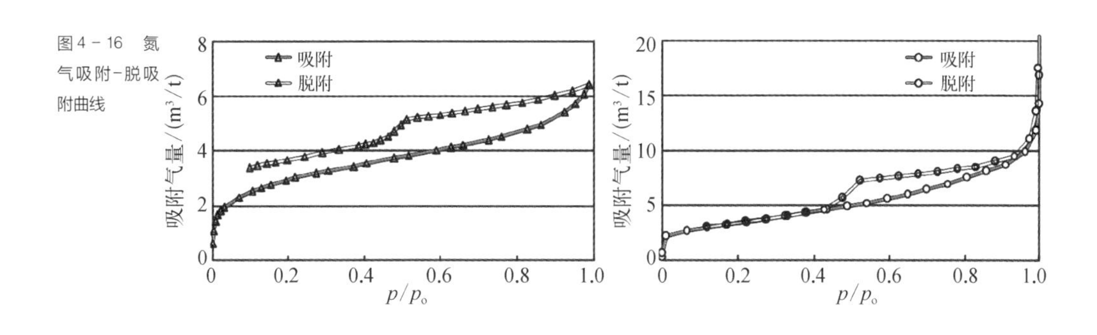

图4-16 氮气吸附-脱吸附曲线

利用毛细管冷凝和体积等效交换原理,可对孔径分布进行测定。即在毛细管内,当液体弯月面上的平衡蒸气压小于同温度下的饱和蒸气压时,毛细管内就可以产生凝聚液,而且吸附质发生凝聚时的压力与微孔直径相对应,孔径越小,产生凝聚液所需的压力也越小。由于微孔隙的尺寸大小与沸点温度下气体凝聚所需的分压大小成正比,不同分压下所吸附的液态气体体积与相应大小孔隙的体积相对应。页岩的孔隙体积可由气体吸附质在沸点温度下的吸附量计算,在统计获得所有孔隙直径数据基础上,可得孔径分布参数。这样,就可计算测试样品的比表面积及孔径分布等参数。采用氮气吸附法,对2~50 nm直径孔隙的测量更具优势。

② 二氧化碳吸附法

气体吸附法可测量的最大孔径由相对高压力下气体吸附量的测定难度所决定,但可测定的最小孔隙直径在理论上为探针气体的分子直径。二氧化碳气体可进入0.35 nm的孔隙,以二氧化碳作为吸附质,可对直径更小的微孔(孔径<2 nm)进行有效表征。

(3) 小角散射法

小角散射法是利用探测射线照射样品,通过检测射线束穿过1~2 mm厚的岩石薄片后发生在小角度范围内的散射来表征岩石孔径的大小和分布特征,可测孔径范围一般在1~100 nm,主要包含中子小角散射(Small Angle Neutron Scattering, SANS)和X射线小角散射(Small Angle X-ray Scattering, SAXS),两者分别利用中子射线与X射线探测核散射截面变化及电子密度变化从而获取样品微观孔隙结构参数。小角散射法的特点是快速、无损、样品预处理过程简单。

(4) 核磁共振法

核磁共振是一种磁自旋成像现象,即在外磁场作用下,原子核将发生能级分裂,当吸收外来电磁辐射时,自旋原子核的核自旋能级将发生分裂(或跃迁),产生吸收电磁波谱,形成核磁共振现象。核磁共振分析仪(图 4 - 17)采用探测器检测以电磁方式释放出来的核磁共振信号,经计算机处理,可形成用于结构和成分分析的相应图像。通过对页岩样品的弛豫时间谱分析,可对孔隙中的可动流体、孔隙结构及孔径大小等进行分析,但由于页岩储层的孔渗均较小,导致实验时间较长,检测精度降低,评价精度受到一定影响。

图 4 - 17　核磁共振分析仪

2) 比表面积

测定页岩比表面积的方法很多,但目前常用的主要是低温氮吸附法、乙二醇乙醚法和亚甲基蓝法等。

(1) 低温氮吸附法

低温氮吸附法测定页岩比表面积的理论依据是 Langmuir 物理吸附模型和 BET 物理吸附模型。

Langmuir 吸附模型假设气体以单分子层进行物理吸附,即吸附剂表面是均匀的,一个吸附位置上只能吸附一个分子,被吸附的分子之间没有相互作用力,根据Langmuir 方程就能够通过对吸附气量的测量,计算求出单分子层吸附时的面积。

在通常情况下,吸附质在吸附剂上的吸附是以多分子层方式进行的,BET(Brunauer、Emmett 及 Teller)方程能够很好地对这一过程进行描述。BET 吸附模型假定,吸附剂表面均匀,吸附质可通过范德瓦尔斯力进行多层吸附而吸附质之间无相互作用力,各层吸附均符合 Langmuir 方程,总吸附量为各层吸附量的总和,有

$$A_s = (V_m/22\,414)N_A \cdot \sigma \tag{4-4}$$

式中,A_s 为 BET 计算的比表面积,m^2/g;V_m 为表面覆盖满一个单分子层时的饱和吸附量,cm^3/g;22 414 为气体摩尔体积,cm^3/mol;N_A 为阿伏加德罗常数($6.022 \times 10^{23}\ mol^{-1}$);$\sigma$ 为每个吸附质分子所覆盖的面积(氮气分子一般取为 $0.162\ nm^2$)。

(2)乙二醇乙醚法

乙二醇乙醚法为溶液吸附法的一种,即在一定条件下测出页岩表面吸附的乙二醇乙醚质量,根据乙二醇乙醚分子质量及其在页岩表面所占居的面积大小,便可计算得出页岩的比表面积。

$$A_s = m/(2.86 \times 10^{-4}) \tag{4-5}$$

式中,m 为页岩吸附乙二醇乙醚的质量,g。

(3)亚甲基蓝法

一定浓度的亚甲基蓝溶液可以在页岩表面形成较为理想的单分子层饱和吸附,根据亚甲基蓝溶液浓度吸附前后的变化(可利用分光光度计测定),即可计算得知页岩的比表面积。

$$A_s = (c_o - c)V \times 2.45/1\,000W_s \tag{4-6}$$

式中,A_s 为页岩比表面积,m^2/g;c_o 为亚甲基蓝溶液初始浓度,mg/L;c 为吸附达到平衡时的亚甲基蓝溶液浓度,mg/L;V 为亚甲基蓝溶液体积,mL;W_s 为页岩岩样质量,g;2.45 为 1 mg 亚甲基蓝可覆盖的固体表面积,m^2/mg。

3)储集空间类型

光学显微镜的分辨率只有光波长的二分之一,因此只能用来观察微米尺度的孔

隙。对于页岩的铸体薄片，主要用于对微米级尺度的裂缝、特殊孔隙及其他结构进行观察与研究(图 4 - 18)。

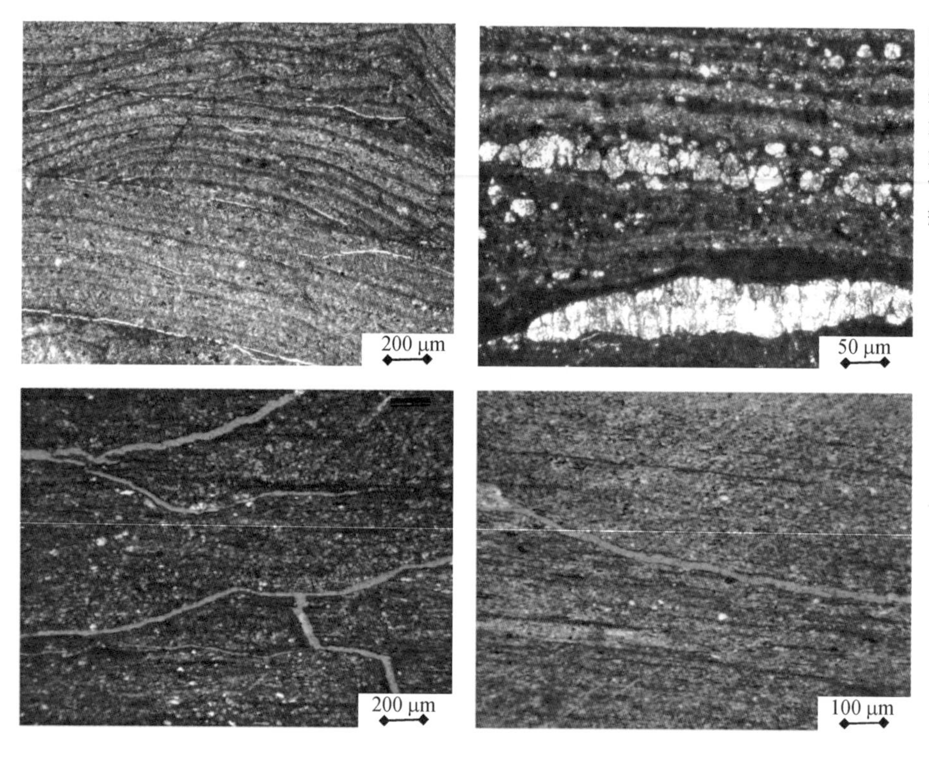

图 4 - 18 页岩微观裂缝(上图为方解石天然充填裂缝，下图为铸模薄片裂缝)

除了铸体薄片显微分析方法以外，可用于页岩储层孔隙类型观察与研究的方法主要是扫描电镜、原子力显微镜(AFM)及微纳米 CT 等技术，其最大优势就是可以对页岩中的孔隙进行纳米级直接观察并进行研究，从而获得孔隙形态、类型、大小、分布及相互接触关系等孔隙结构信息(图 4 - 19)。

对于抛光观察技术，在实验前首先需要对页岩样品进行预磨处理以便得到一个光滑的表面，再使用氩离子抛光机(图 4 - 20)产生的氩离子束对该表面进行抛光，可以得到一个平坦的斜坡面。抛光时，将样品置于均匀旋转的工作台上，样品表面与离子束的夹角为 35°，氩离子能量为 400 eV，束流密度为 0.75 mA/cm^2。抛光后的样品再经喷金处理，用背散射扫描电镜对离子抛光面进行成像，可得分辨率为 2 nm 的扫描图像。

图4-19 氩离子抛光后观察的页岩孔隙

(a) 黄铁矿铸模孔

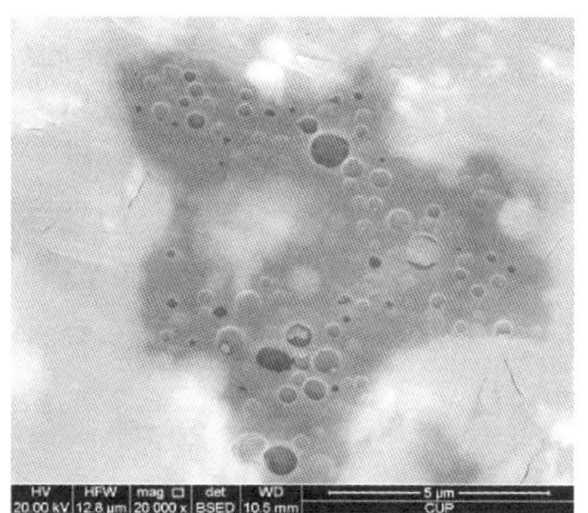

(b) 成熟页岩的有机孔

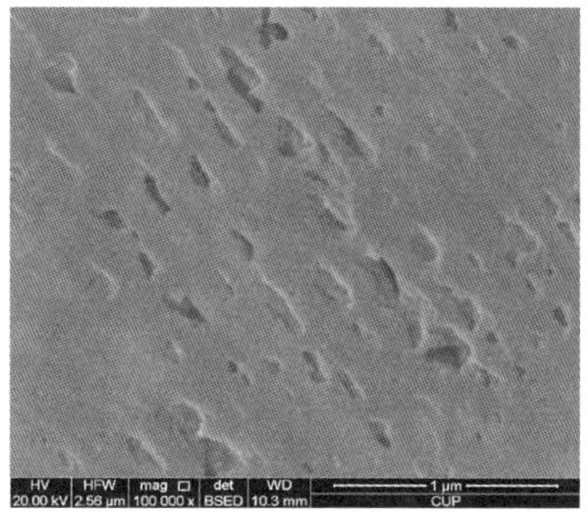

(c) 高熟页岩的有机孔

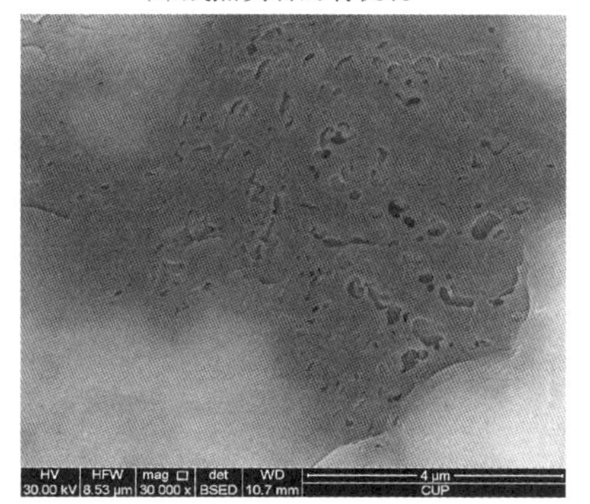

(d) 过熟页岩的有机孔

图4-20 氩离子抛光机

借助上述原理，采用聚焦离子束抛光-扫描电镜技术，可对页岩岩样进行连续反复地抛光-扫描操作，即对页岩样品某一选定的方向和相对固定的位置进行不断地推进式抛光和扫描，从而得到数以百计的连续性扫描切片图像，将这些连续性扫描切片图像按顺序恢复至原始状态，即可得到重构的三维孔隙图像，借以观察页岩的三维孔隙结构并建立孔隙结构模型（图 4 - 21）。

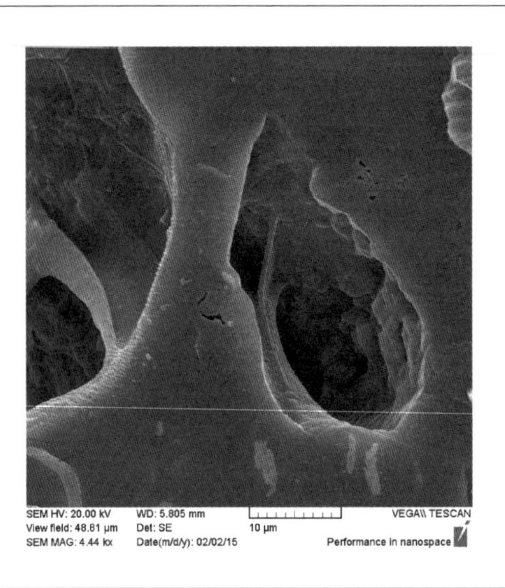

图 4 - 21　页岩的三维孔隙结构

原子力显微观察技术不受样品导电性的影响，图像观察与研究的分辨率也可以更高。其工作原理是通过测量样品表面原子与原子力显微镜纳米级微悬臂探针之间的相互作用力来呈现样品的形貌。即针尖原子与样品表面原子之间存在微弱的排斥力，在对样品表面进行扫描的过程中，探针针尖与样品表面轻微接触并产生起伏运动。借助信号转换与放大原理，可获取页岩样品表面的原子级三维形貌（图 4 - 22）。

微纳米 CT 孔隙三维重构技术是利用 X 射线或 γ 射线穿过物质后射线强度的衰减原理来对物质内部结构进行无损检测的技术，可对样品进行三维重构（图 4 - 23）以揭示孔隙的连续变化。

页岩微孔隙结构研究精度主要受三方面影响，即取样及观察位置的代表性、仪器本身的分辨率以及预处理方法等。

图 4 - 22　页岩孔隙平面分布及三维形貌原子力显微图像

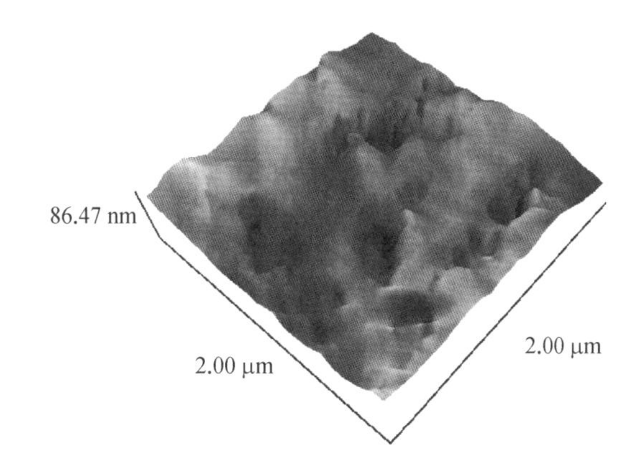

图 4 - 23　页岩孔隙三维 CT 扫描

3. 渗透率

页岩储层致密,渗透率极低,传统的稳态法渗透率测定方法受限。测定页岩渗透率的方法主要包括压力脉冲衰减法、岩屑压力衰减法、压力恢复法、压汞法和核磁共振法等。以压力脉冲衰减法和岩屑压力衰减法为例简作讨论。

(1) 压力脉冲衰减法

页岩储层致密,流体渗流不再服从达西定律,常规的高压气体流量法渗透率测试难以奏效。脉冲法(图 4 - 24)测试渗透率的基本原理是将待测岩心使用盐水饱和,然后置于两端均连接有标准室的夹持器中。实验开始前,岩心室压力与第一、第二标准

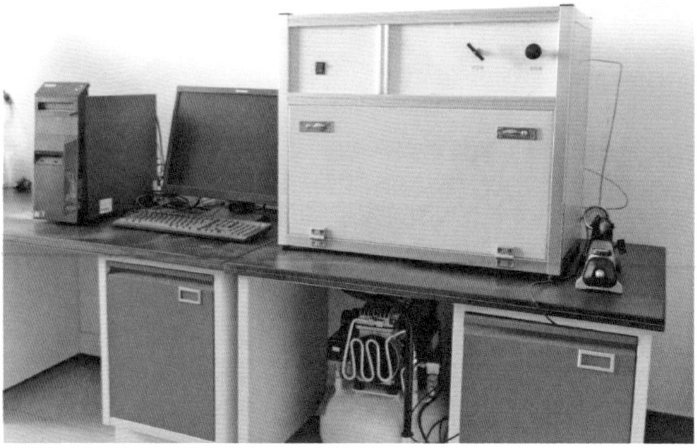

图 4-24 脉冲法渗透率仪

室压力相等。在夹持器的第一标准室中施加脉冲压力信号,实时记录压力在第一标准室、岩心室和第二标准室中的压力及压力衰减变化,从而达到计算岩心渗透率的目的。待实验结束后,绘制无因次压差-时间的半对数曲线图,通过拟合直线的斜率,便可求出岩心的渗透率。压力脉冲衰减法是目前测试页岩储层渗透率的主要方法,具有速度快(单样测试约需 10 min)和精度高[$(10^{-3}\sim10^{-9})\times10^{-3}\ \mu m^2$]等特点。

(2) 岩屑压力衰减法

该测量方法的实验装置主要由标准室和样品室所构成。实验开始时,将粉碎的待测岩样放入样品室中,打开阀口,使标准室中的气体膨胀到样品室中。随着氮气向岩屑孔隙中的不断渗入,样品室压力随时间变化而呈缓慢下降趋势直至稳定。记录样品室的压力与时间变化关系,即可求得页岩渗透率。该方法能够对任意形状页岩样品的基质渗透率进行测定,但测试精度受样品粒度、测试时间等因素影响较大。

4.4.2 储层敏感性

由于页岩气开发必须经过压裂改造才能形成工业产能,在钻井、完井、压裂改造及生产等作业过程中都会对储层造成一定程度的污染,因此开展页岩储层敏感性评价是页岩气高效开发的一项主要工作。在对页岩矿物组成、孔隙结构等参数分析的基础上,结合国家能源局2010年颁布的“储层敏感性流动实验评价方法”(SY/T 5358—2010),对页岩储层敏感性测试简作讨论。由于页岩储层物性致密,相关测试较为困难,须在统一的标准化预处理基础上进行。

(1) 速敏

由于页岩储层中黏土矿物含量相对较高,在压裂、试气和采气等作业过程中,页岩储层中流体流动速度的变化将不同程度地引起页岩微粒的运移,阻碍其中流体的流动,导致页岩储层渗透率降低,从而影响气井产能或产量。在速敏性评价的实验过程中,将模拟流体以逐渐增加的速度注入岩心,记录初始流速、流速间隔、流量及注入压力,并观察页岩渗透率的变化。以流量或流速为横坐标,以不同流速下页岩渗透率与初始渗透率的比值为纵坐标,可绘制流速敏感性评价实验曲线(图4－25),找出渗透率明显下降的临界流速,判断储层对流速的敏感性。

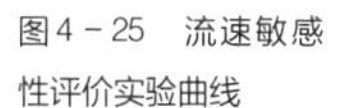
图4－25 流速敏感性评价实验曲线

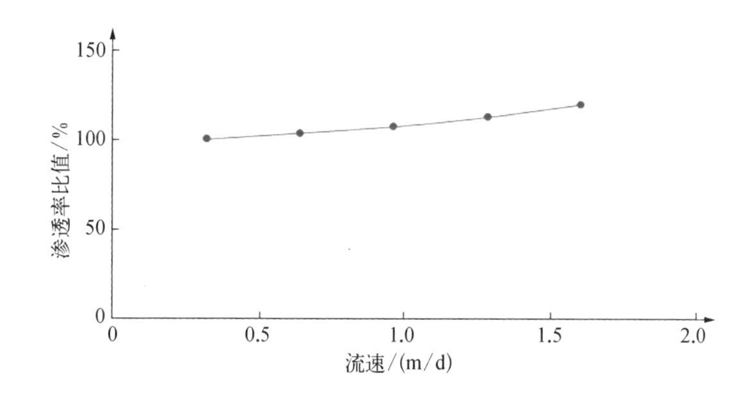

(2) 水敏和盐敏

水敏和盐敏性损害产生的根本原因主要与页岩储层中的黏土矿物有关,如蒙脱石、伊/蒙混层等矿物在遇水时具有很强的膨胀性,页岩储层中黏土矿物含量的高低也就决定了水敏和盐敏的程度。在钻井液、压裂液等外来流体进入页岩储层条件下,若外来流体的矿化度较低,就可能引起黏土矿物的膨胀和分散。但若矿化度较高,则有可能引起黏土矿物的收缩、失稳或脱落。这些作用都将引起页岩储层孔隙空间和喉道的缩小及堵塞,造成储层渗透率的下降并损害储层。

水敏和盐敏性评价实验,主要是依据注入流体矿化度与页岩岩心渗透率之间的变化关系,确定钻井、压裂等工作液的临界矿化度,为现场作业提供依据。测试时,需将岩样制成直径为2.5 cm的圆柱形标准样,然后洗油、恒温烘干。在流速逐渐增大的条件下,分别测定对应的渗透率,并求取渗透率平稳时的最大流速,获得临界流速。然后改变注入流体的pH值、盐度、流速,分别测定其对应的渗透率。以测试结果为依据,可对页岩的盐敏程度进行评价(表4-4)。

表4-4 页岩盐敏程度评价参考

极强敏	强敏	强中敏	中敏	弱中敏	弱敏	无敏
>30	30~10	10~5	5~2.5	2.5~1	1~0.1	≤0.1

实验过程一般分为两个阶段,第一阶段采用等效流体进行测试以获得岩样渗透率,所谓等效流体就是与地层水或模拟地层水具有相同矿化度的标准盐水。第二阶段则采用矿化度或盐度等比降低或等比升高的盐水进行渗透率测试,测试时的温度、围压及流速或其他条件应保持一致并与第一阶段相同以方便进行对比研究,每次测试均应保持充足的流体交换体量并持续足够长的时间,以使测试流体与岩石矿物发生充分反应。以等比变化的盐度为横坐标,以对应的岩样渗透率与初始渗透率的比值为纵坐标,可绘制水敏和盐敏评价实验曲线(图4-26),寻找最佳匹配的矿化度工作液。

(3) 酸敏

当酸性流体进入页岩储层后,外来的酸性流体与页岩中的矿物发生化学反应,发生溶解-沉淀或释放出微粒堵塞孔喉,或发生矿物分解、脱落或生成新的沉积或絮状物堵塞孔喉,导致储层渗透率降低从而损害储层。对酸敏性的评价,主要通过岩心流动实验,对酸性液体[盐酸(15% HCl)或土酸(12% HCl+3% HF)]进入页岩并发生反应后的渗透率进行测定,以页岩渗透率增量与测试前原始渗透率比值为评价指标(表4-5)。

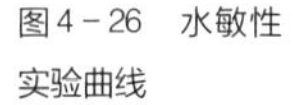

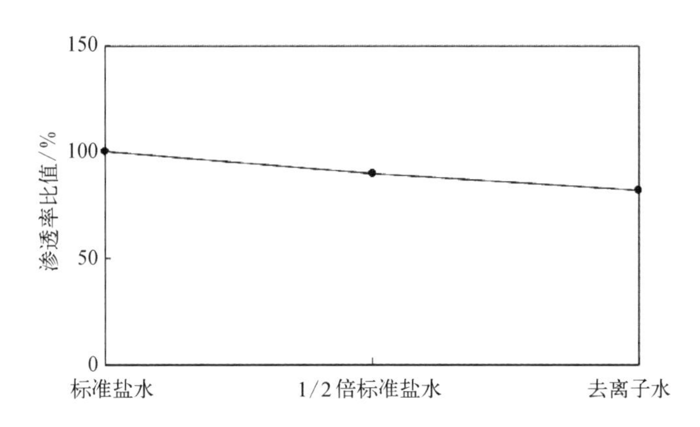

图4-26 水敏性实验曲线

表4-5 页岩酸敏程度评价参考

极强敏	强敏	强中敏	弱中敏	弱敏
≥0.50	0.50~0.25	0.25~0.10	0.10~0.01	≤0.01

（4）碱敏

在碱性介质下，储层岩石与地层水相互作用，从而可能造成储层物性发生改变。可通过注入不同pH值的盐水并测定其渗透率变化的方法来评价碱敏损害程度。实验时，首先选用与地层水矿化度相同的KCl溶液对页岩进行初始渗透率测定，然后向岩样中依次注入pH值分别为6、7、8、9、10、11、12、13的NaOH溶液，每次实验均应保持充足的驱替液体量，持续足够长的矿物反应时间，在尽量一致的条件（如流速相同）下，完成渗透率测量。

以pH值为横坐标，以对应的岩样渗透率与初始渗透率比值为纵坐标，可绘制酸敏或碱敏性评价实验曲线（图4-27）。酸敏或碱敏性评价实验的目的在于了解酸碱性液体对地层产生的伤害程度，确定酸碱敏发生的临界pH值条件，解决外来流体与页岩储层的配伍问题，优选酸碱液配方，为钻井、酸化及压裂等作业提供参考依据。

（5）压敏

由于压裂、排产及页岩气的采出，页岩储层原有的应力平衡状态发生改变并产生相应的弹性或塑性变形，引起孔隙结构及孔隙体积等变化，如孔隙体积缩小、孔隙喉道

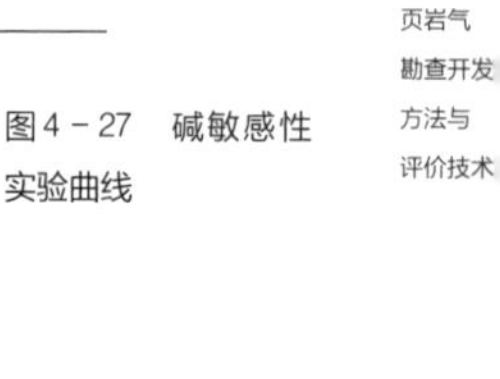

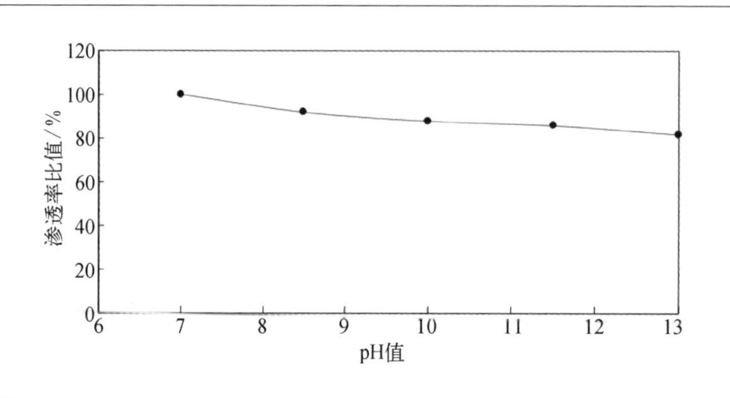

图4-27　碱敏感性实验曲线

和裂缝闭合等,导致页岩渗流能力发生变化。

压敏实验过程以初始静压力为起点,按照设定的静压力值缓慢增加,静压力间隔可按照等差增加,如 1 MPa、3 MPa、5 MPa 等,也可根据页岩气实际地质情况或者实验研究需要进行设计,但设定的静压力点不能少于 5 个。当静压力增加到设定的最大值后,需按照相同的静压力间隔,依次降低至初始静压力值。在每个静压力值增加或降低停留点处,对应测量页岩渗透率。在每个静压力值停留点处,均应维持足够的时间(如增压过程中维持 30 min 以上,降压过程中维持 60 min 以上)以获得稳定的数据。以静压力为横坐标,以对应的页岩渗透率与初始渗透率的比值为纵坐标,可绘制静压力增加和减小时的敏感性实验曲线,据此对页岩的压力敏感性进行评价。

4.5　含气性测试分析

页岩含气性分析是评价页岩气资源潜力、规避页岩气勘探开发风险的重要方法和手段,也是支撑页岩气开发策略的重要依据。页岩含气量的测定分为直接法和间接法两种。直接法是利用现场钻井岩心进行页岩解吸实验来获得含气量的方法,间接法主要包括页岩等温吸附实验和测井解释法等。

4.5.1 使用等温吸附法测量吸附气能力

等温吸附实验是在特定的温度(如地层温度等)下,测试样品在不同压力下对不同气体(如甲烷或按照实际气体成分配比)的吸附能力,从而获得吸附气量与压力变化之间的基本关系,借以形成等温吸附曲线(图4-28)。等温吸附曲线描述了页岩储层的吸附能力,反映了页岩对天然气的最大吸附能力,故由等温吸附曲线所测算得到的含气量与页岩的真实含气量有一定关系,但并不能反映页岩的真实含气量。等温吸附实验主要用于评价页岩的吸附能力,确定页岩含气饱和度的等级,所得结果一般不直接用于求取页岩含气量,只有缺少现场解吸实验数据时才用来定性的比较不同页岩含气量的相对大小。

图4-28 页岩气等温吸附曲线

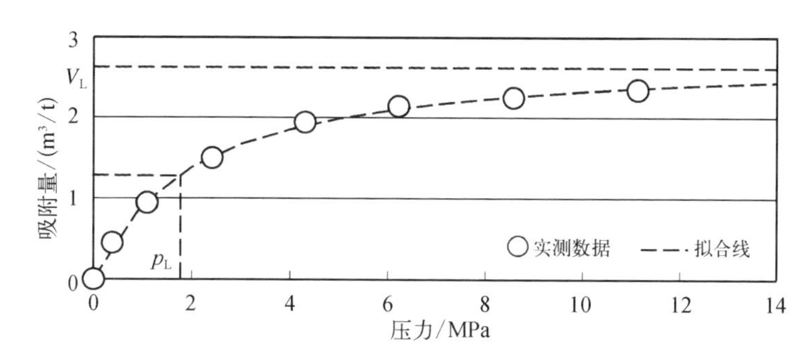

在对页岩进行等温吸附实验时,首先需要将200 g的页岩岩样进行粉碎(0.18~0.25 mm,即60~80目)并加热,充分排出已吸附的天然气;然后将粉碎后的样品置于密封的容器内,在温度恒定的环境条件下注入甲烷,测量不同压力下的甲烷气体吸附量。

利用实验测试所得结果进行Langmuir(兰氏)方程拟合,可获得兰氏体积和兰氏压力。其中,兰氏体积描述的是无限大压力条件下的页岩吸附气体积,兰氏压力则为吸附体积等于二分之一兰氏体积时的压力。

根据兰氏体积和兰氏压力,计算可得页岩含气量(Ross等,2008)。

$$G_S = \frac{V_L p}{p_L + p} \tag{4-7}$$

式中,G_S为p压力下的吸附气量,m^3/t;V_L为兰氏体积,m^3;p为地层压力,MPa;p_L为兰氏压力,MPa。

以页岩总有机碳含量为横坐标,计算含气量(或吸附气量)为纵坐标,可得页岩含气量与有机碳含量的关系(图 4-29),由此可对页岩含气量进行比较性评价。等温吸附实验所得结果常与页岩总有机碳含量成正比,拟合直线的斜率取决于有机质的类型、成熟度以及其他地质条件。

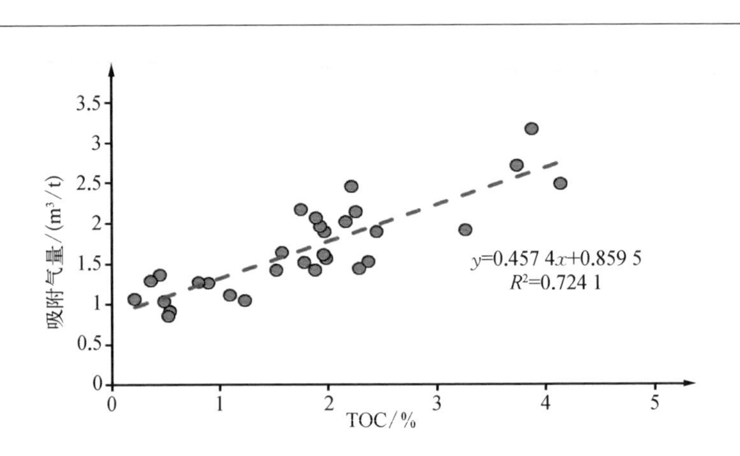

图 4-29 南华北盆地海陆过渡相页岩吸附气量与总有机碳(TOC)关系

4.5.2 计算图版法获得含气量

在确定有机质类型和成熟度条件下,若假定 TOC 为一递变的固定值,则可根据有机质热模拟计算获得页岩的最大生气量,在不考虑天然气运移前提下限定页岩可能的最大含气量。依据页岩孔隙度演化,可计算获得页岩孔隙度及现今埋深条件下页岩孔隙所包含的最大游离气量。结合 TOC 与吸附气量的关系,可得现今埋深条件下的吸附气量。当不考虑断裂破坏、裂缝影响、异常压力增压等因素影响条件下,可通过计算方法获得页岩最大含气量。折算为标准状态,可得给定条件下的页岩含气量最大值(图 4-30)。计算过程中,增加考虑地质影响因素,添加计算约束条件,可得贴近实际地质条件下的页岩含气量。进一步,则可通过对实际地区页岩及页岩气地质过程的数值模拟,获得客观、合理的含气量结果。

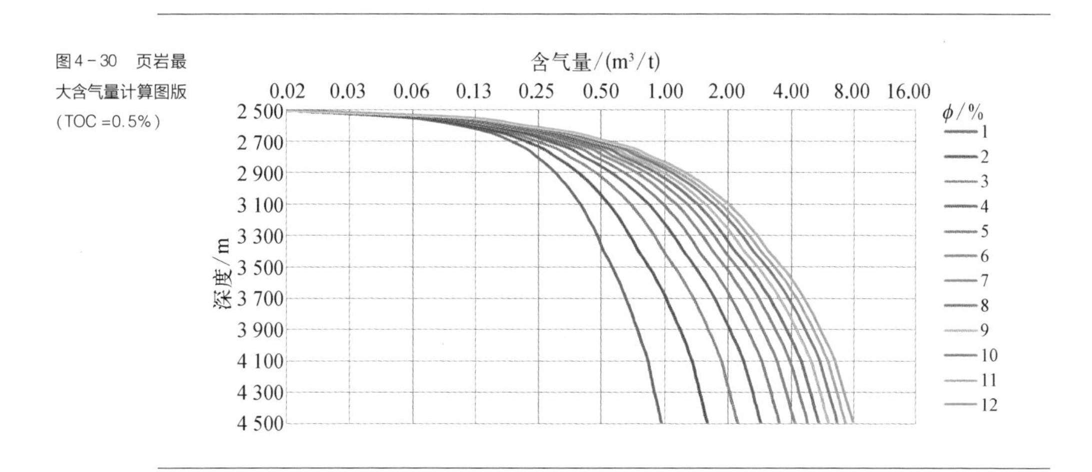

图4－30　页岩最大含气量计算图版(TOC＝0.5%)

4.5.3　使用现场解吸法测量页岩含气量

现场解吸法最早由 Bertard 于 1970 年提出，后经美国矿务局改进与完善，现已成为美国煤层含气量测试的基本方法。虽然页岩含气量测试的基本原理与煤层气类似，页岩含气量解吸设备也沿袭自煤层气(图 4－31)，但由于煤层气的形成和赋存机理(吸附气占绝对主导)与页岩气(吸附与游离气兼而有之)有较大区别，天然气的解吸速度、效率及总量差异显著，常出现页岩解吸气量小但实际钻井产气量高的特点，这就需要更高精度的含气量解吸设备(图 4－32)。

从理论上来说，页岩气主要由游离气、吸附气及溶解气等所构成，但在现场解吸过程中，页岩气主要由损失气、解吸气及残余气所组成(图4－33)。损失气包括了岩心被封装在解吸罐之前所有已经逃逸的天然气，大致对应于游离气部分。解吸气主要是在模拟的地层温度条件下，由岩心释放且被系统收集起来的天然气，部分对应于游离气，部分对应于吸附气。由于页岩中天然气的解吸是一个渐行渐弱、无限逼近于零的过程，当页岩的解吸过程进行到适当程度时，将会被人为终止。此时，残留于页岩试样中的未被解吸部分即为残余气，大致对应于页岩地层中的吸附气。页岩地层的实际含气量为损失气、解吸气及残余气三者之和。

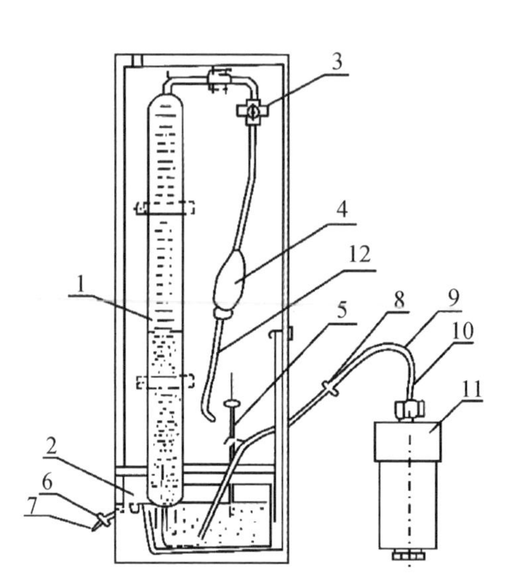

1—量筒;2—水槽;3—螺旋夹;4—吸气球;5—温度计;6—弹簧夹;7—排水管;8—弹簧夹;9—排气管;10—穿刺针头;11—密封罐;12—取气装置

图4-31　煤层气解吸设备测定装置模式(据MT/T 77—94)

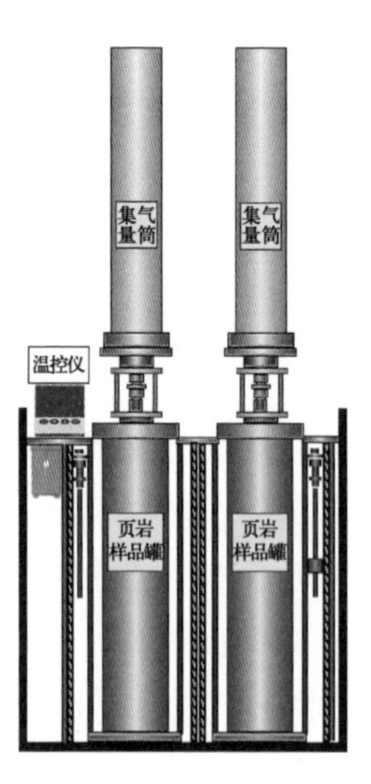

图4-32　毛细管法页岩气解吸仪原理示意

图4-33 页岩气解吸原理示意

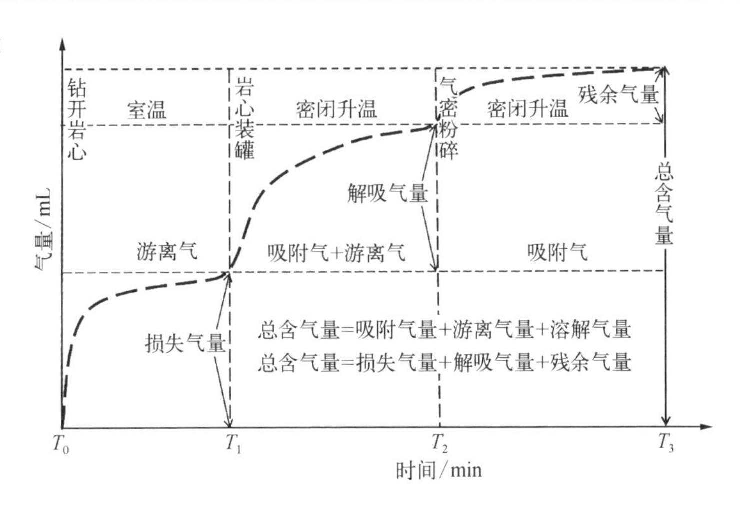

1. 解吸气含量

页岩解吸气量是指岩心装入解吸罐之后解吸出的气体总量，一般包括清洗泥浆、岩心称重、装罐密封、升温解吸、集气计量、成分检测及含气量校正等几个步骤。解吸气含量测量仪器分为解吸罐、量筒和恒温水浴三部分(图4-34)。

图4-34 高精度含气量解吸仪

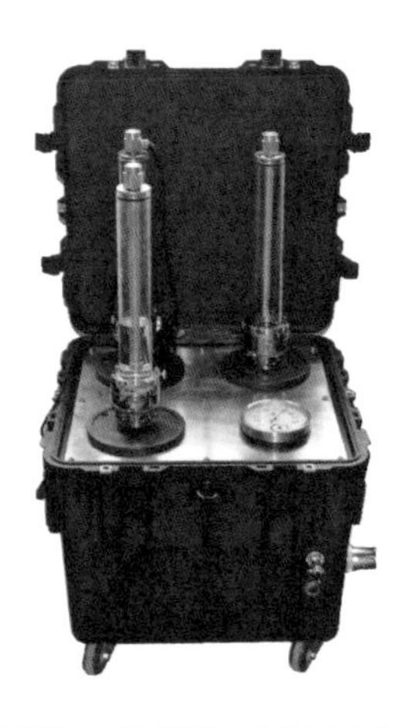

页岩现场解吸通常采用快速解吸法，即当岩心从地下取出时，迅速装入样品罐中并将样品罐放入模拟地层温度的恒温箱中，通过排水法测量样品罐中页岩解吸出来的

累计气量。当单位时间内的解吸气量小于等于某一确定值且达到稳定后,终止实验。解吸过程中,需准确记录钻遇目的层、提钻、岩心到达井口及装罐结束等时刻。为了最大限度地降低实验误差,通常会采取如下措施。

(1) 最大限度减少损失气量:在安全有效且不影响岩心其他必要的作业要求前提下,以最快速度将适当长度的岩心装入样品罐中。

(2) 样品罐充填:要求岩心体积不低于样品罐体积的50%。当实验样品装入样品罐之后,需要添加石英砂或饱和盐水至充满状态,尽量避免空气的混入。

(3) 尽早开始解吸:对于已经封装入罐的页岩岩心样品,宜尽早开展解吸及记录作业,避免长时间放置产生扩散、压力异常增大或其他不当问题。

(4) 恒速升温并保持温度稳定:按1 ~ 3℃/min匀速升温,升至解吸温度后保持恒温,防止因各种不当操作而引起震动或忽高忽低的温度变化,以免影响解吸与分析效果。

(5) 适当延长解吸时间:页岩累计解吸气量随着温度的增加和时间的延长而不断增加,根据页岩致密程度及含气性特点,现场快速解吸过程一般均需要48 ~ 96 h。但若连续5 h内每小时平均解吸气量不大于0.2 cm^3,则可以结束现场解吸实验。由于页岩累计解吸气量随着时间变化而逐渐趋于某一确定值,实验时宜尽量延长解吸时间以获得更加准确的结果。

(6) 缩短数据采集间隔:提高数据记录精度,增加数据采集密度,有益于更准确地进行总含气量分析和对比。

(7) 温度和压力等环境条件记录:做好解吸温度变化记录、环境温度及大气压力变化等相关参数记录,有助于含气总量的校正计算和分析。

(8) 实验质量控制:集气误差率反映了实验的精度和水平,是岩心解吸出的气量与收集到的气量的差值与岩心解吸出的气量的比值。一般情况下,现场解吸要求集气的气体体积误差率(从岩心解吸出气体总体积与收集记录的气体总体积之差值,与岩心解吸出气体总体积之百分比)不得超过0.5%,气体成分保真度(实测甲烷浓度与原始甲烷浓度之百分比)不得低于97%。

将现场解吸得到的气体体积 V_m 代入下式,可求得其对应标准状态(温度20℃、压力101.33 kPa)下的体积 V_S,将每次解吸的标准体积累加即得样品在标准状态下的总解吸气量。

$$V_S = \frac{273.15 p_m V_m}{101.325 \times (273.15 + T_m)} \tag{4-8}$$

式中，V_S 为标准状态下的气体体积，cm^3；p_m 为大气压力，kPa；T_m 为大气温度，℃；V_m 为解吸气体体积（解吸计量读数），cm^3。

（9）气体成分检验：对所采集的气体样品进行气相色谱分析，核减测试过程中混入的空气，得到真实的含气总量。特别需要说明的是，实验过程中所采集的气样不宜久放，气样存放时间原则上不得超过 30 天。

以时间为横坐标、解吸气量为纵坐标，可绘制获得解吸气量（累计）变化曲线（图 4 - 35）。

图 4 - 35　页岩现场解吸气量随时间变化关系

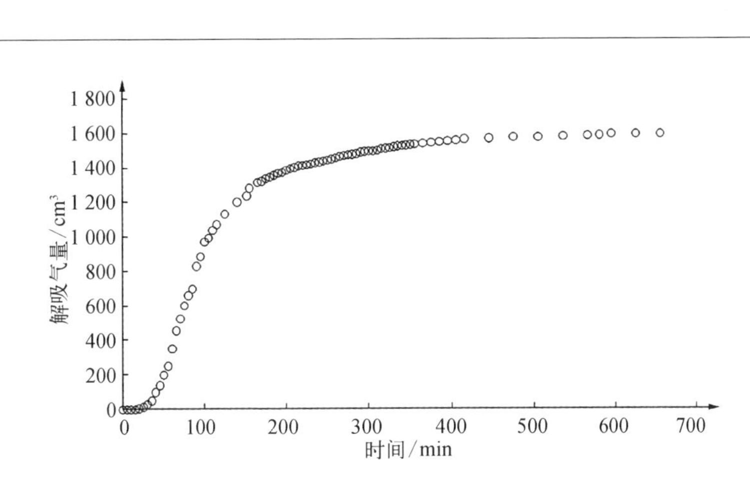

2. 损失气含量

沿用煤层气方法，损失气含量通常由解吸气曲线计算得到。以解吸含气量为纵坐标、以时间的平方根为横坐标，采用初期含气量曲线的相对平直段进行拟合（尽量不用最初的不稳定解吸点），反向延伸至提钻时间的 1/2 处，可得计算损失气量（图 4 - 36）。

曲线拟合过程中，可选用直线、多项式或其他方法。直线拟合的理论假设是页岩气全部由吸附气所组成，页岩气的解吸量与时间平方根成正比。而实际上，页岩气主

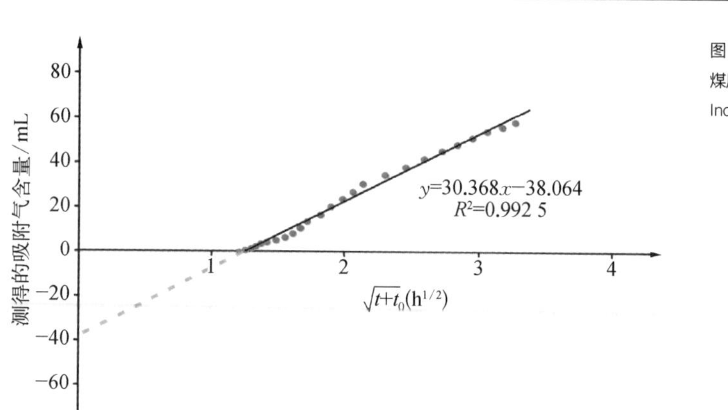

图4-36 USBM法计算煤层气损失量(据SCAL Inc,转引自Robert M)

要是由比例不等的吸附气和游离气所组成,采用直线拟合方法存在一定的理论误差。由于页岩吸附气解吸和游离气逸散的非均质性,页岩气的产出是一个随时间变化的函数,因此多项式拟合的吻合效果更好,但拟合结果往往偏高。如果结合等温吸附曲线,采用非线性拟合,所得的效果将会更好。

采用该方法的理论假设认为,页岩气是由吸附气所组成,在温度和压力降低过程中,页岩气的解吸气量与时间的平方根成正比。但实际上,页岩的含气结构与煤层气存在较大差异,煤层气求解损失气量的方法不能很好地满足页岩气实际需要。对页岩损失气量的计算需要实时考虑页岩的含气结构,即当页岩含气以吸附为主时,可采用与煤层损失气算法相同的直线拟合法。但当页岩吸附含气量占比减少、游离气含量增加时,宜采用多项式拟合法。当游离气含量进一步增加时,拟合法不再适用,须采用二次取心法、井下测试法、保压取心法或生产数据分析法等其他手段予以解决。其中,二次取心法的基本原理是改变损失气计算条件,改变单簇数据控制点为三簇数据控制点,满足三点控线原则,从而实现计算精准度的提高。

3. 残余气含量

残余气含量是人为终止解吸过程后仍然残留在岩心中的气体,可采用高温法、延时法及磨碎法等方法予以解决。

(1)高温法:现场快速解吸过程结束后,将解吸样品升温至90℃(或120℃),获得高温解吸气,经校正得到残余气。该方法对实验仪器要求较高,数据结果往往偏小。

（2）延时法：在快速解吸实验结束后,维持解吸条件和现状至6个月,使得页岩气得到充分的解吸。

（3）脱气法：页岩解吸完毕后,使用真空脱气实验装备对岩心样品进行残余气测量,岩样的脱气分为岩心粉碎前脱气和岩心粉碎后加热脱气两个部分,将两部分测得的气量求和即得残余气含量。

（4）磨碎法：现场解吸过程结束后,在气密的容器内将样品磨碎至200目,在不打开气闭容器条件下模拟地层温度并进行气体解吸,得到残余气。需要特别注意的是,在实验测试过程中,岩心的粉碎和残余气的解吸必须在完全隔绝空气条件下进行,所得气量也须换算为标准状态下的体积。

4.5.4 使用多种方法获得页岩含气结构

含气结构是指在总含气量确定情况下,页岩中所含游离气、吸附气及溶解气各自所占的相对比例大小。根据含气结构数据,易于得到页岩气的可采性及可采率等相关参数。

（1）测井解释法

理论上来看,页岩中天然气的赋存方式主要为游离和吸附两种,分别采用孔隙体积法和面积法计算获得游离气和吸附气总量。对于游离气,可通过孔隙度与含气饱和度之乘积得到。对于吸附气,可通过有机碳含量与吸附气含量之间的线性关系得到（Bustin 等,1998）。其中孔隙度的获得主要是利用声波、中子、密度和核磁共振等测井资料测得较为可靠的基质孔隙度,然后通过双侧向测井资料计算出较为精确的裂缝孔隙度。含气饱和度是在建立岩石电阻率、有效孔隙度等同地层水电阻率关系式的基础上,利用阿尔奇公式计算得到的。有机碳含量的计算则主要在对页岩段地层沉积相划分基础上,按沉积微相分别进行实测有机碳含量与对应电阻率、声波等参数的拟合得到。测井解释法速度快、效率高,但数据解释的准确性和可靠性受较多因素影响,需要在针对性地岩电关系实验测试基础上完成。

（2）录井解释法

气测录井作为钻井过程中记录气体显示与评价储层流体性质的一种重要手段，在页岩气含气性评价中发挥着重要作用。在钻进过程中，由于地层压力高于井筒液柱压力等原因，地层流体进入井筒钻井液中，经常会发生井涌、气侵和气测异常等不同程度的气体显示。其中，全烃值和甲烷含量可以对页岩含气量，特别是游离气含量进行直接表达。

（3）同位素计算法

对页岩气井产出的甲烷或者现场解吸出的甲烷同位素研究发现，甲烷碳同位素组成的变化与页岩中游离气含量或总含气量有一定的相关性，根据同位素组成的变化即可预测游离气与吸附气的相对含量。利用同位素预测页岩含气结构的原理是甲烷分子中$^{12}CH_4$比$^{13}CH_4$的吸附能力弱，因此游离气富$^{12}CH_4$，吸附气富$^{13}CH_4$。实验过程中，早期解吸产出的页岩气含有较多的$^{12}CH_4$（Liu 等，2016）。随着时间的增加，页岩中的吸附气逐渐被释放，$^{13}CH_4$含量相对增加。

（4）现场解吸法

根据现场解吸过程中所得的损失气、解吸气及残余气，可分别获得游吸比、可采率等含气结构数据。

4.6 技术展望

在页岩气测试研究相关领域中，目前尚有许多基础问题没有得到很好的解决。如在地球化学测试研究方面，目前主要集中于岩石地球化学和气体地球化学方面，对页岩油气开发具有重要影响的地层水的测试及研究还相当薄弱；在储层测试研究方面，目前主要集中于微观孔隙的观察、孔隙结构及相关表征参数的研究，对页岩微观孔隙中油气赋存相态及方式转变的过程研究还存在明显不足；对于页岩含气量测量，目前主要在解吸气方面取得较好进展，而在损失气测量方面仍然存在较多问题。

随着页岩气资源勘探开发的迅速崛起，其测试技术手段和内容渐趋丰富多样，测量精度不断提高，实验技术已向局部微观、多方法联用方向发展，从纳米级甚至原子级来研究页岩储层中的孔隙结构、流体赋存以及流动扩散规律，实验测试体系逐渐完善。

第5章

页岩气地球物理勘查

5.1 重磁电勘查

5.1.1 重力勘查

1. 重力勘查特点

重力勘查是测量因地层体密度差异变化而产生的重力异常,通过重力异常确定地层岩性变化及其分布,借以对工区的地质构造、沉积岩分布及可能的页岩埋深等特征予以初步判断,为在较大尺度上解决页岩气勘探潜力评价等相关问题提供依据。

2. 重力勘查一般流程

应用重力勘查的条件是被探测的地层体与围岩的密度存在一定的差别,被探测的地层体有足够大的体积和埋藏条件,一般流程如下。

(1) 根据勘查对象选定重力仪。重力仪的种类很多,包括气体重力仪、金属弹簧重力仪和石英丝重力仪等。

(2) 布置测线和测点,获取重力数据。为了提高测量精度,在野外工作的时候需要采用闭合于同一基点的观测、多点重复观测和利用基点多次测量值进行标定观测数据等不同方法进行重复观测(表5-1)。

表5-1 重力勘查野外观测方法

重力野外观测	观 测 方 法	
普通观测	闭合于同一基点	
	多点重复观测	双程往返重复观测法
		三程双次观测法
重力基点网	利用基点多次测量值进行标定	

(3) 重力异常和重力改正。观测重力值除反映地下岩层密度分布外,还与地球形状、测点高度和地形不规则有关,在地质解释之前必须对观测重力值进行相应的校正,才能反映出地下岩层密度分布引起的重力异常。重力校正包括自由空间校正、中间层校正、地形校正和均衡校正。观测重力值减去正常重力值再经过相应的校正,便得到自由

空间异常、布格异常或均衡异常。在重力异常的分析和应用中，主要采用布格重力异常。

（4）重力数据的处理和解释。从野外采集中所获得的重力数据，均需要在进行处理和解释后才能使用。重力数据的处理和解释一般分为3个阶段：首先是对野外观测数据的处理，并绘制各种重力异常图；其次是采用平均法、场变换法及频率滤波法等方法对重力异常进行分解，即从叠加的异常中分离出对应解决具体地质问题的异常值；然后是根据剩余异常值，确定异常体的性质、分布及其他特征。解释分为定性和定量两部分，定性解释主要根据重力图并与地质资料对比，初步判断重力异常性质和有关异常源的信息；定量解释主要根据异常场计算异常体的分布要素并形成重力异常模型。因此，在页岩气的勘查过程中必须依靠研究地区的地质、钻井、岩石密度和其他物探资料来减少反演的多解性。

5.1.2 磁力勘查

磁性岩体及矿体产生的磁场叠加在地球磁场之上，能够引起地磁场的畸变，从而产生地磁异常。通过测量地磁异常，易于对含磁性矿物的地质体及其他探测对象存在的空间位置和几何形状进行确定，从而对作业地区的地质构造、有用矿产分布及其他情况作出推断。磁力勘查就是通过观测和分析由岩石、矿石（或其他探测对象）磁性差异所引起的磁异常，进而研究地质构造和矿产资源（或其他探测对象）空间分布规律的一种地球物理勘探方法。

一般来说，沉积岩的磁化率比岩浆岩和变质岩低几个数量级，而油气又是一种极弱磁性物质，仅有（10^{-8}~10^{-7}）CGSM量级的负磁化率，故直接利用磁法勘查寻找油气是不太现实的，通常的做法是利用磁力异常，研究大地构造背景、测算盆地基底及沉积岩分布特征，圈定页岩气远景区域。

由于勘查方法的相似性，重磁勘查常联合使用以获得互补性资料，用以实现初步判断断裂体系、推测厚度与埋深、分析页岩气地质条件、预测页岩气发育有利方向。重磁联合勘查时，要求区域重力测量与区域地面磁测配套实施，两种方法的测点位置、密度或测网点线距等应保持一致。鉴于重磁勘查的目的和任务不同，宜在不同阶段采用不同的工作比例尺，要求覆盖全盆地或至少横跨不同的构造单元，需要特别照顾埋深 5 000 m 以浅的页岩气开采经济区域。

5.1.3 电法勘查

根据地壳中各类岩石或矿体的电磁学性质(如导电性、导磁性及介电性)和电化学特性差异，对人工或天然电场、电磁场或电化学场的空间分布规律和时间特性进行观测和研究，可以为寻找不同类型矿床、查明地质构造及解决其他地质问题提供参考资料。该方法目前主要用于寻找金属和非金属矿床、勘查地下水资源和能源、解决某些工程地质及深部地质问题。

大地电磁测深是电法勘查中探测岩层电性结构的主要方法(表 5 - 2)。借助岩性、孔隙流体与岩石电阻等关系，大地电磁测深系统已经广泛地应用于测量从地表到上百公里深度地壳的电阻，从而预测出低阻的页岩层及其横向变化(图 5 - 1)。

表 5 - 2 大地电磁测深方法

类　型	观测频率/Hz	应 用 范 围
大地电磁 MT	0.001 ~ 340	页岩分布
可控源音频大地电磁 CSAMT	0.25 ~ 8 192	地下水、页岩分布
高频大地电磁测深 HMT	200 ~ 100 000	近地表岩溶、断层等

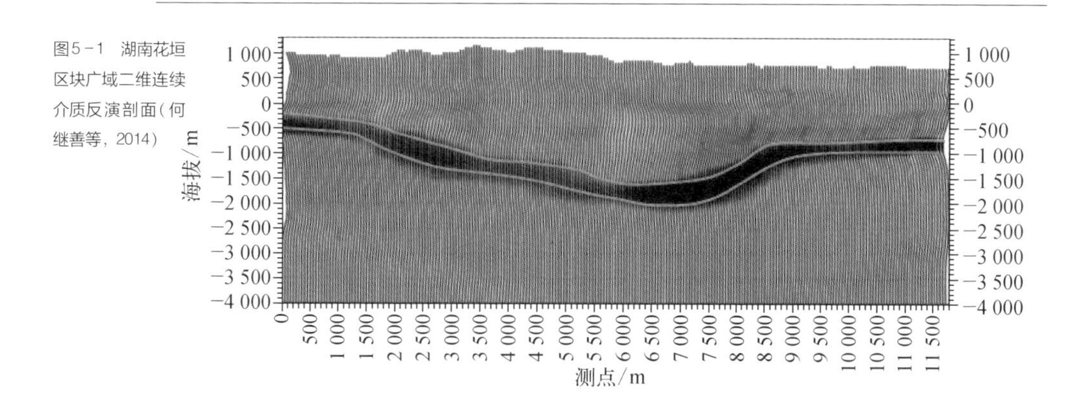

图 5 - 1 湖南花垣区块广域二维连续介质反演剖面(何继善等, 2014)

5.2 地震勘查

5.2.1 地震勘查特点

1. 地震勘查原理

利用岩石的黏弹性及岩石界面波阻抗差异，开展人工激发地震勘查，能够取得更加丰富和精细的地质信息。与其他物探方法相比，地震（二维和三维）勘查方法的主要特点在于其信息分辨率高、测量精度高、提供信息丰富及探测深度大等（图 5－2）。

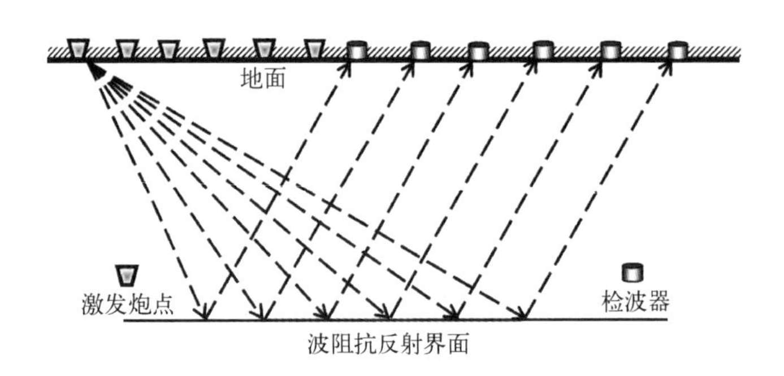

图 5－2 地震数据采集原理示意

2. 地震测线部署原则

依据地质任务和目标，按如下规则完成地震测网设计和部署。

（1）结合构造地质单元区划，按照先整体后局部、先骨干后加密原则，设计符合测网要求、满足测网条件的测线。

（2）结合地质研究认识成果，主测线垂直构造主方向，联络测线与主测线相互垂直，主测线之间或联络测线之间的距离满足测网密度设计要求。

（3）至少要有一条地震测线穿过区内已有的典型井或区内的标志站点，测线网部署尽可能照顾区内已有的钻井，主要探井一般均要有测线经过。

（4）若无特殊情况，地震测线应均为直线，必要时可转为折线，非特殊情况不使用弯线，但前提是能够满足地质任务要求。

(5) 尽量与以往、邻区或不同采集方法的其他测线(网)平行,本次测网要与其他测网通过接点连接,接点应在满覆盖段内。

(6) 在其他条件均满足的前提下,可尽量沿构造简单、断裂较少、地层倾角较小、地表施工条件较好的方向部署测线。

(7) 对于三维地震,测线设计时需要侧重选择在页岩气地质条件和地面工程条件良好的区域内。

3. 地震与地质参数

利用地震属性技术来分析和预测页岩含油气性是目前相对成熟的一项技术。在叠后处理的地震数据基础上进行地震反演,是目前应用较为普遍的一种刻画地下地质构造形态的地球物理方法之一。页岩储层在岩石物理性质上与常规油气储层存在明显不同,研究所依据的岩石主要特性参数也不同(图5-3)。其中,页岩储层更多关注页岩的厚度、埋深、矿物(脆性/韧性)、TOC、孔隙度、裂缝、含气性等参数。这些参数不

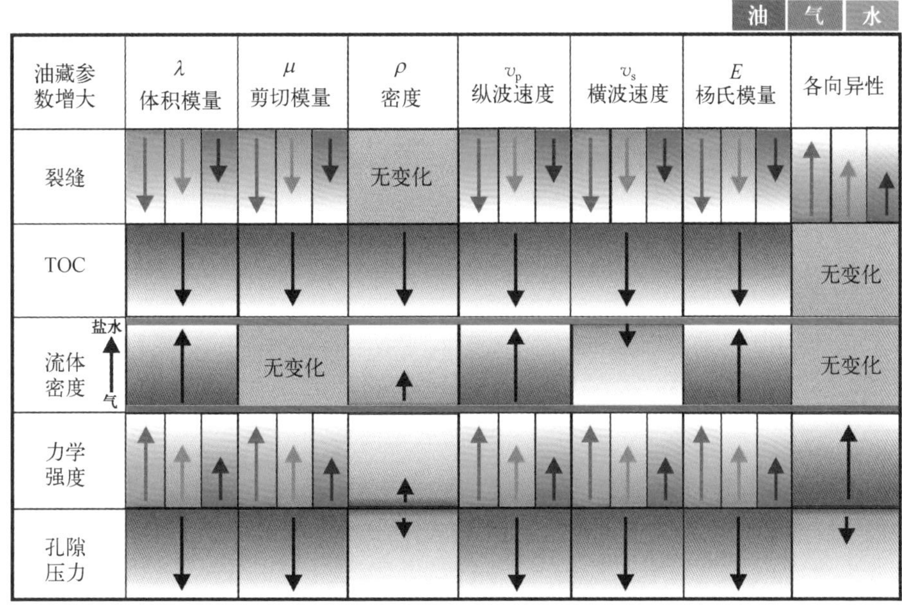

图5-3 页岩油气地震岩石物理分析内容(贺邦芙, 2015)

仅关系到页岩气的形成机理、分布规模及开采效果，而且还可能引起岩石弹性特征参数和地震响应的巨大变化（贺邦芙，2015）。

4．地震解释

在页岩气的勘查过程中，地震勘查技术的应用主要包括页岩岩性识别、页岩空间分布刻画和页岩含气性分析等（图5－4）。工作的一般流程是首先基于地质属性及其岩石物理建模，获得地震正演模型；然后通过地震数据的解释和反演模型获得各项地质参数。具体应用包括两个主要方面：一是采用地震属性（频率、振幅及速度等）分析和地震叠后反演来预测页岩的厚度和横向分布，采用地震多属性分析和地震各向异性反演来刻画页岩层的断层、裂缝以及地应力状况等；二是根据岩心、测井和地震资料，通过岩石物理分析技术和正演扰动试验来研究页岩的岩性、TOC、裂缝、脆性和含气性等地质参数与地震响应之间的对应关系，建立岩石物理模型和岩石物理解释图版，用于指导地震资料的定量解释。

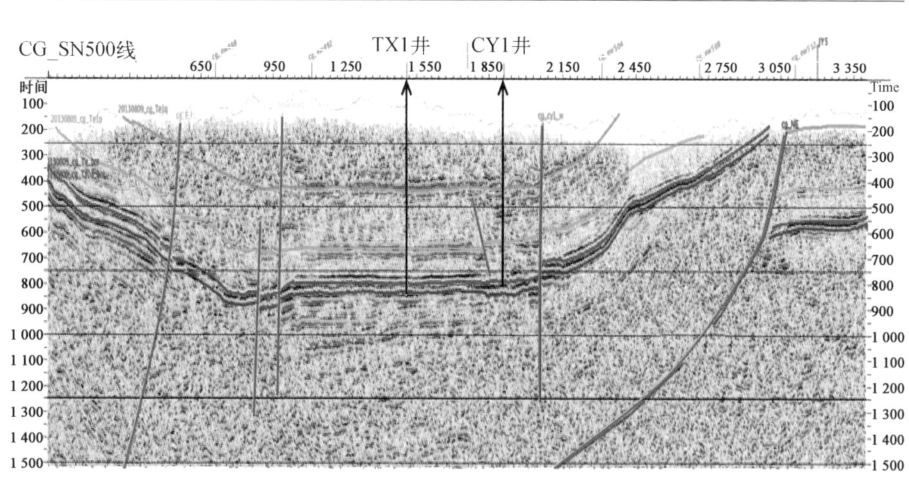

图5－4 岑巩区块CG_SN500测线地质解释（龚大建、冷济高，2014）

5.2.2 地震资料的地质解释

利用地震勘查技术，可以解决诸多页岩气地质问题。

1. 识别和追踪页岩的空间分布

结合地质、测井等资料，在地震反射剖面上准确标定页岩层段的顶底界面，分析页岩目的层段的地震波响应特征，在地震剖面上标定识别、闭合追踪、立体圈定页岩储层，确定其埋深、厚度、分布及连续性。在此基础上，可进一步获得页岩沉积、断层分布、构造形态等特征。

2. 反演预测页岩发育有利区

在查明页岩层空间展布、构造及沉积特征基础上，可根据沉积学原理在页岩地层格架内寻找优质页岩发育区域，圈定页岩有机质丰度较高、成熟度适中的页岩分布位置及空间展布。通过分析页岩实验测试数据与测井资料，建立测井岩-电关系图版，在分析优质页岩储层与地震反射波响应特征关系的基础上，通过井震联合反演确定优质页岩发育位置。

3. 裂缝与岩石力学性质预测

天然裂缝的存在不仅增加了页岩气的储集空间，改善了页岩极低的基质渗透率，而且还有助于页岩层中游离态天然气占比的增加，提高了页岩储层压裂的有效性和页岩气井的产能。运用相干与曲率等属性分析技术、宽方位甚至全方位地震各向异性分析技术、叠前反演技术以及横波分裂等技术，有助于解决页岩储层裂缝和岩石的力学性质问题，直接为钻井和压裂工程提供服务。

(1) 多属性裂缝检测技术

进行裂缝预测的地震技术多种多样，采用的地震属性特征及相关参数亦各不相同，主要包括相干体、倾角方位角、曲率、蚂蚁体、弧长、瞬时频率、均方根振幅、反射强度、道微分、吸收衰减属性等。在地震属性提取的实际应用中，针对不同主控因素的裂缝型储层，宜采用不同的方法和技术进行预测。由于每种方法都有其适用条件，故单独使用一种属性提取方法很难合理地完成地震、地质的解释和分析工作，这就需要利用多学科、多方法、多参数对储层进行综合预测以减少多解性。在实际应用中，可对裂缝发育反映较好的多种地震属性进行提取并对其进行敏感性分析，然后利用 BP 神经网络的方法，对裂缝发育、密度及分布等特征参数进行定量预测。

(2) 纵波、横波分析预测技术

裂缝、裂隙多呈定向排列，在其中传播的地震波就可具有明显的各向异性。进一步，当裂隙内含油气时，它们对地震波速度和衰减的各向异性影响会更大。

当横波（S 波）在裂缝介质中传播时，如果偏振方向与裂缝介质的走向斜交，将分解成平行于裂缝走向和垂直于裂缝走向的两个横波分量。平行于裂缝走向偏振的横波分量以较快的速度传播，而垂直于裂缝走向偏振的横波分量则以较慢的速度传播。横波在遇到裂缝时才会发生分裂（横波分裂），不同裂缝密度和形态对（纵）横波速度和各向异性变化的影响较大，快波的偏振方向反映为裂缝方位，快慢波的时差反映为裂缝的密度。因此通过模拟裂隙对地震横波各向异性在地层介质中的波场传播及分裂特征，就可以对裂缝进行有效的预测。

横波分裂数据为裂缝检测提供了直接手段，但是由于地层的各向异性和横波分裂本身的复杂性，这就难以直接依据野外地震资料进行预测。利用纵波（P 波）方位 AVO、纵波属性（反射振幅或群速度）随方位与炮检距的变化函数关系，可以检测裂缝方位、密度及分布范围。使用振幅随裂缝方位角变化的方法反映薄层特征的效果较好，但受噪声影响较大。采用速度随裂缝方位角变化的方法比较稳定，但对薄层识别的分辨率不够。故利用全方位纵波地震属性识别裂缝时，需要合理的采集设计、精细保真的预处理、可靠的方位速度分析与 AVO 叠加、方位的地震反演以及精确的裂缝属性拟合。

地震波振幅的变化与许多因素有关，多解性强，如果不仅用纵波，也用横波、转换波，就会在很大程度上减少裂缝预测的多解性。对近于垂直传播的 P－S 波，横波的偏振和时间延迟提供了对裂缝方向和密度预测直接测量的手段。根据地震检波器横向分量方位道集上的极性和振幅变化，就可以判别裂缝走向，即当震源-接收器方位与裂缝走向平行或垂直时，横向分量的能量就会消失，波形显示极性反转。多波 AVO 是将纵波和横波的 AVO 结合起来的综合应用，这样不但可以去伪存真，而且还可以得到更多的岩石物理参数，提高预测精度。

4. 页岩气的直接预测

利用地震属性技术来分析和预测页岩含油气性是目前相对比较成熟的一项技术，对页岩储层进行含气性检测的地震技术主要有叠后波阻抗反演、叠前 AVO 反演、叠前弹性阻抗反演以及频谱分解等。

（1）叠后波阻抗反演

在叠后处理的地震数据基础上进行地震反演，是目前应用较普遍的一种刻画地下地质构造形态的地球物理方法。叠后反演的基础是褶积模型，即地震数据可以看作地震子波与反射系数的褶积。通过压缩子波的反褶积处理，将地震数据转换为近似的反射系数序列，然后再由反射系数序列得到波阻抗剖面。随着页岩层含气量的增大，储层体积密度和层速度会降低，从而导致波阻抗值减小，所以在页岩层的地质模型约束下拾取页岩层波阻抗数据，其波阻抗低值区所代表低密度或低速区即为预测的储层含气区。叠后反演方法包括有递推带限反演、有色反演、稀疏脉冲反演等（表5－3）。

表5－3　地震反演方法

反演方法	功　能	原　理	特　　点
递推带限反演	反映岩相和岩性的空间变化	基于反射系数递推计算地层波阻抗	保留了地震反射的基本特征，不存在基于模型方法的多解性，但分辨率相对较低。岩性稳定时能反映储层的物性变化
有色反演	储层与油气快速评价	地震频谱和井的波阻抗频谱相匹配	适用于井少且非均质性强的储层预测，纵向分辨率中等
稀疏脉冲反演	对无井和少井区储层预测有效	基于地震道反演	较完整地保留了地震数据的基本特征，提高了分辨率

（2）叠前AVO反演

叠前反演主要指AVO（AVA，振幅随炮检距或入射角变化）反演，是继亮点技术后出现的又一种油气直接识别技术。AVO反演依据岩石物理学理论和振幅随偏移距变化理论，借助于Zoeppritz方程或近似式，对CDP道集反射振幅的变化作最小平方拟合，直至理论值与观测值很好地拟合，利用振幅随炮检距变化关系曲线计算出截距和梯度两个参数，再通过这两个参数反演出所需的弹性参数，进而进行岩性和流体识别。Zoeppritz方程描述了振幅与入射角的关系。精确的Zoeppritz方程是AVO烃类检测技术的基础。由于页岩气富集导致储层体积密度减小、弹性波速度降低，对含气性检测参数具有明显的影响。

（3）叠前弹性阻抗反演

常规叠后波阻抗反演技术建立在地震波垂直入射假设的基础上，而实际的地震资料反射振幅是共中心点道集叠加平均的结果，不能反映地震反射振幅随偏移距不同或入射角不同而变化的特点。因此，利用常规叠后波阻抗反演就不能得到可靠的波阻抗和其他岩性信息。为了克服叠后反演的缺点，叠前弹性阻抗反演由于地震角道集资料，能够保留和突出识别地层流体和岩性方面的 AVO（或 AVA）特征，因此弹性阻抗反演可反映振幅随偏移距变化的信息，具有良好的保真性和多信息性。由弹性阻抗反演数据体可获得纵横波阻抗、纵横波速度、纵横波速度比、密度及泊松比等多种参数体，比叠后反演具有明显的优越性，能更可靠的揭示地下页岩储层的展布情况、孔渗物性及含油气性等特点。

（4）频谱分解技术

频谱分解技术是一项基于频率谱分解的储层特色解释技术，主要依据是含气页岩储层的高频吸收特性，即当地震波经过页岩气储层时，其高频成分能量衰减较为严重。在频谱分解技术与常规 AVO 反演技术基础上，综合两种方法各自的优势，产生了分频 AVO 技术与频变 AVO 技术。分频 AVO 技术是采用分频技术，先对叠前地震进行分频处理，然后在分频数据的基础上实现 AVO 含气检测；变频 AVO 技术则基于 AVO 的 Zoeppritz 方程，建立反射系数与频率之间的数学关系，推导出截距、梯度、碳氢检测因子等属性与频率之间的数学关系，最后，综合地质、地震、测井等数据，反演出高精度的频变 AVO 属性，检测页岩气储层。

5.2.3 发展趋势

地震资料品质是地震储层预测和评价的基础，页岩气地震预测技术首先需要解决地震资料的品质问题，高信噪比地震资料采集技术仍然是未来地震技术的主攻方向。地震资料的保幅处理和提高分辨率处理技术虽然已经比较成熟，但还需要储备针对页岩气的特色技术。各向异性是页岩气储层的主要特征，现行页岩探区地震资料处理方法大多建立在地震各向同性的基础上，如何在三维地震资料处理和反演过程中运用各向异性是一个热点问题。

除了层位追踪和空间预测以外，页岩气储层三维地震识别与综合评价技术直接为开发工程提供储层物性、页岩裂缝和应力场数据以降低工程风险，目前也是地震技术重要的发展方向。对页岩气储层的多参数预测技术（包括地震响应特征分析、地震识别敏感参数以及地震反演技术）进行深入攻关，有助于形成针对性强的页岩及页岩气地震响应、识别及预测技术，从而实现对页岩含气性、储层脆性及应力条件等进行准确预测。

5.3 微地震监测

5.3.1 微地震原理

在水力压裂过程中，岩石压力和孔隙压力将会不断增大，影响压裂液周围页岩应力薄弱点（如天然裂缝和薄层）的稳定性，从而使它们发生剪切错动。这些剪切错动点所发射出去的震动与天然地震相类似，被称为“微地震”。在页岩油气勘探开发过程特别是水力压裂作业过程中，需要对诱导裂缝的方位、几何形态、延伸走向及压力效果等进行监测，微地震监测技术已被大量用于储层、压裂、开采等领域。微地震监测技术能够实时确定微地震发生的位置及时间顺序，获得裂缝长度、宽度、分布、方位、密度、连通性等特征参数，是储层压裂中精确、及时、信息丰富的监测手段，是定量评估水力压裂改造效果的主要方法。

微地震可分为地面和井中两种监测方式（图 5 - 5）。地面监测需要在监测目标区域（比如压裂井）周围的地面上，按照一定规则布置若干接收点，对压裂过程中诱发产生的微地震波进行接收和处理，用以对压裂过程中裂缝生长的几何形态和空间展布进行描述。井中微地震监测技术则是通过邻井中的检波器来进行压裂监测和分析。由于传播路径复杂、地层吸收、地面干扰等原因，地面监测所得到的资料通常存在微地震事件减少、信噪比降低及反演可靠性受限等不足。

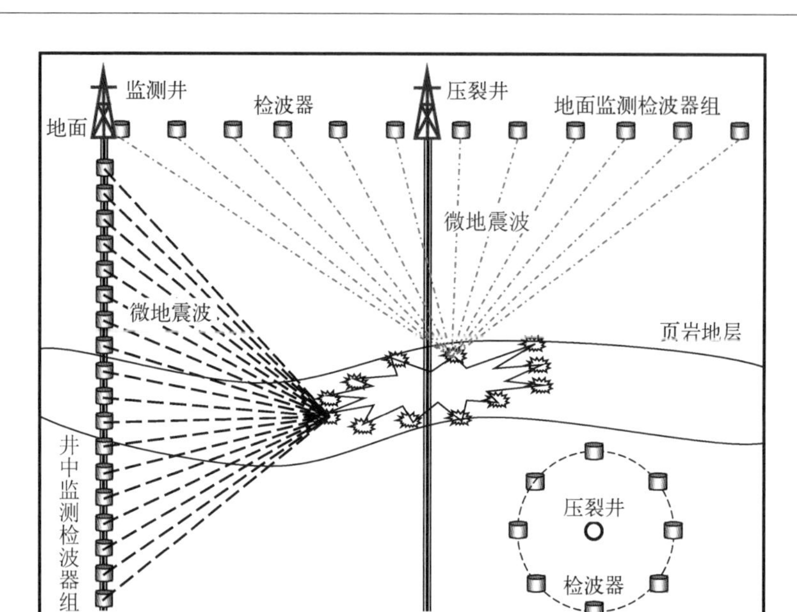

图5-5 微地震地面和井中两种监测方法

5.3.2 微地震地质解释与应用

(1) 压裂效果监测

压裂效果分析方法多种多样,主要包括压力分析、温度和生产测井、发射型示踪剂、井眼成像、井下视频、测斜仪绘图和试井压力-时间曲线及产量分析等,它们一般只能在压裂措施完成后或者完成一段时间后才能应用,应用分析效果较为有限,且难以做到实时监测。微地震监测能够在水力压裂过程中,根据裂缝开裂的时间顺序及其所产生的能量发射,利用灵敏的阵列检波器进行声波拾取,监测这些微地震波产生的时间先后和空间延伸变化,实时追踪裂缝的延伸,确定裂缝的起始位置、延伸范围、压裂波及范围及体积改造系数等参数(图5-6),为地质评价、储层各向异性、应力场分析、压裂效果评价、产能分析及施工方案优化等工作提供参考。

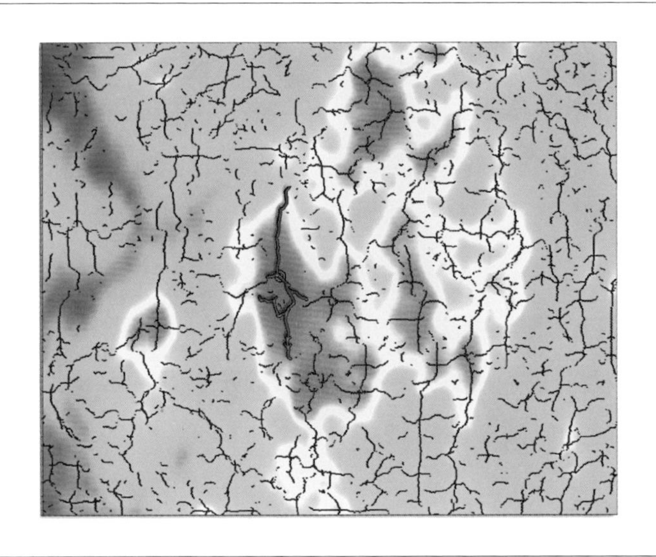

图5-6　页岩地层中被压开的裂缝平面分布

(2) 活动裂缝分布

基于水力压裂过程中的微地震监测原理,在没有进行人工压裂及储层改造的情况下,亦能够对地下天然发生的裂缝及其相关活动进行监测,用以研究天然条件下的裂缝分布与活动规律、区域应力与应力场变化。在储层压裂前,使用该方法可以优化压裂设计方案,对天然的裂缝空间网络进行预判,避免水力压裂缝穿越断裂带或含水层段;在储层压裂后,可以对页岩储层的动态变化、开发生产效果以及地质环境等进行评价研究,对进一步的储层改造、生产管理及开发方案优化提供帮助。

5.3.3　微地震监测技术发展趋势

大规模压裂技术已在页岩气开发中得到了广泛应用,微地震监测技术应用前景良好,主要发展方向包括井下微地震监测精细化、页岩气开发的长期动态监控及永久监测、井中与地面联合监测和主动与被动联合观测、微地震震源机制、微地震事件自动处理解释以及弹性波微地震实时监测技术等。

5.4 测井评价

富有机质页岩与其他岩性在物理性质上表现出明显的不同,如有机碳含量高、储集物性致密、地层流体密度小等突出特点,反映为特殊的测井响应机理和表观特征。页岩测井识别和计算的关键是分析页岩的岩石物理响应及其异常表现,指导测井识别并评价页岩气储层。除井径及其结构等参数以外,利用测井方法,可对页岩层段进行识别与划分,对其有机地球化学参数(TOC、R_o等)、孔缝与储集物性、含气性与可采性、岩石矿物学组成与可压性、地层流体与压力等参数进行预测和评价,解决页岩气勘探与评价中的各种主要问题。

5.4.1 测井评价

页岩主要由有机质(镜质体、惰质体等)、脆性矿物(石英、长石、方解石、白云石等)、黏土矿物(伊利石、蒙脱石、伊/蒙混层、高岭石等)及孔隙中的流体(天然气、石油或地层水)所组成,含油黄铁矿、菱铁矿等部分重矿物。根据页岩的特殊性,采用放射性、声波、元素俘获等方法,能够有针对性地开展岩性识别、含气性分析等页岩气测井解释工作。

按照其物理性质差异,可将岩石体积分成与其组成相对应的不同部分,研究各组成部分分别对测井结果的贡献大小,并把测量结果看成是不同部分贡献的总和,即可构建岩石组分体积与测井解释关系模型,将页岩的测井响应对应于页岩各部分物理性质的贡献总和,即各物理量的加权平均。

页岩气勘探开发中不同钻井类型所采用的测井系列对页岩气储层测井响应的特征不同(表5-4),测井识别中的关键问题是分析与页岩岩石物理响应特征相对应的异常参数响应,而异常参数响应又主要取决于岩石某组分的特殊贡献。根据页岩各组分的测井响应值,可以具体分析测井响应特征,把握页岩气测井解释的基本规律,指导页岩气测井储层预测。

表5-4 富有机质页岩的测井响应特征

测井曲线	测井响应特征	影响因素
自然电位、伽马和伽马能谱	高	泥质含量越高，自然伽马越高
深浅电阻率	电阻率高、深浅电阻率几乎重合	干酪根、有机质及含气电阻率极大
声波时差	较高，有周波跳跃	与含气量呈正相关
岩性密度	低	含气量大，岩石密度低
井径	扩大	页岩井壁的稳定性较差

5.4.2 测井资料的地质解释

1. 页岩储层的测井解释

(1) 富有机质页岩的识别

岩性的定性划分是按照“比较鉴别”的原理,即利用测井曲线的形态特征差异和测井曲线相对值的大小进行比较识别,这就需要首先从区域地质条件和特点分析入手,如邻井剖面岩性、特殊岩性、岩性组合及标准层特征等,系统掌握钻井岩性特征。其次,通过对钻井取心、岩屑录井及测井资料的对比分析,研究使用测井资料划分岩性的地区特点和规律。在淡水泥浆砂页岩地层中,自然电位、自然伽马、伽马能谱及井径测井曲线是识别页岩地层的基本方法。

富有机质页岩在测井曲线上主要表现为“五高一低”特征,即高自然伽马、高铀含量、高中子、高声波时差、高电阻率以及低密度。富有机质页岩一般富含放射性元素(如铀等),在自然伽马曲线和伽马能谱测井曲线上表现为高异常;有机质的存在稀释了富有机质页岩的岩石骨架密度,在密度曲线上表现为低密度异常;声波在有机质中的传播速度较小,在声波时差曲线上表现为高时差异常;页岩层中富含的有机质和页岩孔隙中的天然气流体降低了岩层的导电性,在电阻率曲线上表现为高异常。根据这些响应及不同响应的组合,即可在测井曲线上对富有机质页岩层段进行识别。

（2）有机碳含量计算

有机质为页岩气的发育提供了物质基础和储集空间，TOC是判断页岩中有机质丰度及生烃潜力的最重要指标。当页岩地层中大量存在有机质和孔隙流体时，将对测井响应存在明显的影响。有机碳含量越高，对应测井曲线上的异常反映就越强，通过测定异常值高低，可以反算出有机碳含量的多少。通常来说，页岩层中的电阻率升高可能表明了页岩已经达到成熟，形成了页岩气。而相应层段的高声波时差，通常表明了低速有机质的存在。

利用测井资料定量计算页岩有机碳含量的方法较多，比如密度估算法、自然伽马估算法、基于 $w-s$ 方程的电阻率重叠法、双孔隙度法和含油气饱和度法、声波时差/电阻率交会法、元素俘获能谱测井（Elementary Capture Spectroscopy, ECS）、干酪根转换计算法、密度和核磁共振法、脉冲中子和自然伽马能谱法、$\Delta \lg R$ 法以及神经网络法等。其中，Passey 于1990年提出的 $\Delta \lg R$ 计算有机碳含量的方法最为流行，该方法主要依据声波和电阻率测井曲线值进行曲线再造，以将实测有机碳含量与再造曲线值进行交会的方式获得与实测有机碳含量有较高拟合度的计算结果，采用此再造曲线对页岩中的有机质含量进行计算，可获得准确度较高的估算有机碳含量。

（3）页岩储层孔隙度计算

通过对滑行波通过地层传播时差的测量，能够对页岩岩性、孔隙度、含气性等参数进行研究，即利用流体和岩石骨架不同的声波时差反映，可以定量计算页岩的孔隙度，但由于砂岩比页岩的刚性强，声波传播速度较快，声波时差较小，因此页岩中砂质的存在可能会导致计算得到的孔隙度不够准确。在计算过程中，需要引入砂质校正系数，以排除页岩中砂质含量的影响。由于页岩存在颗粒小、比表面大、沉积速度慢等特点，对其总体孔隙度（连通的有效孔隙和不连通的死孔隙）计算的数值结果常比同等条件下计算的砂质层段要高。

除了常规页岩储层孔隙度计算方法以外，元素俘获能谱、核磁共振、密度-核磁共振等测井方法也是不错的选择。

2. 含气量测井解释

通过测井解释获得页岩含气量数据是间接获得含气量数据的重要方法，具有成本低、纵向连续性强等特点。由于游离气和吸附气的赋存机理不一致，导致其在测井响应上的特征也有所差异，需要利用不同的测井技术进行单独解释（图5－7）。含气量的测井解释主要包括吸附含气量和游离含气量的计算，也可以根据现场解吸含气量值与伽马、声波时差等测井曲线的关系，建立总含气量的计算公式。

图5－7　页岩气测井识别模式

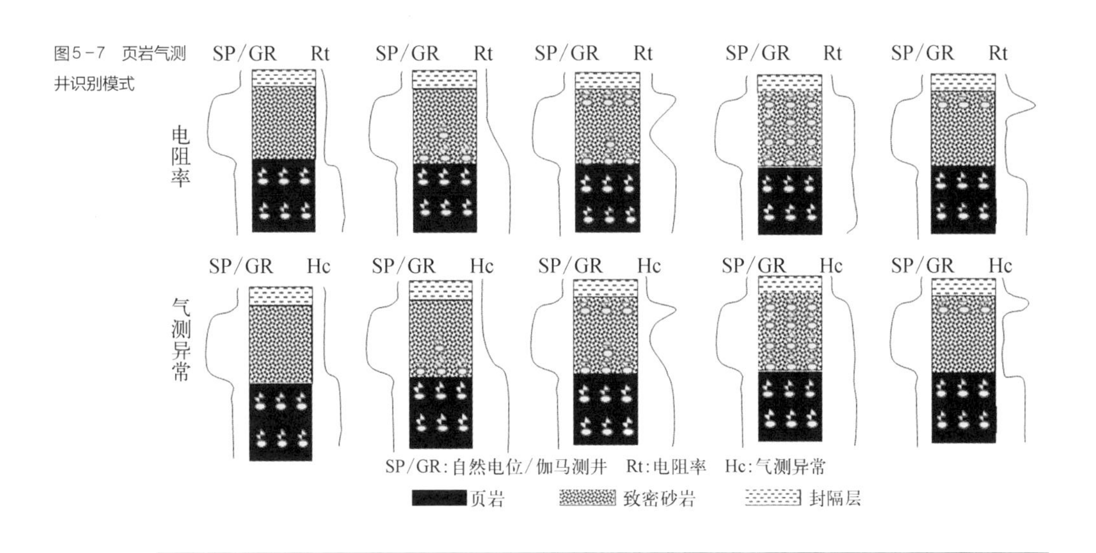

（1）吸附气含量计算

页岩吸附气含量与有机碳含量呈良好的正相关关系，通过等温吸附实验测试能得到页岩的最大吸附气量。其基本原理是在固定的温度条件下，以逐步加压的方式使已经脱气的干燥页岩样品重新吸附甲烷，据此可建立压力和吸附气量之间的关系，并获得反映页岩对甲烷气体吸附能力的 Langmuir 体积（聂海宽等，2012）。实验结果表明，Langmuir 体积与对应的有机碳含量之间为很好的线性相关性，根据测井计算所得的有机碳含量，易于计算获得页岩吸附含气量。

（2）游离气含量计算

基于常规储层气计算方法和原理，利用测井计算的有效孔隙度和含气饱和度，可以计算获得游离气含量（Boyer 等，2006）。

$$Q_{\mathrm{f}} = \frac{\phi(1 - S_{\mathrm{w}})}{Z\rho} \tag{5-1}$$

式中，Q_f 是页岩游离气量，m^3/t；ϕ 为页岩有效孔隙度，%；S_w 为含水饱和度，%；ρ 为页岩的密度，g/cm^3；Z 是气体体积压缩因子，量纲为 1。

吸附气主要赋存于微孔和介孔中，游离气则主要赋存于宏孔和裂缝中（陈康等，2016），吸附和游离两种相态天然气赋存空间的重合区域较小，且利用测井计算的有效孔隙度和饱和度主体反映为宏孔和裂缝，故可以直接将吸附气量 Q_a 和游离气量 Q_f 相加得到总含气量 Q_t：

$$Q_t = Q_a + Q_f \tag{5-2}$$

式中，Q_t为页岩总含气量，m^3/t；Q_a为吸附气量，m^3/t；Q_f为游离气量，m^3/t。

参照上述方法，可得页岩含气量计算结果（图 5－8）。

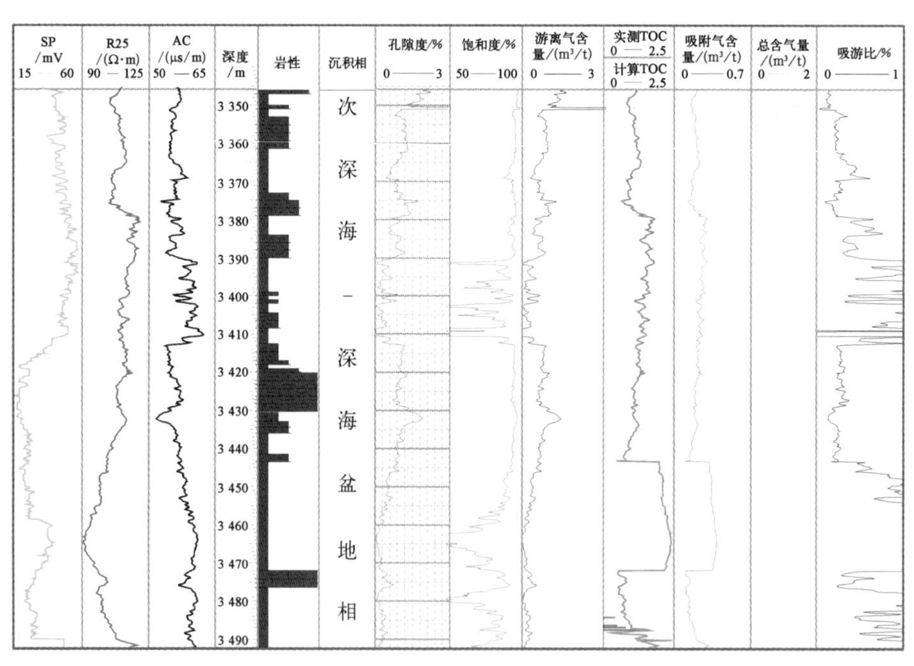

图5－8 页岩含气量综合计算结果

3. 可压裂性测井评价

页岩在水力压裂中具有被有效压开的能力（可压裂性），这种能力主要受页岩脆性（脆性矿物含量、弹性模量和泊松比等）、天然裂缝发育程度、水平主应力差、成岩作用及其他因素影响。

(1) 页岩储层岩石力学参数评价

岩石力学参数的获取主要是借助岩石力学实验与阵列声波测井资料。利用阵列声波测井资料,通过对地层纵、横波速度的提取并结合密度测井,可计算出岩石的弹性力学参数和岩石强度参数,进一步获得岩石破裂压力。

(2) 脆性评价

页岩脆性测井评价主要有弹性参数法、矿物组分法和弹性参数与矿物成分组合法三种(Grieser 和 Bray,2007;刁海燕,2013)。分别根据页岩岩石力学参数(弹性模量与泊松比)大小进行权重计算或脆性矿物石英所占储层矿物总含量百分数来对页岩脆性进行计算。

(3) 裂缝识别及评价

页岩裂缝发育层段测井响应特征表现为电阻率、声波时差、中子孔隙度高值和密度测井响应的低值。地层倾角图倾向杂乱、深浅侧向电阻率出现明显幅度差,微侧向电阻率与深浅侧向电阻率之间出现明显差异。页岩储层的高角度裂缝反映为正幅度差,而低角度裂缝表现为电阻率曲线在高阻背景上的明显降低。

为防止井壁垮塌,页岩气钻井作业常采用油基泥浆,可通过油基泥浆电阻率成像测井和超声成像测井等手段进行裂缝识别与评价(图5-9)。声、电成像测井对高导缝、高阻缝、钻井诱导缝、缝合线、水力压裂缝、层理面等裂缝、界面都有着良好的分辨能力,能够判断裂缝类型、识别地层结构构造、确定裂缝产状并获取裂缝定量参数,在裂缝识别和评价中发挥着重要作用。

5.5 技术展望

地球物理勘查是页岩气勘探及开发过程中非常重要的一项技术内容。尽管预测精度较为有限,但重磁电技术仍能在页岩气勘查过程中发挥重要作用,特别是其速度快、成本低、针对性强等特点,能够满足对断裂分布、边界确定、浅层溶洞、地下水特点

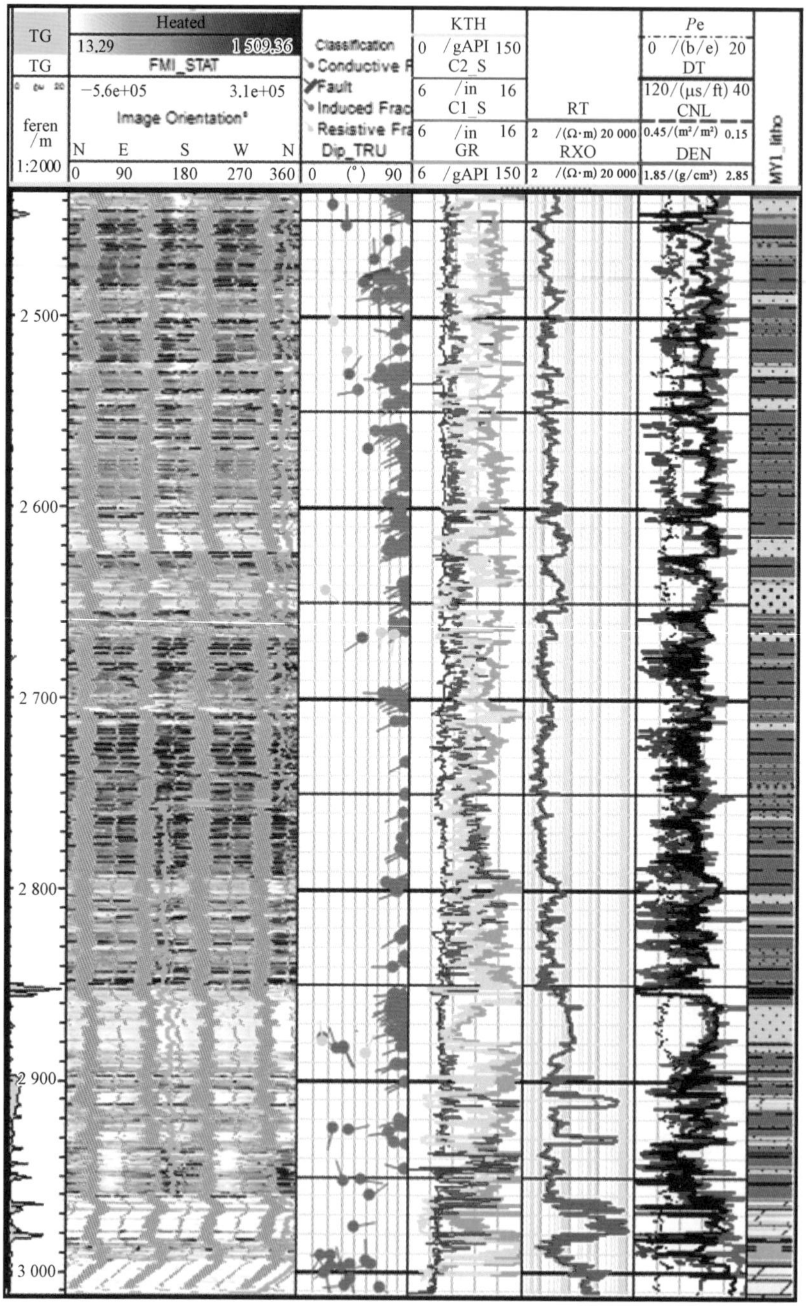

TG
Heated
13.29 1 509.36
TG
FMI_STAT
0 cw 20
−5.6e+05 3.1e+05
Image Orientation°
feren /m
N E S W N
1:2000
0 90 180 270 360
Classification
Conductive F
Fault
Induced Frac
Resistive Fra
Dip_TRU
0 (°) 90
KTH
0 /gAPI 150
C2_S
6 /in 16
C1_S
6 /in 16
GR
6 /gAPI 150
RT
2 /(Ω·m) 20 000
RXO
2 /(Ω·m) 20 000
Pe
0 /(b/e) 20
DT
120/(μs/ft) 40
CNL
0.45/(m³/m³) 0.15
DEN
1.85/(g/cm³) 2.85
MY1_litho
2 500
2 600
2 700
2 800
2 900
3 000

图5-9　页岩裂缝成像测井

等预测需要。若将重磁电与地震、测井等技术结合进行综合预测和评价,则有望快速提高页岩气勘探工作效率。

进一步改善页岩气地震资料采集与处理技术,提高山区、沼泽、沙漠等不同地表条件下的地震数据采集和资料解释质量,提高不同地质背景下页岩气的分析及预测精度,使用三维资料在现有页岩气储层地震识别和预测基础上完善页岩气甜点地震识别技术,不断发展并完善新的页岩气甜点地震识别和预测方法,结合三维和四维地震技术开展页岩气生产监测并形成快速、高效、低成本的得心技术,也将成为页岩气勘探领域中的现实。

微地震监测技术研究一路快速发展,目前已经为各项页岩气开发工程提供了良好服务。进一步完善、完整的微地震观测系统优化技术、微地震弱信号提取技术以及处理解释配套软件等,正在成为新的技术亮点。

建立并完善适合不同类型页岩气发育地质条件的测井评价技术、突出特殊功能测井技术是该领域中又一重要发展方向。海相、海陆过渡相以及陆相三种页岩气各自特点显著不同,加之埋藏深度、有机质成熟度以及后期构造变动等差异明显,能够准确解释所有类型和特点页岩气的测井评价方法正在探讨之中。建立符合各自特点的地质、解释及评价的模型正不断发展完善,不久将成为页岩气勘探与评价领域中的应手工具。

页岩气化学勘查

6.1 地表化探

自生成以来，页岩气就一直经历着扩散和逃逸的过程，在页岩气聚集体上方及其附近会产生相应的分子滞留（图6－1）。页岩气地表化探以气体扩散和微渗漏理论为基础，以岩石、近地表土壤及近地表水等介质中的气体为研究对象，以微量或超微量测试为手段，分析推断深部页岩气扩散至上覆地层和近地表地层中的天然气、轻烃及其他相关的蚀变产物或伴生物，进一步评价深部页岩气的分布和富集，预测资源前景。

图6－1 页岩气地表地球化学异常原理示意

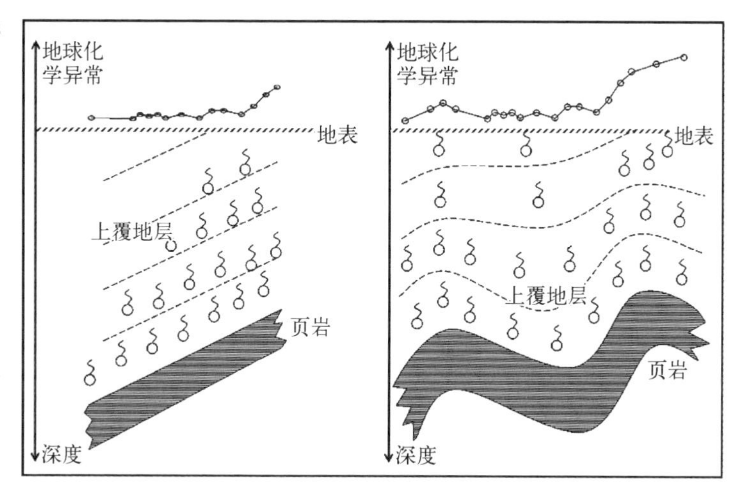

地表地球化学探测页岩气的方法多种多样（表6－1），但其中以烃气测量法最为常用，地下页岩气中烃类分子及其伴生组分通过各种途径和方式向地表扩散逃逸，逃散的烃类除一部分散到空气中外，其他部分残留在土壤孔隙介质中并引起地球化学场的异常变化，通过对轻烃或与轻烃关系紧密的环境参数的检测，可以推测地下页岩气的大致分布。轻烃（C_1～C_4）异常检测方法能够确定页岩气的存在并指示页岩气的存在方向，但对页岩气埋藏深度的确定较为困难。

地表地球化学勘探方法常用于勘探工作程度低、地质资料少的地区，作为页岩气前期勘探重要的辅助手段，具有快速、价廉等优点和精准度较差等不足。在实际资料

表6-1 地表地球化学勘探方法

<table>
<tr><th colspan="3">分类方法</th><th>采样介质</th><th>检测内容</th><th>地质依据</th></tr>
<tr><td rowspan="5">直接测量法</td><td colspan="2">游离烃法</td><td>气体</td><td>轻烃气体的直接检测</td><td rowspan="5">轻烃(C_1~C_4)</td></tr>
<tr><td colspan="2">水化学法</td><td>水</td><td>轻烃及苯、酚等有机分子，常量离子、微量组分</td></tr>
<tr><td colspan="2">顶空气法</td><td>土、岩、水</td><td>弱吸附烃</td></tr>
<tr><td colspan="2">热释烃法</td><td>土、岩</td><td>强吸附烃</td></tr>
<tr><td colspan="2">酸解烃法</td><td>土、岩</td><td>碳酸盐等次生矿物及胶结物包裹体中的烃</td></tr>
<tr><td rowspan="10">间接测量法</td><td colspan="2">蚀变碳酸盐岩法</td><td>土</td><td>通过热解测定释出的CO_2</td><td>ΔC 特殊碳酸盐</td></tr>
<tr><td colspan="2">微生物法</td><td>水、土</td><td>烃气氧化菌、纤维素分解菌、硫酸盐还原菌</td><td>微生物群落与页岩气关系</td></tr>
<tr><td colspan="2">微量元素法</td><td>土</td><td>Mn、Cr、Co、Ni、Ti、Cu、Pb、Zn、Fe、I、B</td><td>微量元素与页岩气关系</td></tr>
<tr><td colspan="2">吸附丝法</td><td>气、土</td><td>液态烃</td><td rowspan="2">液态烃与气态轻烃关系</td></tr>
<tr><td colspan="2">荧光光谱法</td><td>水、土、岩</td><td>低环芳烃</td></tr>
<tr><td rowspan="2">汞测量法</td><td>壤气汞法</td><td>气</td><td>游离态汞</td><td rowspan="2">汞含量与轻烃关系</td></tr>
<tr><td>热释汞法</td><td>土</td><td>吸附态汞和化合态汞</td></tr>
<tr><td rowspan="3">放射性测量法</td><td>氡气法</td><td rowspan="3">气、土</td><td rowspan="3">能谱铀、能谱钍、能谱钾、液闪氡、土壤氦</td><td rowspan="3">放射性元素与页岩气关系</td></tr>
<tr><td>热释光法</td></tr>
<tr><td>氦气法</td></tr>
<tr><td>其他</td><td colspan="2">稳定碳同位素法</td><td>水、土、气</td><td>甲烷、乙烷碳同位素</td><td>生物成因气：$-100‰ < \delta^{13}C_1 < -55‰$，石油伴生气：$-55‰ < \delta^{13}C_1 < -35‰$，热裂解气：$\delta^{13}C_1 > -35‰$，煤成气：$-35‰ < \delta^{13}C_1 < -22‰$，深源成因气：$\delta^{13}C_1 > -22‰$</td></tr>
</table>

的采集、解释和使用过程中，常需要结合实际地质情况进行具体分析。如在数据采集过程中，需要结合工作区地质背景情况进行合理布线，尽量避免偶然因素、随机因素及人为因素的影响。在资料的处理解释过程中，常采用综合信息叠加法进行分析，可对地形、水系、植被、露头、油气苗、遥感、航测、化探等资料信息进行叠加处理与分析，在地质模型建立基础上，依次展开测点、测线及平面异常解析。在实际应用过程中，常通过卫星或航空遥感的物探或化探技术先确定探区，再依靠不同地质条件下异常参数的分布和数理统计结果分析，对多种地化勘探成果及其相关成果进行叠合，采用排除法

不断缩小目标区,进而寻获页岩气分布有利区。

6.2 岩石地球化学勘查

6.2.1 常量元素地球化学

常量元素在富有机质页岩地层中分布广泛,主要包括 O、Si、Al、Fe、Ca、Na、K、Mg、Ti、H 及 S 等,元素本身或其氧化物、稳定同位素指标可以指示页岩的形成环境。

利用富有机质页岩的 C、O 同位素分析,可判断页岩沉积时的古水温。Roberts 等(1997)研究认为,C 同位素负异常暗示了页岩沉积时可能受到了上升热流活动的影响。利用 O 同位素数据可以对古水体温度进行换算。此外,通过沥青碳同位素和干酪根碳同位素对比,还可进行同位素物源示踪。

利用 S 同位素同样也可判断页岩沉积时的沉积环境。Murowchick 等(1994)在研究黄铁矿结核时认为,黄铁矿为生物与海水的混合成因。$\delta^{34}S$ 负值主要由生物作用引起,指示其形成于具有硫酸盐输入的开放性海洋环境;而正值指示为正常海水注入的半封闭海盆环境,部分改变了介质的 S 同位素组成,从而导致黄铁矿的^{34}S 为正值。

利用铁的同位素可判断页岩沉积时的氧化还原环境。当海洋完全氧化时,海水中的 Fe 接近完全沉淀,不会产生明显的铁同位素分馏;而在次氧化环境和还原环境中,Fe 同位素会产生明显的分馏。在次氧化环境下富集铁的重同位素,在还原环境下富集铁的轻同位素。这些不同的分馏机制使得铁同位素在示踪古海洋环境演化时,存在巨大的应用前景。

6.2.2 微量元素地球化学

富有机质页岩地层中常富集多种微量元素,包括 V、Ag、Ni、Mo、U、Au、Cu、W、Pb、

Cr、Y、Co、Cd、Sb、Mn 和 PGE 等，它们分别代表了不同的沉积环境（表 6－2）。微量元素的含量多少和赋存状态主要受控于沉积环境、构造变动、缺氧事件及热液活动等因素。通过分析各类微量元素的赋存、富集状态，并结合其层位、岩性及空间分布，可为研究富有机质页岩的形成环境及页岩气成因提供参考。

表6－2　典型微量元素对页岩沉积环境的指示

微量元素富集程度及特征	指示形成环境
U、V 与 Ni、Cu 的含量都较低	氧化环境
U、V 含量较高，Ni、Cu 含量较低	缺氧环境
U、V 与 Ni、Cu 的含量均较高，但 U、V 比 Ni、Cu 更富集	硫化环境
Ni、Cu、Zn 和 Co 以硫化物形式沉淀	氧化条件

除了使用单一元素作为沉积环境的指示标志以外，采用不同元素之间的比例关系进行富有机质页岩的沉积与成岩环境判断更加合理有效（表 6－3）。除此之外，还可利用微量元素与有机碳含量的关系进一步推测沉积环境，如在弱氧化-还原条件下形成的沉积岩中，Cu、Ni 含量与有机碳含量显示良好的正相关性（Tribovillard

表6－3　典型微量元素比值对页岩沉积环境的指示

研 究 者	标 志 值	标 志 值 范 围	形 成 环 境
Wingnall（1994）	V/(Ni +V)	V/(Ni +V) <0.46	过氧化环境
		0.46 <V/(Ni +V) <0.57	氧化环境
		0.57 <V/(Ni +V) <0.83	缺氧环境
		0.83 <V/(Ni +V) <1	静海还原环境
Jones 等（1994）	V/Cr	V/Cr <2.00	富氧环境
		2.00 <V/Cr <4.25	次富氧环境
		V/Cr >4.25	缺氧或贫氧环境
Pattan 等（2005）	U/Th	U/Th <0.75	氧化环境
		0.75 <U/Th <1.25	贫氧环境
		U/Th >1.25	缺氧环境
林治家等（2008）	Ni/Co	Ni/Co <5.00	氧化环境
		5.00 <Ni/Co <7.00	次富氧环境
		Ni/Co >7.00	缺氧或贫氧环境

等,2006)。

微量元素对于判断海底热液或生物作用的影响具有重要指示作用。在我国南方的重庆、贵州等地,普遍存在着下寒武统(牛蹄塘组)锰矿与富有机质页岩共伴生的情况,如贵州桃溪堡锰矿顶、底板均发育一定厚度的富有机质硅质页岩,有大量含锰矿、含黄铁矿页岩的存在。锰矿的形成环境为受海底热液影响的缺氧环境,利用 Fe–Mn–(Ni+Cu+Co)×10 三角图解(图 6–2),可以对热水沉积物与非热水沉积物进行较好的区分(Rona,1978)。

图6–2 Fe–Mn–(Ni+Cu+Co)×10 图解(Rona, 1978, 修改)

与锰矿相比,页岩富铁贫锰,反映热液运输和成矿作用期间 Mn 和 Fe 存在着强烈的分异作用,锰矿发育于受海底热液影响的缺氧封闭环境(杜小伟等,2009),预示着海相富有机质页岩的发育和可能的页岩气富集。通过页岩中主微量元素 Fe/Ti 与 Al/(Al+Fe+Mn)图解,可以进一步确定深海沉积物中热水源沉积物与陆源沉积物的混合比例(Spry 等,1990)。

岩石主、微量元素种类繁多,对古水深、古盐度、古气候等都有指示作用,但单一元素的指示性较弱,只有多种元素指示结果相互印证,并结合区域沉积、构造背景,才能得到可信度较高的结论,这对于利用常规有机地化资料判断优质页岩的方法,具有补充和借鉴意义。

6.2.3 稀土元素地球化学

作为不易溶解的微量元素，稀土元素性质稳定，其含量、配分模式、Ce 异常和 Eu 异常等特征在评价富有机质页岩沉积环境方面具有重要作用。不同构造环境的页岩稀土元素含量差异较大，从大洋中脊到大陆边缘，Ce 由负异常到无明显 Ce 异常，甚至在大陆边缘会出现 Ce 正异常；Eu 正异常说明沉积时可能有热液作用，而 Eu 明显负异常则说明 Eu 可能在成岩过程中发生了活化或者迁移（Murray 等，1990）。对稀土元素总量（$\sum$ REE）、轻重稀土比值（LREE/HREE）、$(La/Yb)_N$、$(La/Sm)_N$、$(Gd/Yb)_N$等进行进一步分析，利用盆地近岸沉积物相对富集 LREE、远离岸处沉积物相对富集 HREE 等特点，可以对页岩沉积环境进行更进一步的研究。

6.2.4 沥青地球化学

固体沥青是原油经受高温热裂解后的残留物，源岩中的分散液态烃、油藏中的烃类、运移路径中的分散油滴等，均会随着温度的升高而不断浓缩并发生热裂解，最终生成气态烃和固体沥青。

由于高-过成熟海相页岩缺乏镜质体，沥青反射率可以作为高-过成熟海相页岩有机质成熟度的替代指标。通过对热模拟实验过程中同一温度条件下测得的镜质体反射率（R_o）和沥青反射率（R_b）对比，可建立镜质体反射率与沥青反射率之间的关系，将沥青反射率换算成等效镜质体反射率，以评价高热演化程度页岩的成熟度（王茂林等，2015）。

根据沥青地球化学条件变化，不仅能对页岩气的生成、聚集和分布等进行研究，而且还能对沥青生气及沥青成因的页岩气进行研究。

6.3 地层水地球化学勘查

作为油、气生成、运移、聚集，乃至破坏的介质，地层水对页岩气的影响显然是非常明显的。通过对地层水的研究，可以为页岩气的勘探开发提供重要依据。

6.3.1 地层水中的无机组分

1. 地层水中的主要元素

地层水中普遍出现、含量较多且溶解度较高的主要离子，占地层水所有溶解盐的90%以上，被视为常量离子，主要包括以下几种。

(1) 氯离子(Cl^-)：由于氯盐来源广泛(沉积水、沉积岩盐中氯化物的溶解以及岩浆岩-火山岩中含氯化物的风化淋滤等)、溶解度大、性质稳定且不易被吸附，因此是地层水中含量最大的离子类型之一。通常情况下，氯离子含量与地层水矿化度的变化呈正相关关系。

(2) 硫酸根离子(SO_4^{2-})：地层中硫酸盐的溶解导致地层水中硫酸根离子含量增加，但其含量一般小于氯离子。由于脱硫作用的发生，硫酸根离子含量将会明显减小。当地层水中的钙、锶、钡离子含量较高时，硫酸根离子的含量也会相应减小。

(3) 重碳酸根离子(HCO_3^-)：主要来源于碳酸盐岩的溶解和淋滤作用，其含量取决于它与CO_2含量之间的平衡关系。当地层水中重碳酸氢钙和重碳酸氢镁(溶解度较大)含量较多时，重碳酸根离子含量较大。在低矿化度条件下，重碳酸根离子含量相对较多。

(4) 钠离子(Na^+)：主要来源于沉积水的埋藏、沉积岩中钠盐的溶解以及岩浆岩和变质岩中含钠矿物的风化淋滤。通常情况下，高矿化度地层水中的钠离子含量较大，而低矿化度地层水中的钠离子含量很低。

(5) 钾离子(K^+)：主要来源于含钾盐类的溶解、岩浆岩和变质岩的风化淋滤。由于钾离子在地层水活动中大量参与次生矿物的形成作用，而生成的次生矿物通常都难溶于水，因此地层水中的钾离子含量远比钠离子含量少。但由于钾离子和钠离子具有相近的化学性质,地层水中残留的钾离子与钠离子分布具有相似的特点,所以钾离子通常也出现在高矿化度的地层水中。

(6) 钙离子(Ca^{2+})和镁离子(Mg^{2+}):主要来源于碳酸盐岩、膏盐类沉积物的溶解以及岩浆岩、变质岩的风化淋滤,其含量变化与矿化度变化呈正相关关系。

2. 地层水中的微量组分

地层水中除了溶解度较大的常量元素外,还存在着许多低溶解度的微量元素,这些元素溶解度较低、在自然界中的含量本来就很少,或者在水中与其他元素通过不同方式结合形成沉淀等。多种微量元素,诸如硅、铝、铁、锰以及硼、氟、溴、碘等,均对地层水的性质、来源等研究具有重要的指示作用,但由于它们的总含量较少,在研究中常被忽略。

6.3.2 地层水中的气体组分

地层水中的溶解气体主要有氧气、二氧化碳、氮气、硫化氢、氢气、甲烷和惰性气体等。它们来源广泛,有空气来源的气体、火山活动产生的气体以及化学成因的气体等,这些气体成分改变了地层水的氧化-还原性质、pH 值以及地层水的 Eh 值,因此气体成分能够很好地反映地球化学环境。

(1) 氧气:地层水中氧气的含量比较少,并且随着深度的增加而逐渐减少,地层水中的氧气主要来源于大气降水的渗滤。

(2) 二氧化碳:地层水中的二氧化碳主要来源于大气和地下岩石的分解、深部物质上涌以及碳酸盐岩热化学反应等,地层水中二氧化碳的含量一般比较少。

(3) 氮气:地层水中的氮气主要来源于大气、有机质干酪根的高过成熟热演化、热液侵染活动等。在地层水的封闭环境下,去硝化作用可使地层水中的硝酸根和亚硝酸根还原出氮。氮气含量能够指示有利于页岩气生成和聚集的地区。

(4) 硫化氢:硫化氢在地层水中的含量变化较大,既可来自有机物质又可来源于无机物质。在缺氧的还原条件下,硫酸盐被还原成硫化氢,导致地层水中的硫化氢浓度增加,故缺氧环境中地层水的硫化氢浓度较高。这种情况的出现,也说明地层水的封闭程度较好。

(5) 氢气：由于氢气的挥发性较强且极为活泼，在地层水中氢气的含量通常比较低。氢气可分有机和无机两种来源，高温下有机质分解和深部非生物成因生成的氢是地层水中氢气的主要来源。只有在封闭条件好的地层水中，才有利于氢气的保存，大量氢气的存在说明页岩气具有良好的保存条件。

(6) 甲烷：甲烷及其他轻烃气体主要是有机质分解时所发生的各种化学或生物化学作用的结果，甲烷及其他轻烃气体含量的多少对页岩气具有直接指示意义。

6.3.3 地层水中的有机组分

除了甲烷及其他轻烃组分以外，油气生成区域中的地层水中可富集较多的有机物质，主要包括苯、酚及其同系物，二环、稠环芳烃、环烷酸等。对这些有机组分的研究，有助于指导页岩气特别是页岩油气的勘探。

(1) 苯、酚及其同系物：作为石油中的单环芳烃化合物，苯、酚及其同系物具有高溶解性、迁移性及稳定性等特点，它们的出现表明了有机质的热裂解生烃及页岩油气的发育，其含量大小表明了距离油气聚集区域和页岩油气分布有利区的远近。

(2) 二环和稠环芳烃：作为石油中的重要组成部分，它们在地层水中的溶解度比烷烃要高，在油田地层水中的含量通常较高，是指示进一步发现页岩油气的重要依据。

(3) 环烷酸：环烷酸是环戊烷和环己烷的羧基衍生物，在地层水中的溶解度较大，含量较高，也是指示页岩油气的重要参考。

6.3.4 地层水化学及其指示意义

在地层水中，各种离子浓度、矿化度等指标能够反映环境保存条件，但当地质条件较为复杂时，所受干扰影响因素较多，对地层水封闭性的影响较难准确判断。此时就需要采用多种离子组合及其相互配比的方法，对地层水及其所代表的封闭性环境进行判识，对页岩气的形成与保存进行系统研究。

1. 地层水矿化度与水型

深部地层水矿化度（TDS）普遍比浅部高，主要是与地下水和原始沉积水在相对封闭环境中所经受的深部高温蒸发与浓缩作用有关。地层水矿化度的变化规律是在封闭性好、交替过程缓慢、还原性强的情况下地层水矿化度高，而在开放性条件较好、渗入水补给良好、埋藏深度较浅的情况下，地层水矿化度就会明显降低。

就地层水型来看，海相地层水比较单一且一般均为 $CaCl_2$ 型，其次为 $NaHCO_3$ 型，我国涪陵和威远－长宁页岩气田的地层水型均为 $CaCl_2$ 型。陆相地层水的水型相对要复杂一些，除上述两种水型外，还有 Na_2SO_4 型或 $MgCl_2$ 型。

2. 地层水离子组成及其地质意义

（1）变质系数[$(r_{Cl}-r_{Na})/r_{Mg}$]：在封闭环境条件下，地层水中的离子成分将发生相互比例上的不同变化，不稳定的离子含量趋于减少而稳定性高的离子成分的相对含量则不断增加。引起地层水离子相对含量发生变化的主要原因是离子交换作用，即所谓地层水的变质作用。在这种作用过程中，不稳定性较高的阴离子（从 CO_3^{2-}、HCO_3^- 到 SO_4^{2-} 等）首先被还原掉而剩下稳定性高的氯离子，完成第一变质作用。进一步，阳离子发生交换作用，活动性较强的镁离子逐渐被稳定性较好的钙离子所替换。因此，采用不同离子（物质的量）含量及其组合关系变化就能够对这一变质过程进行刻画，埋藏深度越大、封闭性条件越好、持续地质时间越长，地层水变质系数就越大。

（2）钠氯系数（r_{Na}/r_{Cl}）：在地质埋藏过程中，地层水在封闭条件下的浓缩作用导致了钠离子当量百分比的减少和氯离子当量百分比的增加，钠氯系数随之减小。从沉积学角度分析，相同情况下海相地层水的钠氯系数偏小，陆相地层水的钠氯系数偏大，而盐湖或潟湖条件下岩盐层地下水的钠氯系数接近于1。从变质角度看，地层水变质程度或浓缩程度越高，钠氯系数越小。从环境封闭性角度看，封闭程度越好，钠氯系数越小。因此，通常情况下，钠氯系数越大，说明地层水的封闭性越差，对页岩气的破坏性越强。

（3）脱硫系数[$r_{SO_4}\times100/(r_{Cl}+r_{SO_4})$]：通常也使用（$r_{SO_4}\times100/r_{Cl}$）进行分析。$Cl^-$ 和 SO_4^{2-} 是地层水中含量最多的两种阴离子，但由于其来源的广泛性和各自存在的稳定性差异较大，SO_4^{2-} 的含量通常远不如 Cl^- 含量高。在地层水中，SO_4^{2-} 主要来自石膏($CaSO_4 \cdot 2H_2O$)或其他硫酸盐岩的溶解,主要通过硫化物的氧化作用使本来难溶解于水的硫以 SO_4^{2-} 的形式大量进入地层水中。另一方面,在相对封闭的地质条件下,SO_4^{2-} 又将被还原为 H_2S 和 S。故地层封闭程度越高,外界 SO_4^{2-} 的供给越少,SO_4^{2-} 被还原的程度就越强,导致地层水的脱硫系数就越小。但当地层中有膏岩、煤系以及金属硫化物矿床发育时,SO_4^{2-} 含量异常增加,导致脱硫系数明显升高。

(4) 钙镁系数(r_{Ca}/r_{Mg}):表示地层水的变质程度和阳离子的交换程度。在从沉积水向地层水的转变过程中,镁离子的相对含量逐渐减少而钙离子的含量相对增加。封闭性越好,地层水变质越深,钙镁系数越大。

(5) 碳酸盐平衡系数[$(r_{HCO_3}+r_{CO_3})/r_{Ca}$]:反映为二氧化碳、碳酸钙与重碳酸钙之间化学作用的离子平衡。在封闭条件下,页岩气的存在可能为地层水提供了大量的二氧化碳来源,促使碳酸钙溶解并生成重碳酸钙,从而使碳酸盐平衡系数趋于减小。因此,地层条件封闭性越好,距离页岩气越近,碳酸盐平衡系数就越小。

(6) 页岩气封闭系数[$(r_{Na}+r_{H_2S})/r_{SO_4}$]:地层水的封闭性条件越好,硫酸根离子被还原的程度就越彻底,对应的页岩气封闭系数就越大。

(7) 页岩气指标系数[$(r_{Na}+r_{H_2S})/r_{SO_4}$]/[$(r_{HCO_3}+r_{CO_3})/r_{Ca}$]:反映为页岩气封闭系数与碳酸盐平衡系数之比值,既体现了页岩气形成的封闭性地质条件,又反映了页岩气的属性特征,故该值越大,页岩气的保存条件就越好。

6.4 页岩气地球化学勘查

6.4.1 甲烷

甲烷是页岩气的最主要成分,多应用甲烷同位素进行页岩气成因及气源对比等研究。

（1）碳同位素“逆序”现象产生的原因

前人在常规天然气中发现了大量不同程度的同位素“逆序”实例，并对造成天然气同位素“逆序”的原因进行了探讨。戴金星等(1990,2003)将造成有机烷烃气中碳同位素“逆序”的原因归纳为以下5个方面：有机烷烃气和无机烷烃气的混合、煤成气和油型气的混合、“同型不同源”或“同源不同期”气的混合、烷烃气中某一或某些组分被细菌氧化以及地温增高。除此之外，水和烃类的相互反应也可能是碳同位素“逆序”的主要原因。碳同位素“逆序”的出现表明，如果将页岩作为一个封闭体系，则碳同位素“逆序”幅度越大，页岩的含气量可能就越大。

（2）碳同位素判识页岩气成因类型

对页岩气来说，使用稳定碳同位素参数仍能较好地对其成因类型进行合理判断(图6－3)，页岩气成因类型的研究可能对勘探策略和含气量分析具有重要影响。作为一种重要的非常规天然气，页岩气的主要成因有生物化学、热裂解及两者的混合。在现场解吸或开采过程中，页岩气的$\delta^{13}C_1$可能会逐渐变重，但是变重的幅度较小(＜5‰)，对使用该指标进行页岩气成因类型判识基本不会产生影响。

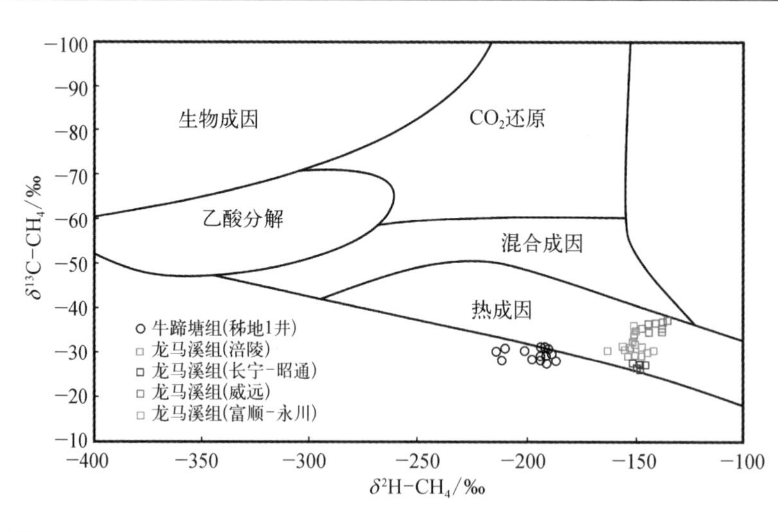

图6－3　甲烷碳、氢同位素判别成因类型图版(底图据Schoell，1980；Whiticar，1999；部分数据引自Dai等，2016)

（3）碳同位素作为含气量指标

碳同位素“逆序”程度与页岩含气量有很好的正相关性，这可以解释为当小气体分子含量较多时，地层压力也较高，造成了碳同位素“逆序”程度与页岩含气量具有正相关性。也可以理解为有高过成熟页岩的脆性和孔渗条件更好，游离状态天然气含量更高，产生的这种效果就越明显。因此，页岩气同位素数据可作为页岩孔隙度和成熟度的判断指标。进一步，页岩气同位素的“逆序”现象，也可以解释为由页岩的封闭性条件较好所引起。页岩的封闭性条件越好，同位素“逆序”程度就越大，页岩地层的含气量也就越高。

（4）碳同位素判别赋存状态

由于$^{12}CH_4$比$^{13}CH_4$的吸附能力弱，早期产出的页岩气含有较多的$^{12}CH_4$，随着时间的增加，$^{13}CH_4$含量增加。同位素组成的变化与生成的游离气量和总气量也有一定相关性（图6－4），由此可对游离气和吸附气的相对含量、游吸比及总含气量等进行预测研究，这对页岩气的储量评价、二次压裂及产能提高等具有重要意义。

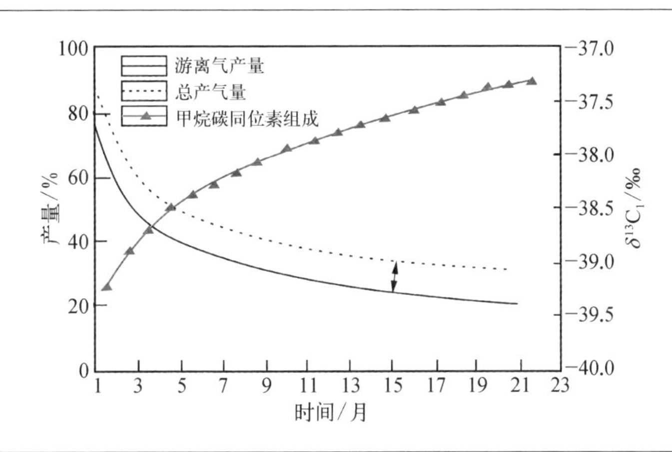

图6－4　碳同位素判别生产过程中游离气与吸附气模型（Xia 和 Tang，2011）

6.4.2　氮气

高含氮天然气藏在全球许多含油气盆地中都有发现，但天然气中高体积分数的氮气不仅给页岩气勘探带来了巨大风险，而且也给资源评价和开发造成了一系列困难。在页岩气中，我国南方下古生海相地层牛蹄塘组页岩气中普遍存在着高氮气含量的问题（图6－5），究其原因，可能有多种来源（表6－4）。

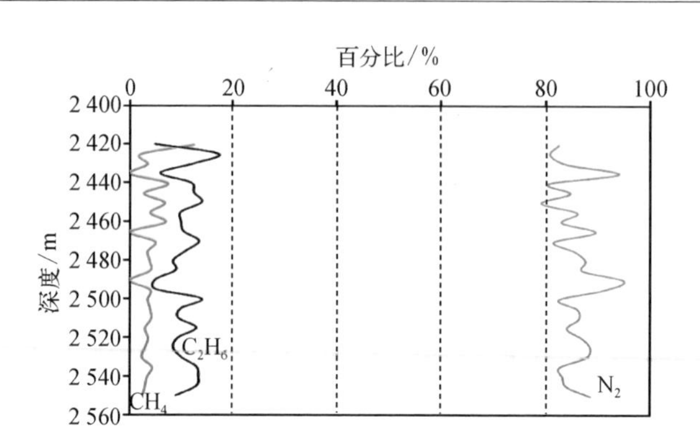

图6-5 凤参1井气体组分

表6-4 氮气来源及其同位素变化指标(朱岳年,1999,修改)

氮气来源	N_2/Ar	$\delta^{15}N-N_2$	$^{40}Ar/^{36}Ar$	$^{3}He/^{4}He$	$\delta^{13}C-CH_4$	其　他
大气淡水	≤84	≈0‰	—	—	—	分布 <2 000 m
成熟有机质热氨化	>84	−10‰~ −4‰	>300	$<5\times10^{-7}$	−55‰~ −30‰	高成熟阶段, N_2含量 <50%
有机质过成熟裂解	>>84	5‰~ 20‰	>800	$<5\times10^{-7}$	−30‰~ −20‰	过成熟阶段, N_2含量 >15%, 多数 >50%
无机氮高温变质	>>84	1.0‰~ 3.5‰	300 ~ 2 000	10^{-7}~10^{-6}	—	见于高过成熟及浅变质页岩
地壳深部和上地幔	—	−2‰~ +1‰	>2 000	$>1.39\times10^{-6}$	—	火山、地震及构造活动区

(1) 有机成因氮气

有机质热演化过程中产生的氮气,主要包括生物的腐烂菌解和干酪根热降解-热裂解两种途径。沉积有机质经热解产生的氮气,其 $\delta^{15}N$ 值分布在 −10‰~ −4‰,其伴生 CH_4的 $\delta^{13}C_1$ 值在 −55‰~ −30‰。在过成熟阶段裂解产生的 N_2,其 $\delta^{15}N$ 值在 5‰~20‰,CH_4的 $\delta^{13}C_1$值在 −30‰~ −20‰(Krooss 等,1995,2005)。

(2) 无机硝酸盐热分解成因氮气

无机成因的氮气一般来源于微生物的反硝化作用,即厌氧细菌硝酸根(NO_3^-)和亚硝酸根(NO_2^-)离子转化成的 N_2,该成因在自然界普遍存在。

(3) 大气来源氮气

大气来源氮气主要由地表水携带到地下分离脱出。Sano 和 Pillinger(1990)研究结果表明：地球大气中氮的同位素在过去的30亿年内基本没有发生明显的变化，其 $\delta^{15}N \approx 0$ ‰。因此，依据 $\delta^{15}N \approx 0$‰值可判识天然气中氮气是否来自大气。

（4）地壳深部或地幔来源氮气

地壳深部岩石高温变质或上地幔脱氮也是氮气来源的重要途径。Prasolov（1990）认为，地壳深部或上地幔来源氮气的 $\delta^{15}N$ 值主要集中在 −2‰~1‰，伴生的 Ar 和 He 同位素比值特征分别为 $^{40}Ar/^{36}Ar > 2\ 000$ 和 $^{3}He/^{4}He > 1.39 \times 10^{-6}$。沉积岩中含氮矿物高温变质作用生成 N_2 的 $\delta^{15}N$ 范围为 1.0‰~3.5‰，N_2/Ar 远远大于 84。

6.4.3 硫化氢

硫化氢为剧毒的酸性气体，不仅对人体以及环境构成严重威胁，而且还会对生产设备产生强烈的腐蚀作用。通常在碳酸盐岩地层中较为发育，在埋藏较深的页岩中含量较低。目前，关于含硫天然气中硫化氢气体来源研究较多，普遍认为包括三种来源，分别是：硫酸盐还原菌还原硫酸盐作用（Bacterial Sulfate reduction，BSR）、硫酸盐热化学还原反应（Thermochemical Sulfate Reduction，TSR）和石油与腐泥型干酪根中含硫有机物热裂解作用（Thermal Decomposition of Sulfides，TDS）（刘文汇，2015）。不同来源的硫化氢形成于不同的地质环境中，因而在地球化学特征方面表现出较大的差异性（表 6−5）。

表6−5 硫化氢成因及其地球化学特征（Machel，2001；朱光有等，2006；刘文汇，2015）

成因	组分特征	$\delta^{13}C$	$\delta^{34}S$	地质条件
BSR	H_2S 含量一般 <5%，天然气为干气	$\delta^{13}C_1 < \delta^{13}C_2 < \delta^{13}C_3$；$\delta^{13}C_1 < -55$‰	$\delta^{34}S$ <0‰；随温度升高，分馏效应增强	埋深 <2 000 m；温度 <80℃；$0.2\% < R_o < 0.3\%$
TSR	H_2S 含量一般 >5%，伴随有一定量的 CO_2，天然气为干气	$\delta^{13}C_1$偏重，随 TSR 反应程度增大，$\delta^{13}C_1 > \delta^{13}C_2 < \delta^{13}C_3 \rightarrow \delta^{13}C_1 < \delta^{13}C_2$	$\delta^{34}S$ >0‰；$\delta^{34}S$ 分馏 <20‰；随温度升高，分馏效应减弱；$\delta^{34}S_{膏} \approx \delta^{34}S_{卤水}$	埋深 >4 000 m；温度 >100℃；$R_o > 1.2\%$；富含 SO_4^{2-} 卤水
TDS	H_2S 含量一般 <3%，天然气为湿气	$\delta^{13}C_1 < \delta^{13}C_2 < \delta^{13}C_3$	$\delta^{34}S$ >0‰；$\delta^{34}S - H_2S \approx \delta^{34}S$ − 干酪根	埋深 >2 000 m；温度 >80℃；$R_o > 0.5\%$

6.4.4 二氧化碳

CO_2碳同位素是鉴别有机和无机成因 CO_2的有效指标。戴金星等(1994)研究认为,有机成因 $\delta^{13}C(CO_2)$值小于 -10‰,主要在 -30‰~ -10‰;无机成因 $\delta^{13}C(CO_2)$值大于 -8‰,主要在 -8‰~ 3‰。无机成因 CO_2 中,由碳酸盐岩变质来源的 $\delta^{13}C(CO_2)$值接近于碳酸盐岩的 $\delta^{13}C(CO_2)$值,为 0 ±3‰左右。而火山-岩浆成因和幔源的 CO_2,$\delta^{13}C(CO_2)$值大多为 -6 ±2‰(图 6 - 6)。

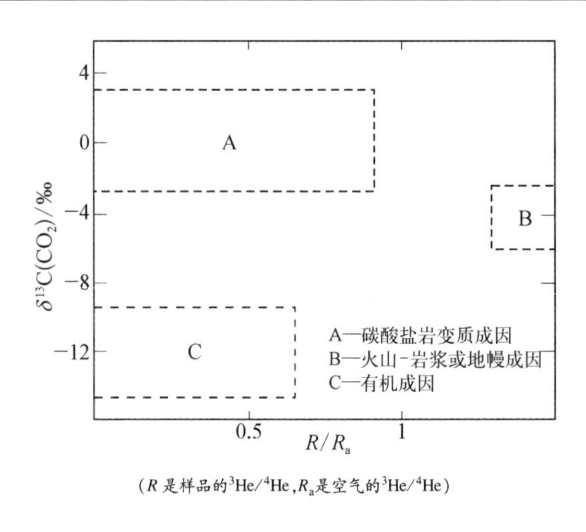

图6-6 天然气 CO_2成因分类(Zhang 等,2008,修改)

6.5 技术展望

地球化学勘查技术在页岩气勘探开发过程中扮演着极其重要的角色,可为页岩气有利富集区带评价和钻井部署提供必要的地球化学依据,对减少勘探风险、提高页岩气勘探成功率及缩短页岩气的发现周期有着重要意义。针对页岩气预测评价,除了借鉴和吸收常规油气地球化学勘查技术以外,还需要进一步挖掘符合页岩气及其富集特点的技术和方法。特别是在我国南方构造复杂地区,保存条件成了制约页岩气富集的重要因素,如何利用地球化学勘查,尤其是地层水指标对页岩气保存条件进行定量化研究是一个重要领域。

第7章

页岩气地质与资源评价

7.1 页岩气地质评价

在考虑页岩气地质特殊性的基础上，尽可能针对各勘探阶段的目标与任务，主要利用模拟分析法、地质分析法及成藏体系分析等方法，获得逼近地质实际的系统化结果，以求为决策评价提供最佳方案。

7.1.1 模拟分析法

借助类比方法和原则，模拟分析法利用物理、化学、数学、仿真及虚拟等手段，通过对实物缩放和过程仿真、地质机理条件和结果再现等方法，对页岩气形成条件、机理过程及聚集效果等进行观察与研究，寻找页岩气机理与过程、条件与控制、参数与效果等因果关系，对页岩气进行地质评价。

1. 物理模拟

基于相似性原理，主要从动力学和运动学角度出发，对页岩沉积、构造、岩石力学、储集物性及含气性等进行物理实验或物理仿真实验，观察作用过程、测定关键参数、分析影响程度、评价地质效果。

物理模拟分析方法目前已被广泛应用于页岩及页岩气地质研究中。沉积模拟主要通过各种水槽实验来实现，研究不同水动力、沉积物、古地形及不同组合条件下的沉积物堆积，观察微细颗粒沉降过程，分析有机质碎屑与不同矿物微粒混合方式，研究纹层与沉积环境之间的关系，探讨页岩形成的沉积机理、沉积相控、沉积物粒度与 TOC 关系等，解决地层、沉积、TOC 与储集物性等关联问题。成岩作用模拟仿真地下温压升高作用特点和过程，观察这一过程中的流体变化、有机质生烃、异常压力变化、储层孔隙与裂缝发育等，研究页岩成岩过程中的一系列细节问题。在温度、压力及湿度等环境指标逼近地质实际条件下，观察岩石在单向或多向应力场中的力学性质及页岩形变，开展页岩形变、脆-延性转换、褶曲、破裂机制等方面的研究，明确页岩的抗破坏能力、破裂机制和形变程度。等温吸附、现场解吸等实验则是典型的含气能力物理模拟测试。

2. 数值模拟

对地质过程进行抽象加工,提取可用于过程特征描述的参数体系并建立数学模型,运用物理、化学及数学基本定律,对页岩沉积、构造、生气、储集、含气、岩石力学、压裂、产能及生产等全部或部分过程及其中的参数进行空间刻画和动态描述、计算和表达,寻找各种复杂参数之间的相互关联及其相关性,解决其中的相关地质问题,并给出情景虚拟和高度仿真条件下的地质评价结果。

数值模拟已被广泛应用于油气勘探开发的各个方面,结合虚拟仿真技术的发展,页岩气地质与工程评价中的数值模拟技术已经无处不在。对于页岩地层的埋藏、受热、生烃生气、构造运动以及页岩气的聚散保存等历史,数值模拟技术已经能够轻松地做到不同尺度、角度和维度的恢复和展示;对于温度场、应力场及流体场,数值模拟方法和技术已经被广泛应用于理论研究和生产实践的多个领域;对于页岩气的压裂、渗流及产能,数值模拟已经能够很好地预测并描述开发区块每一个角落的细节,增加了预判分析的准确性;对于地质、资源、工程及经济评价,数值模拟提供了快捷、经济的有效方法。

3. 虚拟仿真

将物理模拟与数值模拟相结合,以实际的研究区为对象,采用虚拟仿真技术对研究对象的地质要素、时空历史、局部细节及页岩气储集体特征进行仿真计算和虚拟表达,用以实现对地质推理及过程的科学性、分析与处理的合理性、计算与结果的可靠性进行判断,客观、直观、身临其境地进行页岩气地质评价。基于其时空转换、尺度变化及观察视角的灵活性,仿真虚拟可在沉积、构造、生气、储层及流体等几乎所有页岩气领域中发挥作用。

7.1.2 地质分析法

在对地质资料进行收集、整理和统计分析的基础上,按照地质逻辑、时间和空间顺序,利用各种资料对地质作用过程和现今表现结果进行合理性分析,研究沉积环境、地层展布、断裂发育、有机地球化学、储集物性以及含气性等地质条件,对研究区进行系统地地质条件评价。

1. 盆地分析法

将盆地作为有生命的地质总体，观察其中的地层发育、沉积充填、结构形态及结构构造，分析其埋藏史、地热史、生气史、页岩气排出史及滞留史，研究其流体场、能量场及应力场，对盆地页岩气进行地质评价。

(1) 沉积分析：以页岩沉积和储层表征为基础和主线，主要研究全球变化、岩相古地理、盆地充填、地层组合、沉积中心转移、沉积相变、有机质形成和分布、页岩分布、成岩作用、矿物组分及孔隙结构等，研究它们之间的相互关系，再造盆地沉积历史，预测页岩储层及分布。

(2) 构造分析：以形变和破裂为基础和主线，集中于全球板块、区域构造、板块漂移、构造升降、区域应力场、盆山耦合、沉降过程与历史、盆地演化、地层形变、页岩剥蚀、断裂展布、裂缝发育、构造与沉积的协调、页岩气保存等，研究不同尺度和条件下的页岩空间运动规律，分析构造作用对页岩气形成和分布的影响，开展相关的页岩气地质评价。

(3) 流体分析：以流体和页岩气为基础和主线，着重于在多种资料利用基础上开展盆地流体、水岩交互、能量转换、盆地热史、有机质生气、流体交换、地层压力、天然气储存、含气量大小等的研究，分析页岩气聚集历史和条件，预测页岩气有利分布，评价页岩气地质条件。

2. 页岩含气系统分析法

以富有机质页岩为对象，将页岩中生气的有机母质、提供储集空间的孔缝以及围缘地层等作为基本要素，采用有序的成藏要素形成开放系统的基本思路，构建页岩含气系统(也称页岩含气体系)。与常规油气系统不同，页岩本身既是源岩又是储层，为典型的原位型自生自储富气模式。页岩气聚集机理复杂、缺乏运移、储量丰度小，集烃源岩、储集层、封盖层及构造保存条件等信息和研究的方法技术于一体。

根据含油气系统思想，具有各自特点的要素经过有序组合，即可形成产生新功能的系统。以能否形成具有工业价值的页岩气聚集作为系统的功能，反究系统内各要素的质量并对其组合方式进行分析，对页岩气地质条件进行合理评价。

(1) 有机母质：通过对生气有机母质类型、丰度及成熟度等地球化学参数的分析，研究系统内有机母质的生气能力和潜力，判断生气特点和类型，确定页岩生气的有效性和生气的边界条件，计算生气历史和过程、总生气量、已排出气量及滞留气量，评价页岩生气能力和特点。

（2）孔隙与裂缝：尽管以纳米和微米尺度为基本特征，但页岩仍能提供足量的空间以形成具有工业开发价值的天然气量。结合岩石矿物学研究，对页岩中地层流体的活动与变化、岩石矿物成岩作用与孔隙演化、有机母质熟化作用过程中有机质孔的形成和发育等进行分析，研究孔隙分布、孔缝组合及孔隙结构，计算地质条件下实际的和可能的游离气含量、吸附气含量及游离气与吸附气含量之比值（游吸比），评价页岩储集性能。

（3）围缘地层：作为页岩含气系统的重要组成，围缘地层不仅与页岩经历了共同的地质作用过程，而且还为页岩的流体交换、温压能量传递及页岩气的保存提供了载体。上、下覆地层和封隔层及大型断裂将富有机质页岩分割为不同的区域和块体，对目标页岩中的流体、温度和压力形成了阻隔或通道，需要对其接触关系、岩性组合、厚度变化、断裂及溶洞、连通性等发育特点进行分析，研究页岩含气系统的来龙去脉、历史变化以及页岩内外部的流体交换，进而研究页岩气的保存条件及其变化。

（4）要素结构：高质量要素的存在构成了页岩含气系统的必要条件，但系统功能的实现更取决于各不同要素的有效组合。通常情况下，页岩的平面分布、厚度等发育程度取决于沉积相类型，而沉积相特点又决定了有机质的类型和丰度。有机质的发育程度代表了页岩含气系统的生气能力，有机质孔隙及相关裂缝的发育同样与有机质的发育程度呈正相关关系。尽管如此，由矿物和地应力场分布不均一性所引起的粒间孔、溶蚀孔、裂缝等分布，与页岩中有机质的分布关系更多地表现为随机性和不确定性。进一步，断裂、封隔层及围岩同样是影响页岩含气能力的重要因素，开展对页岩气的保存、逸散及追踪对比研究，无疑将是页岩含气系统评价的基本内容。

3. 天然气成藏与分布序列分析法

油气系统中由于构建成藏体系的要素特征具有复杂性、多样性和彼此渐变的过渡性，而不同的成藏要素控制着不同类型油气藏的形成，因此，在一个各种地质条件依次出现的理想盆地中，不同类型的油气藏也在理论上依次形成而构成油气藏分布的连续过渡序列（张金川等，2003）。其中，Schmoker 等（1995）将盆地中煤层气、页岩气及致密砂岩气同时出现的现象归结为连续气藏(Continuous gas accumulation)。

页岩气虽然不存在二次运移的过程,但当页岩内部烃类浓度过高时就会形成异常高压,产生裂缝从而导致气体逃逸,而后压力降低裂缝闭合,构成所谓的“幕式”排烃过程,在这一过程中被排出的气体经过运移达到适合的圈闭聚集成藏,就会形成我们所熟悉的常规气藏。

在漫长的地质历史过程中,页岩气与常规油气及其他类型非常规油气在成藏过程中是不可分割的统一地质体。这使得页岩气的地质评价需要考虑所处含油气系统中的所有类型油气藏,并将其看作一个整体,充分运用“动态平衡”“含油气系统”及“递变成藏”等理论思想来预测页岩气藏分布。由于构建成藏体系的要素特征具有彼此过渡的序列性,成藏系统内所形成的油气藏也将构成序列过渡:一方面是其成藏条件及其成藏机理所构成的递变序列,形成了油气藏在平、剖面上从常规到非常规类型的顺序过渡,平面上从盆地中心向边缘、剖面上从深部向浅部依次形成煤层气藏、页岩油气藏、致密砂岩油气藏、水溶气藏、常规油气藏等;另一方面则在考虑其资源或储量的基础上,按照规模大小排列也会产生油气藏位序。

通常情况下,常规气藏形成时的优先顺序晚于页岩气、煤层气气致密砂岩气等非常规天然气,处于天然气成藏与分布序列的顶端。将页岩气置于含油气系统中,利用常规油气勘探开发过程中所取得的各种资料,对页岩气进行地质评价,将会使常规油气区中的页岩气研究及评价水平大获提高。

4. 页岩气伴生矿床分析法

由于沉积环境的特殊性和页岩本身的吸附性,页岩地层中常有多种与沉积相关的矿产同时伴生,形成类型丰富的共生或伴生矿产,包括赋存于黑色岩系中的页岩油气、固体沥青、石煤、磷及硫等矿产,也包括赋存于黑色岩系中的汞、金、锑、钒、钼、锰、银及镍等低温层控金属矿产,彼此之间形成了共生、伴生关系(张金川等,2011)。许多金属矿产与页岩气经历了相同的地质改造,也具有相似的地球化学特征,同时在页岩有机质演化过程中,产生的腐殖酸、沥青、氨基酸等物质,通过还原、吸附或氧化等作用,对金属元素富集、运移或沉淀也产生了重要影响(毛玲玲等,2015)。两者共生关系不仅可以利用黑色页岩来找矿产,反过来也可以利用多种矿产来快速定位页岩气勘探方向。

在渤海湾、吐哈等陆相沉积盆地中,黑色页岩层系常与煤系地层以及部分固体矿产伴生。以扬子地区为核心的中国南方地区是古生界黑色页岩分布和页岩气发育的有利区域,也是其他沉积矿产分布的主要地区。在完整的地质过程中进一步认识多种矿产资源的共生、伴生关系,建立多种矿产资源共生、伴生的条件关系图谱,研究页岩气及其他矿产的共生、伴生关系,这些都有助于利用伴生矿产分析法来进行页岩气地质条件评价,进而预测页岩气资源潜力和分布特征。

7.2 页岩气地质评价参数类型

地质评价参数的选取、处理、分析及应用是页岩气地质评价的基本方法。我国页岩气类型多样,地质条件复杂,加之页岩气本身具有自生自储、成层分布、多种相态共存、多种封闭机理、没有明确的富集边界等特殊性(张金川等,2008),所以在进行页岩地质评价时有针对性地开展研究工作,以页岩关键参数为重点对象,建立不同类型参数的分布模型与评价方法,将为后续的有利选区、资源评价和部署研究等工作打下坚实的基础。

7.2.1 参数类型

含气页岩地质评价内容远比常规油气储层丰富,如页岩厚度及埋深、分布范围、有机质丰度、有机质类型、成熟度、岩石矿物组成、孔隙度、渗透率、裂缝发育程度、古构造配合以及后期保存条件等地质参数,均是影响页岩含气量、天然气赋存状态并决定是否具有工业开发价值的主要因素。

1. 表示方法

页岩气地质评价参数可按照表示方法分为定性的文字描述型和定量的数字表达型。

（1）文字描述型：页岩气地质评价中，使用最多的还是无法定量表述或难以图示的参数，包括页岩发育区域背景、沉积相类型、构造特点、岩浆活动强度、干酪根母质来源、断裂发育特点等，使用这些参数的类型、大小、强弱或与页岩层位的匹配关系等，可以对影响页岩气地质评价的地质指标进行判断，对其优良中差等级进行划分。

（2）数字表达型：可直接使用数值大小进行表示。根据数值大小及其对页岩气的有利性关系，又可划分为多种复杂模型，如 R_0 越大代表有机质演化程度越高，对页岩气的生成越为有利，但当 R_0 高至一定程度时则将会出现相反效果。

2. 描述内容

通常根据描述内容可将页岩地质评价参数分为地球化学、岩石学、岩石力学、储层物性、含气性等方面的参数（表7－1）。

表7－1　页岩气地质评价主要参数

参数类型	主　要　参　数	地　质　意　义
页岩形成	地层时代、沉积相、构造沉降与回返、热史等	盆地历史
空间展布	面积、深度、厚度、连续性、构造形态等	页岩分布
有机地球化学	有机质类型、丰度（TOC、氯仿沥青“A”）、成熟度、流体成分、同位素等	页岩生气指标及特点
岩石矿物	岩石物理、岩相、矿物（脆性矿物、黏土矿物、指向矿物及其他特殊矿物等）、敏感性等	页岩沉积环境、脆性等
储集物性	孔隙类型、孔隙度、裂缝网络、孔隙结构、储层非均质性、储层流体、地层温度、地层压力等	页岩储气能力和渗流能
含气性	地层流体、气体成分、吸附含气能力、总含气量、含气结构等	页岩含气特点
保存条件	上覆地层、封隔层、断裂发育、地层流体、压力系数等	页岩气生成后的聚气能力
可压性	岩石脆性（脆性矿物含量、成岩作用强度等）、应力场、岩石力学参数（体积密度、泊松比、杨氏模量和抗压强度）、断裂体系等	页岩可压性及可能的压裂效果预测
可采性	游吸比、可采率等	页岩气的可采能力
地表工程条件	地表环境、水源、道路及勘探纵深等	页岩气工程实施能力

3. 影响作用

根据是否直接参与资源潜力计算，可将页岩气评价参数分为直接参数和间接参数两类。

（1）直接参数：如页岩分布面积、连续厚度、体积密度和含气量等参数。计算吸附气量涉及的主要参数有 TOC、页岩吸附能力、地层压力、温度及埋深;计算游离气量涉及的主要参数有孔隙度、含气量、压缩因子、温度及压力等。

(2) 间接参数: 主要有有机质类型、R_o、孔隙类型、渗透率及矿物含量等。间接参数虽然不直接参与资源量的计算,但作为资源计算的必要条件,决定了计算结果的合理性和可靠性。

4. 连续性

从参数的可获得性及分布规律看,页岩气地质评价参数可分为连续型参数和离散型参数两类。

(1) 连续型参数: 包括厚度及深度等,可借助比例法或内插法求得任意条件下的确定值。

(2) 离散型参数: 主要为实验所测得的离散型参数,也包括孔缝分布等不连续型参数,数据量较少或具有分散特征。可根据其分布特点进行概率取值。

5. 数学分布

根据参数的分布规律,可将其分为正态分布、对数正态分布、三角分布和均一分布等4 种主要类型(图 7 - 1)。

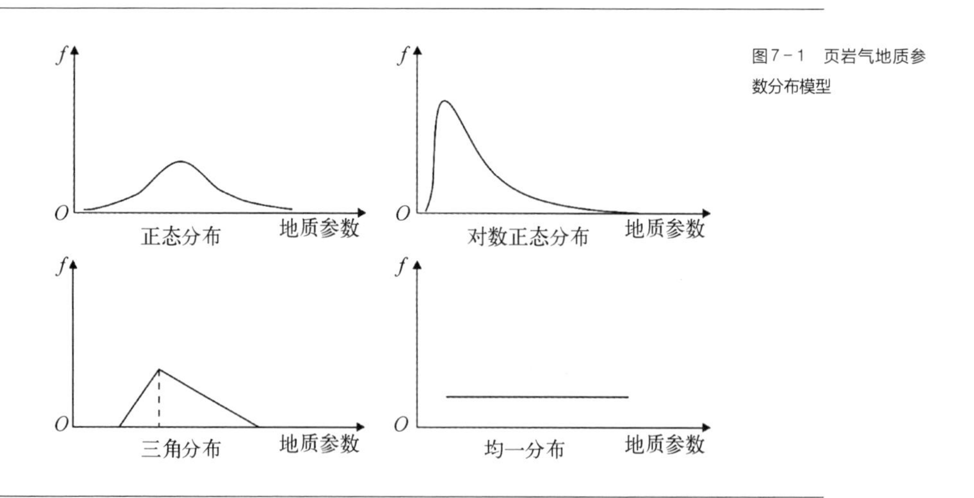

图7-1 页岩气地质参数分布模型

(1) 正态分布: 反映了参数平稳及逐渐变化的过程特征,其均值等于中位值。由中心极限定理可知,如果某一随机变量为大量相互独立且又相对微小的随机变量时,可视为正态分布。页岩地质评价中的绝大部分参数均服从正态分布,包括元素含量、矿物含量、孔隙度及有效厚度等。

(2) 对数正态分布: 对数正态分布是连续型随机变量在某些地质问题中最常见的一种分布规律,是介于平稳渐变过程和突变过程的中间状态,为一种过渡分布类型。可将其看作众多相互独立的因素中有某个或某些因素起了比较突出的作用,但还未达到左右全局程度的结果。常将其看作多个独立因子的乘积或某数据的变化速率,具有均值大于中位值的特征。服从对数正态分布的地质参数也较多,譬如某一特征函数计算值、运算后的复合统计或特殊情况下的单一参数统计等均可视为对数正态分布。

(3) 三角分布: 可描述为由下限、众数及上限所限定的连续概率分布,通过三角分布,可对最大、最小及最可能值进行预测。将上述三个参数值分别认定为代表相近、平行且具有不同地质意义的三个特征值,则可求得与不同特征值相对应的参数端元变化,预测诸如有机质类型、页岩矿物组成等分布。

(4) 均一分布: 服从该分布规律的数据在自然情况下极为罕见。均匀分布表明数值落在给定区间内的概率只与区间长度相关,而与区间位置无关。若给定区间相同,则可能性相等。页岩气地质实际中极少涉及均匀分布,但在实际地质研究中,常会把变化幅度有限、对地质评价影响权重较小的参数近似归并为均一分布。

7.2.2 参数分布模型

(1) 正态分布

页岩气地质与资源评价中的大部分参数均服从正态分布,其密度函数为

$$f(x) = \frac{1}{\sigma\sqrt{2\pi}}e^{-\frac{1}{2}\left(\frac{x-\mu}{\sigma}\right)^2} \tag{7-1}$$

式中,μ 为随机变量 x 的平均值;σ 为随机变量 x 的方差。

正态分布的累积分布函数为

$$F(x) = \int_{-\infty}^{\infty}\frac{1}{\sigma\sqrt{2\pi}}e^{-\frac{1}{2}\left(\frac{x-\mu}{\sigma}\right)^2}\mathrm{d}t \tag{7-2}$$

(2) 对数正态分布

对于对数正态分布的成因,一般认为,某个由许多影响因素综合作用下产生的地质变量 X,当这些因素对 X 的影响并非都是均匀微小而是个别因素对 X 的影响显著突出时,变量 X 将由于不满足中心极限定理而趋于偏斜。数值的原始状态可能是正态分布,但在地质过程中经过多次演化,都按它前一数值的某函数的比例进行,则最终将取对数分布。

对数正态分布的密度函数为

$$f(x)=\begin{cases}\dfrac{1}{\sigma\sqrt{2\pi}}\mathrm{e}^{-\frac{(\ln z-\mu)^2}{2\sigma^2}} & (z>0)\\ 0 & (z\leqslant 0)\end{cases}\tag{7-3}$$

式中,$\mu=E(\ln z)$;$\sigma^2=\mathrm{Var}(\ln z)$。

(3) 三角分布

当原始数据只有最小值 a、最大值 c 和介于两者之间的值 b,且随机变量的分布概型未知时,一般采用三角分布函数,其概率密度为

$$f(x)=\begin{cases}\dfrac{2(z-a)}{(c-a)(b-a)} & a\leqslant z\leqslant b\\ \dfrac{2(c-z)}{(c-a)(c-b)} & b\leqslant z\leqslant c\\ 0 & 其他\end{cases}\tag{7-4}$$

(4) 均一分布

当随机变量的数据只有最小值 a 和最大值 b 时,一般采用最简单的均一分布来代替随机变量的分布函数。均一分布是描述随机变量的每一个数值在某一区间 $[a, b]$ 内等可能发生的连续型概率分布,其概率密度为

$$f(x)=\begin{cases}\dfrac{1}{b-a} & a<z<b\\ 0 & z\leqslant a 或 z\geqslant b\end{cases}\tag{7-5}$$

根据评价区参数数据量的多寡,可以采用不同的方法构造评价参数的分布函数。

当资料充足如原始数据数量较多(>30 个)时,可直接使用频率统计法求取随机变量的分布函数,这样得到的分布函数由于来自实际资料,可靠性较高,又叫作经验分布函数;当数据资料较少,但已知随机变量大致服从分布模型时,可用分布模型公式计算出随机变量的分布函数。据统计,多数资源量计算参数服从正态分布或对数正态分布,故可在求出原始数据的均值和标准差后,代入正态分布数学公式中求出其分布函数 $F(x)$;当数据资料不足且不确定其分布模型时,可用三角分布或均一分布来代替随机变量的分布函数。

7.2.3 参数分析

参数分析主要包括参数预处理、参数相关性分析和参数评价等方面,主要目的是整理数据并对其时效性进行考察,研究参数变量之间的关系,对数据类型进行划分并分析其集中程度、数据离散程度及分布形态等分布规律,对参数所描述的含气页岩整体特征作出判断。

1. 参数预处理

预处理过程包括选取种类及数量繁多的参数,以及根据相似度进行参数类型划分。通过对数据的一些标准化处理,为后期参数计算等提供条件。

(1) 参数选取:常用系统选取、分层选取及随机选取等方法,对涉及富有机质页岩沉积、页岩气形成及页岩气生产等方面的相关参数进行筛选,对其中异常点进行合理分析与取舍。

(2) 参数分类:常用识别归类、聚类分析等方法,对不同类型、级别及地质含义的参数,根据相似度将其分成不同的簇,在尽可能扩大相同簇内数据相似性的同时,扩大不同簇间的数据差异性。

(3) 参数标准化处理:包括类型一致化、无量纲化处理、模糊指标量化处理及定性指标量化处理等。

(4) 参数相关性:常用描述统计、聚类分析、灰色关联分析、线性相关分析、列联表分析、偏相关分析及距离分析等方法,进行参数之间相关性分析,重点研究不同参数之间的关联强度或相互依赖程度。

2. 参数厘定

常用回归分析、主成分分析、因子分析、判别分析、层次分析及模糊加权分析等方法，目的在于探讨多自变量与因变量之间的关系，简化并处理多参数对结果或决策的影响。

我国页岩气形成地质条件复杂，不同类型页岩气地质评价关键参数变化范围及其在评价体系中所占权重相差较大。譬如在海相页岩气地质评价中，由于沉积环境和物质基础大体相当，从而导致TOC权重系数较小而热演化程度占比较大；相反，陆相页岩由于沉积相变化复杂使得TOC权重系数较大，而由于大多数页岩埋深较浅使得热演化程度权重占比较小。

为了提高参数横向比较的真实性，常利用有限元法在进行参数对比或标准确定前将含气页岩及其参数进行单元划分。将连续的求解域离散为一组单元的组合体，用在每个单元内假设的近似函数来分片地表示求解域上待求的未知场函数，近似函数通常由未知场函数及其导数在单元各节点的数值插值函数来表达，从而使一个连续的无限自由度问题变成离散的有限自由度问题。该方法能够保证含气页岩地质评价关键参数处在同一评价体系内或变化范围内，有利于提高评价结果精度与准确性。

为了克服页岩气评价参数的不确定性问题以保证评价结果的科学合理性，常需按照参数的概率分布规律和相应的取值原则，对非均一分布的参数进行概率赋值。所有的参数均可表示为给定条件下事件发生的可能性或条件性概率，表现为不同概率条件下地质过程及计算参数发生的概率可能性。通过对取得的各项参数进行合理性分析，结合评价单元地质条件和背景特征，确定参数变化规律及分布范围，经统计分析后分别赋予不同的特征概率值，研究其分布类型、概率密度函数以及概率分布规律，求得均值、偏差及不同概率条件下的参数值，对不同概率条件下的计算参数进行合理赋值。

3. 参数选取

原则上来说，对页岩气的选区需要用尽所有可能的资料和参数。但在实际的参数选取过程中，页岩空间参数、有机地球化学参数、储集参数、含气性参数、保存条件参数、可采性参数以及地表工程条件参数等类型及其权重均会在不同程度上对选区结果造成影响。这些参数的来源较为多样，取值方法各不相同，影响着页岩气的选区结果。

评价相关参数的取值主要来自地质资料分析、数据统计和实验测试等。在有钻井的地区，主要根据岩心分析资料或测井资料进行数据取值。在数据较少的地区，则主要通过与邻井进行地质类比获得参数。对于测试数据，在样品选择时宜尽量覆盖全区，尽量选择同一家测试单位以避免不同仪器、不同方法所带来的结果误差。对于参数的合理性评价，主要包括参数来源的可靠性、参数取值的厘定、参数大小与研究区地质条件的匹配性以及选区结果的合理性等方面。

（1）参数来源：在页岩气选区评价中，同一参数可有多种获得方法或多种来源途径，分别代表了不同的精准度或可信度。

（2）参数厘定：对于同类型的一组参数，可分别采用平均法、加权法及统计法等手段，选择其最大值、最小值、平均值、中值、众值或概率值等作为运算值进行选区赋值，分别代表不同的地质含义。

（3）地质匹配：对于一些特殊参数，包括沉积环境与有机质丰度、有机质类型与热演化程度、含气量与可采性等，它们相互之间存在着成因上的本质联系，彼此匹配是一种必要。

（4）合理性：当参数与地质背景不相吻合、参数之间出现不相协调、参数与结果之间存在不相匹配等偏差或异常时，需要从合理性角度对参数选取进行分析。

7.3 页岩气选区评价

页岩气选区过程主要是针对页岩生气能力、储气能力及可开采性等方面所包含的评价信息和指标，结合测试分析、地层压力、产能测试等结果，确定页岩气形成关键条件与主控因素，预测不同地质条件下的页岩气有利富集区。

7.3.1 选区原则及参数体系

1. 选区原则

（1）有利假设原则：所有的含油气盆地均不同程度地发育有烃源岩，烃源岩在提供可供商业开发的油气聚集之前，首先已经满足了自身对油气聚集的数量要求，可归纳为天生盆地必有源、有源必有页岩气，即所谓页岩气存在于科学家的脑袋里。在页岩气选区过程中，首先需要遵循的原则是乐观的有利假设原则，即假定盆地中满足基本条件要求的地区均应当有页岩气，然后按照这一思路，通过后续的进一步工作，逐渐缩小最有利区包围圈。

（2）系统分析原则：影响页岩气形成和富集的地质因素较多，有利选区工作需要在页岩气成藏各项地质条件系统分析的基础上展开，对直接或间接的各种参数、有利或不利的各种条件进行地质分析，不遗漏任何一种可能。

（3）三好学生原则：在页岩气勘探开发决策过程中，常可能会遇到难以抉择的情况。如在2008年对重庆地区的页岩气有利区（层系）优选过程中，可选目标一是下志留统的龙马溪组页岩，其特点为厚度、TOC、R_o及脆性等各项地质指标均较好，与另一套重要的海相页岩层系（牛蹄塘组）相比，缺乏明显的地质优越性，但也没有明显的缺陷，可以作为三好生对待；二是下寒武统的牛蹄塘组页岩，尽管其页岩厚度、TOC及脆性等指标均为优或特优，但有机质热演化程度R_o偏高，在没有更多证据将其否定的前提下，只能将其作为特长生对待。因此，渝页1井首先选择龙马溪组进行开钻（张金川等，2011），一举获得了良好的页岩气发现。

（4）经济有效性原则：页岩气勘探开发的根本目标是提供具有商业价值的页岩气产量，如果参数反映规模较小、丰度较低且效益较差，则不符合经济有效性原则。

（5）一票否决原则：页岩气的聚集需要多种地质条件的共同匹配，生气、储集、保存等关键地质条件缺一不可。

2. 参数体系

关乎页岩气选区的评价指标有很多，但在实际评价过程中，各评价指标之间相互影响、相互制约，关键参数筛选一方面是为了优选出典型并普遍使用的关键参数，另一方面则是避免使用相关性较强的参数。

一般情况下,常可利用 Z - score 对参数进行标准化处理,使不同参数之间具有可比性,然后利用数据统计软件 SPSS 对上述参数进行数据统计、描述分析和聚类分析等,得到不同参数间的近似矩阵表、聚类表及树状图,从而分析不同参数之间的相关性。通常来说,若各参数之间的相似度不超过 0.9,则说明各参数之间不能相互替代。统计结果表明,目前常用的选区评价关键参数主要有 12 个:页岩埋深、有效厚度、面积、有机质类型、TOC、R_o、脆性矿物含量、孔隙度、渗透率、含气量、压力系数及地表条件等(王世谦等,2013,修改;表 7 - 2)。

表 7 - 2 选区评价常用的关键指标

基本条件	评价指标	常用关键指标
页岩分布	构造位置、埋藏深度、有效厚度、地层结构及分布面积等	埋藏深度、有效厚度及分布面积
页岩生气能力	TOC、有机质类型、R_o及生气潜力	有机质类型、TOC 及 R_o
页岩储气能力	孔隙度、渗透率、孔隙结构、裂缝类型、脆性和黏土矿物含量	孔隙度
含气性	等温吸附、含气量、地层压力	含气量
可采性	含气结构、脆性矿物含量、应力场、断裂发育程度、压力系数、岩石力学性质及地表条件等	渗透率、压力系数、脆性矿物含量及地表条件

7.3.2 选区目标与参数标准

结合我国页岩气资源勘探开发现状,可将页岩气分布区划分为远景区、有利区和目标区(图 7 - 2)。

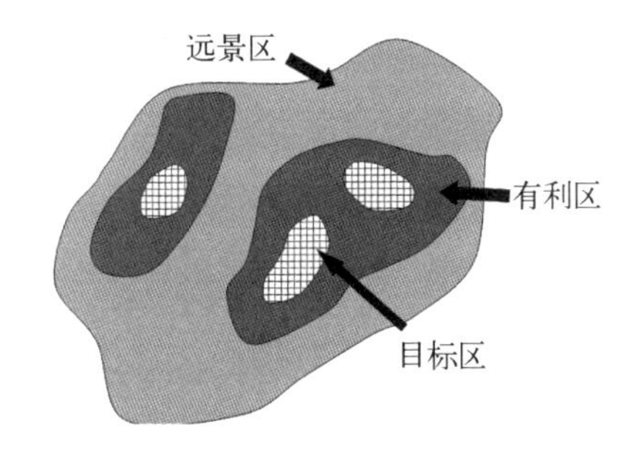

图 7 - 2 页岩气分布区划分示意

（1）远景区优选

在区域地质调查基础上，结合地质、地球化学、地球物理等资料，优选出的具备页岩气形成地质条件的区域即为远景区。对于远景区的优选，常采用推理、类比、叠加等技术，选择具有页岩气发育条件的区域（表7－3）。

表7－3 页岩气远景区优选参考指标（张金川等，2010）

参　数	海　相	过渡相	陆　相
分布面积/km^2	有可能在其中发现有利区的最小面积		
厚度/m	≥5		
TOC/%	≥0.3%	≥0.5%	≥0.3%
R_o/%	1.1%～4.0%	0.4%～4.0%	≥0.4%
埋深/m	≤6 000		
地表条件	平原、沙漠、丘陵、低山、中山、高山等		

（2）有利区优选

主要依据页岩分布、地球化学指标、钻井天然气显示以及少量含气性参数优选出来，并经过进一步钻探有望获得页岩气工业气流的区域。

在进行了露头地质调查并具备了地震、钻井（含参数浅井）以及实验测试等资料的基础上，结合页岩空间分布，掌握了页岩的沉积特征、构造模式、页岩地化指标及储集特征等参数，获得了少量含气量等关键参数，可进一步优选有利区域。常可采用多因素叠加、地质类比及地质评判等多种方法，对页岩气有利区进行优选（表7－4）。

表7－4 页岩气有利区优选参考指标（张金川等，2010）

参　数	海　相	过渡相	陆　相
分布面积/km^2	≥50或有可能在其中发现目标区的最小面积，有一定的勘探开发纵深		
厚度/m	单层厚度≥10	单层厚度≥10，或单层厚度≥5、页岩层系连续厚度≥30且页/地≥60%	
TOC/%	≥1.5%		
R_o/%	1.1%～3.5%（Ⅰ型干酪根），0.7%～3.5%（Ⅱ型干酪根）	0.5%～3.5%	≥1.1%（Ⅰ型干酪根）、≥0.7%（Ⅱ型干酪根）、≥0.5%（Ⅲ型干酪根）

（续表）

参　数	海　相	过渡相	陆　相
埋深/m	≤5 000		
含气量/(m^3/t)	≥0.5		
地表条件	平原、丘陵、低山、中山，地形高差较小，有一定勘探纵深		
保存条件	有一定上覆地层厚度		

(3) 目标区优选

主要依据页岩发育规模、深度、地球化学指标及含气量等参数确定，在自然条件或经过储层改造后能够获得具有商业性开采价值的页岩气的区域，即为目标区。目标区需要在基本掌握页岩空间展布、地化特征、储层物性、裂缝发育、含气量及开发基础等参数基础上，有一定数量的探井实施，并已见到了良好的页岩气显示。主要采用地质类比、多因素递进叠加、概率计算及地质分析等技术，对能够获得工业气流或具有工业开发价值的地区进行优选（表7－5）。

表7－5　页岩气目标区优选参考标准（张金川等，2010）

参　数	海　相	海陆过渡相	陆　相
分布面积/km^2	有可能在其中形成开发井网并获得工业产量的最小面积		
厚度/m	厚度稳定、单层厚度≥15	单层厚度≥10，或单层厚度≥6、页岩层系连续厚度≥30且页/地≥80%	
TOC/%	≥2.0%		
R_o/%	1.1%～3.5%（Ⅰ型干酪根）、0.7%～3.5%（Ⅱ型干酪根）	0.5%～3.5%	≥1.1%（Ⅰ型干酪根）、≥0.7%（Ⅱ型干酪根）、≥0.5%（Ⅲ型干酪根）
埋深/m	≤4 000		
含气量/(m^3/t)	≥2		
保存条件	构造相对平缓，缺乏通天断层	等时、近等时地层保存完好	构造回返幅度较小
地表条件	地形高差小且有一定的开发纵深		

7.3.3 选区方法

1. 选区基本原理

按照页岩气聚集原理和条件,将满足页岩气聚集条件的各主要参数分别圈定在平面图上,连接所有参数的统计最小值或理论极小值包络线,即为页岩气选区的最大范围值。当缺乏钻井或资料较少时,可得页岩气远景区;提高各主要参数边界值或参数类型叠加次数,则得到把握度更高的平面选区结果。当已经存在钻井揭示或者页岩气地质资料较多时,可得页岩气分布有利区;在资料足够多的情况下,选择各主要参数的理论上限值(如TOC、页岩厚度等)或最佳值(如热演化程度 R_O、埋藏深度等),可得页岩气条件最好、可靠性程度最高的目标区。

2. 多因素叠加法

多因素叠加是利用地质参数的非均质性,对评价区已有资料进行综合处理的一种定量-半定量方法。这种方法的目的是综合多项基础地质信息,把地质信息值按照某种约定的算法叠加,得到能够近似表征含气有利性的新的组合信息,为制定勘探方案提供依据。多因素叠加评价法的基本思想是:先把控制页岩气形成的各种单一地质因素作为基础地质信息,将其绘制成基础地质信息图,再把不同的基础地质信息图按照权重叠加得到组合地质信息图,最后将组合地质信息图按照权重叠加生成综合地质信息图。在该图的基础上,进行综合地质解释,预测页岩气有利区带。

页岩气勘探过程中,从优选远景区到有利区,再到优选目标区,是一个资料逐步丰富、信息逐步综合、依据逐步充分、认识逐步加深且目标范围逐步缩小的递进过程。远景区优选实际上是寻找富有机质页岩发育的地区,主要考虑地质背景和页岩基本地化条件;有利区优选则要在考虑在地质背景和基本地化条件的基础上,进一步综合有机地球化学特征、储集条件、页岩规模、保存条件及少量含气特征等信息进行优选;目标区则是在有利区综合地质信息的基础上,再进一步考虑含气量、矿物组成、岩石力学特征、应力场、地貌及水源等开发基础条件。因此,选区过程实际上是一个页岩气聚集主控因素递进叠合的综合过程(李玉喜等,2009;2011)。该方法中,选区信息体系和权重分配可依据含气量预测模型或结合评价区具体地质特点来确定(图7-3)。

多因素叠加法预测有利区的主要步骤包括以下几步。

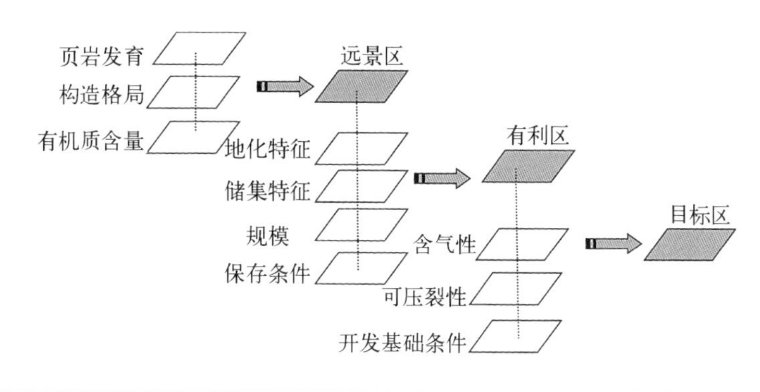

图7-3 多信息递进叠合选区示意

(1) 资料归类与分级。整理收集到的地质信息并进行归类,形成层次分明的信息体系,即同类基础地质信息叠加构成组合信息,组合信息叠加构成综合信息。

(2) 基础地质信息叠加前处理。为了保持各种地质信息在叠加中的等价性及可加性,一般采用极差正规化方法,将各种基础地质信息变换到[0, 1]区间内。对于非数值型参数信息,例如保存条件,可按照好坏程度划分等级,给不同等级赋予不同数值,以实现定量-半定量化。

(3) 基础地质信息的平面插值和成图。在基础地质信息分布稀疏离散的情况下,对基础地质信息进行平面插值处理,生成统一比例尺的基础地质信息图。

(4) 确定权重和叠加方法。结合评价区地质特点,根据各种基础地质信息或组合地质信息对页岩气富集所起的作用大小,分别赋予不同的权重值。叠加方法主要有累加叠加、乘积叠加和取小叠加。

(5) 生成综合信息图。把同类基础地质信息图平面上同一坐标点的 m 种基础地质信息值进行加权累加、连乘或取小叠加,形成组合地质信息图。把不同组合地质信息图叠加即形成综合信息图,依据该图数值变化,划定页岩气有利区。

3. 模糊评价法

地质作用是复杂的,页岩气的形成和富集地质条件具有典型的模糊性,不具有明确的界线范围或边界,平面上不同含气特征之间没有明显界限,无法使用截然分开的物理界限或数值界限对页岩气的范围进行确定。有些特征可以定量表达,但有些却无法用定量的数值来表达,而是呈过渡状态渐变,具有界线的"不分明性",适合于使用客观模糊或主观模糊的准则进行推断或识别。

采用模糊综合评判法评价某地质对象的好坏时,需分别构建评价因素集合 U 及其子集 U_i、评价级别集合 V、权重分配集合 A 及其子集 A_i、相对评价表示子集 $R(U_i)$ 等,由 U 到 V 的模糊映射组成综合评价变换矩阵,再按照权重分配求出各个评价对象的综合评价值,按照该值大小对评价对象进行评价和排序。采用模糊综合评价法进行选区的主要步骤如下。

(1) 构建评价因素集合。将地质资料分为不同类型和级别,若用 n 项地质因素评价某地质对象的好坏,则构成 n 项评价因素的集合 U,其中 U_i 是集合 U 的元素或子集,当 U_i 是 U 的子集时,就可由 n_i 项元素或次一级子集组成。

(2) 选择适宜的评价级别集合。评价级别集合 V 可以划分为{好、中、差}{好、较好、中等、较差、差}或更细。

(3) 单因素决断。形成从 U 到 V 的模糊映射,所有单因素的模糊映射就构成了一个模糊关系矩阵或综合评价变换矩阵(R)。

(4) 确定权重分配集。$A=\{A_1, A_2, \cdots, A_n\}$,要求 $\sum_{i=1}^{n} A_i = 1$。

(5) 选择算子。矩阵合成算子主要有取小取大运算、乘积取大运算、取小求和运算及乘积求和运算,常用的是乘积求和运算。

(6) 合成综合评价矩阵 $B = A \circ R$。

(7) 有利性综合评价。根据 $D = BC^{\mathrm{T}}$ 数值大小对评价对象进行综合评价和排序。

7.4 页岩气资源评价

7.4.1 资源评价方法

1. 资源评价

对页岩气规模和数量的准确评价是一个很大的挑战,在地质认识的基础上开展资源计算(表7－6),形成定量表征的计算结果,为资源评价的目的所在。在资源量计算过程中,尽管只有少量参数(计算参数)参与了运算,但实际上需要各方面数据(隐含参数)的大量支撑,故资源评价是一个对页岩气各方面地质条件进行系统认知的过程,需要遵守系统性原则。页岩气富集过程中所受的影响因素较多,但不同地区的主控因素(最弱因素)各不相同。由于地质变量的不确定性和页岩气成藏条件的不均一性,页岩气资源评价中的测不准特点将始终存在(侯读杰等,2012;张大伟等,2012)。

表7－6　页岩气资源评价分级(USGS,2008)

<table>
<tr><td rowspan="4">↑
经济可行性增加</td><td colspan="3">已发现(证实)资源量</td><td>未发现资源量</td></tr>
<tr><td>探明储量</td><td>概算储量</td><td>可能储量</td><td rowspan="2">未被发现的资源</td></tr>
<tr><td colspan="3">次经济资源</td></tr>
<tr><td colspan="4">←地质确定性增加</td></tr>
</table>

常用的页岩气资源评价方法可划分为类比法、成因法、统计法和综合法等4种。各类方法适用范围不同,主要影响因素也各有不同(表7－7)。

表7－7　页岩油气资源/储量评价方法分类

评价方法	代表性方法	主要影响因素
类比法	丰度法、密度法、工作量法等	被比对象和类比系数
成因法	生气量法、物质平衡法、过程模拟法等	滞留系数
统计法	体积法、历史趋势法、地质模型法、统计分析法、FORSPAN法等	含气量等有效统计参数
综合法	蒙特卡罗法、专家法、特尔菲法等	评价模型与权重分析

页岩气地质评价支撑了有利选区,进而就可以在有利选区基础上开展资源量计算。资源量计算的起始条件首先需要满足有利选区时所要求的对应地质条件,以各评价地质单元中的含气页岩层系为评价对象,对符合起算条件的自然地质单元采用统一方法、统一标准、统一时间且统一算法,分别进行页岩气参数赋值和资源潜力评价。

在进行页岩气地质资源量计算时,要有充分证据证明拟计算的层段为含气页岩段。在有探井的盆地中,录井在该层段发现气测异常。在缺少探井的地区,要有表明

页岩气存在的其他证据。在缺乏直接证据的情况下，要有足以表明页岩气存在的条件和理由。对于不具有工业开发基础条件（例如含气量低于 0.5 m^3/t）的层段，原则上不参与资源量计算。

资源评价结果常用概率方法进行表示，通过对评价区内不同概率下的各项参数进行蒙特卡罗概率计算，得到不同概率的地质资源量，可用概率曲线对页岩气资源量进行表征（图 7－4）。

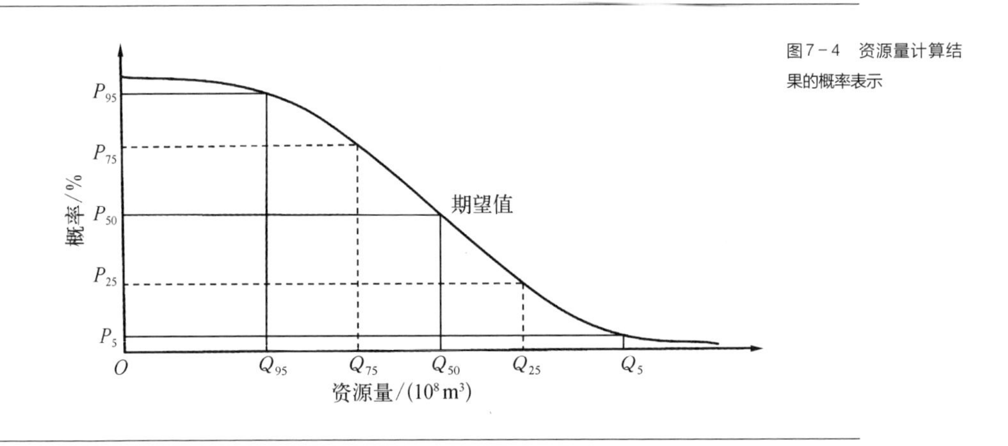

图7－4 资源量计算结果的概率表示

对于给定的评价对象，可分别按照评价单元、层系、深度、地表条件、自然地理单元以及类型等进行结果统计（表 7－8～表 7－10）。

表7－8 页岩气资源潜力的地质单元和层系分布统计

评价单元	评价层系	地质资源量/(10^8 m^3)					可采资源量/(10^8 m^3)				
		P_5	P_{25}	P_{50}	P_{75}	P_{95}	P_5	P_{25}	P_{50}	P_{75}	P_{95}
单元 1	层系 1										
	层系 2										
	…										
单元 2	层系 1										
	层系 2										
	…										
…											
合计											

表7-9 页岩气资源潜力的埋深分布统计

埋深/m	地质资源量/(10^8 m^3)					可采资源量/(10^8 m^3)				
	P_5	P_{25}	P_{50}	P_{75}	P_{95}	P_5	P_{25}	P_{50}	P_{75}	P_{95}
<1 500										
1 500 ~ 3 000										
3 000 ~ 4 500										
4 500 ~ 6 000										
合　计										

表7-10 页岩气资源潜力的地表条件分布统计

地表条件	地质资源量/(10^8 m^3)					可采资源量/(10^8 m^3)				
	P_5	P_{25}	P_{50}	P_{75}	P_{95}	P_5	P_{25}	P_{50}	P_{75}	P_{95}
高　原										
高　山										
中　山										
低　山										
丘　陵										
黄土塬										
平　原										
戈　壁										
沙　漠										
喀斯特										
湖　沼										
合　计										

2. 类比法

大至方法、小至参数，类比法在页岩气勘探评价中的应用比较广泛，特别适用于勘探程度较低、资料相对较少的地区资源评价。该方法根据待评价区与类比(刻度)区页岩气聚集地质条件的相似性，由已知区的页岩气资源丰度估算未知区的资源丰度和资源量。在方法使用过程中，主要遵循黑箱原则和相似原则。黑箱原则并不关心页岩气形成的机理过程，而是将页岩气的形成和聚集视为一个黑箱过程，试图在可测定的地质变量与资源量之间建立直接的对应关系，形成具有统计意义的因变量与应变量关系式，由因应关系计算资源量；相似原则假定有因必有果的逻辑关系，即相似的地质条件产生相似的地质结果，根据评价与被评价地质单元之间的相似性程度，计算被评价地质单元的页岩气资源量。即通过对评价对象各地质条件与工程条件相似性的分析，确定被评价对象页岩气资源量计算参数并预测资源量的分布，分析计算结果的可信度水平。

在确定评价区与被评价区页岩气地质参数后，可以通过两者之间页岩气富集条件的研究得到类比参数，将这些参数按一定的标准进行分级，每个级别赋予不同的分值，建立类比参数的评分标准。以此评分标准为依据，根据评价区与被评价区的类比参数，得到评价区和被评价区的地质类比总分，并求出类比系数。

在类比评价过程中，主要选取基础地质（盆地类型、地层组合、沉积相及页岩厚度等）、页岩空间分布（面积、厚度、深度及构造特点等）、有机地球化学（干酪根类型、TOC 及 R_o等）及含气量等参数开展研究。根据评价区勘探程度与数据掌握程度的不同，选择不同的操作方法和类比内容，又可将类比法分为资源面积丰度法、资源体积密度法等。其中，面积丰度法以平面上单位面积内的页岩气资源量为主要的类比内容，体积密度法以单位体积中的页岩气资源量为主要的类比依据。

$$Q = S \cdot P_S \cdot a \tag{7-6}$$

或

$$Q = V \cdot P_V \cdot a \tag{7-7}$$

式中，Q 为评价区页岩气资源量，$10^8\ m^3$；S 为评价区页岩的分布面积，km^2；P_S为被类比区页岩气的面积资源丰度，$10^8\ m^3/km^2$；a 为类比系数，量纲为 1；V 为评价区的页岩体积，km^3；P_V为被类比区页岩气的体积资源密度，$10^8\ m^3/km^3$。

3. 成因法

成因法遵循成因原则，它是页岩气资源评价过程中的基本原则之一，其核心是物质平衡法则。在弄清页岩气生成过程的基础上，计算总生气量并求得各过程中的页岩气总排出量，最终计算获得至今仍滞留在页岩中的天然气资源量。页岩气是页岩在生排气过程中残留在页岩中的天然气，为生气量与排气量之差，一般可通过总有机碳含量参数计算得到，即

$$Q = Q_{生} - Q_{排} \tag{7-8}$$

其中

$$Q_{生} = \rho \cdot A \cdot h \cdot C \cdot K_c \tag{7-9}$$

$$Q_{排} = Q_{生} \cdot k \tag{7-10}$$

$$Q_{生} = \rho \cdot A \cdot h \cdot C \cdot K_c \cdot (1-k) \tag{7-11}$$

式中，Q 为页岩气资源量，$10^8\ m^3$；$Q_{生}$为页岩总生气量，$10^8\ m^3$；$Q_{排}$为页岩总排出气量，$10^8\ m^3$；ρ 为页岩密度，t/m^3；A 为页岩面积，km^2；h 为页岩厚度，m；C 为有机碳含量，%；K_c为单位有机碳生气量，m^3/t. TOC；k 为排气系数，量纲为 1。

除有机碳含量之外，还可通过页岩中的原始氯仿沥青“A”计算生气量。

4. 统计法

在已经取得一定的含气量数据或拥有开发生产资料时，可使用统计法进行页岩气资源量计算。统计法又可根据勘探程度、参数特点、计算方法等，划分为体积法、历史趋势法、生命周期法、模型法及地质统计法等亚类。也可根据计算方法、使用参数及评价周期等，将页岩气资源量计算方法划分为静态法和动态法两大类。

(1) 历史趋势法：利用评价地质单元历史数据，建立时间与资源/储量增长关系并分析其原因，利用趋势分析法预测资源量。该方法包括年发现率法、进尺发现率法及探井发现率法等。

(2) 生命周期法：将页岩气的形成、破坏及消亡，甚至开发过程等，视为具有生命的地质总体，建立页岩气形成演化或开发周期与时间、事件及资源量/储量之间的关系，形成资源量算法。

(3) 发现过程(模型)法：建立页岩和页岩气评价主要参数变化、主要参数与资源量变化关系以及资源量计算的各种地质模型，计算页岩气资源量。该方法包括齐波夫(Zipf)法、帕莱托(Pareto)法、均和分布法、广义帕莱托法等。

(4) 体积(加和)法：以页岩体积或体积加和为基础，运用多种方法对页岩气资源量进行计算。该方法包括评价单元划分法、体积统计法及概率体积法等。

(5) 地质统计法：运用数理统计的方法(最小二乘法、线性回归法等)，在研究程度较高的页岩气区建立资源量或单位体积页岩气资源密度与页岩或页岩层系体积等地质变量之间的函数关系，应用地质类比原理对勘探新区进行页岩气资源量估算。地质统计法包括多元统计法、地质统计法及多元回归法等。

5. 综合法

综合法在地质解剖学原理的基础上遵循综合分析法则。面对日趋复杂的研究对象,如果仅从一个或者少数几个参数指标进行评价,就难以取得客观、系统的研究结果。在此背景之下,多指标综合评价方法应运而生,即采用综合评价方法,将描述评价对象不同方面的多个参数指标综合在一起,得到一个综合指标,据此对评价对象进行整体评判。目前应用较为广泛的主要有特尔菲和数值模拟两种方法。

1) 特尔菲法

特尔菲法最初是将不同专家对研究区页岩气的认识及结果综合在一起,现今已经扩展到了对已有的评价结果(不同方法、不同时间、不同评价者等)的综合性合理分析,汇总得到反映各种主要影响因素的客观结果(图7-5)。

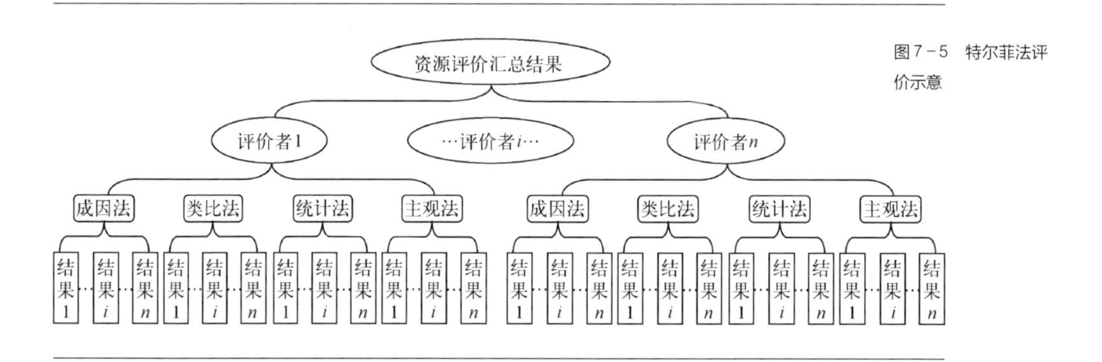

图7-5 特尔菲法评价示意

假设源自不同方法(或不同时间、不同评价者等来源)的资源量分别为 Q_1、… Q_i、… Q_n,不同评价方法所赋予的权重系数为 L_1、… L_i、… L_n,则得到资源量加权平均估算结果值 Q 为

$$Q = \sum_{i=1}^{n} Q_i \cdot L_i \quad \left(\sum_{i=1}^{n} L_i = 1 \right) \tag{7-12}$$

式中,Q 为页岩气汇总资源量,$10^8\ m^3$;Q_i 为第 i 个资源量评价结果,$10^8\ m^3$;L_i 为第 i 个结果的权重系数,量纲为1。

2) 数值模拟法

以生产数据为基础,利用数值模拟软件对已获得的储层参数和实际的生产数据进

行正反演拟合匹配,获取资源量或储量。数值模拟法的计算步骤主要包括:

(1) 输入地质资料进行正演模拟和计算;

(2) 根据已知结论或地质结果,反演计算模型的合理性;

(3) 拓展预测模型,利用蒙特卡罗等手段计算资源量和储量。

7.4.2 概率体积法

为了克服页岩气评价参数的不确定性,保证评价结果的科学合理性,在计算过程中,需要对参数所代表的地质意义进行分析,研究其所服从的分布类型、概率密度函数特征以及概率分布规律。对于一般参数,通常采用正态或正态化分布函数对所获得的参数样本进行数学统计,求得均值、偏差及不同概率条件下的参数值,结合评价单元地质条件和背景特征,对不同的计算参数进行合理赋值。所有的参数均可表示为给定条件下事件发生的可能性或条件性概率,表现为不同概率条件下地质过程及计算参数发生的概率可能性。通过对取得的各项参数进行合理性分析,确定参数变化规律及分布范围,经统计分析后可分别赋予不同的特征概率值。

作为适用性较强的一种评价方法,概率体积法在全国页岩气资源评价(2012)和全国页岩气动态资源评价(2015)中发挥了重要作用。

1. 评价原理

页岩气地质条件复杂且类型多样,勘探资料程度参差不齐,地质参数非均质性较强,使用简单的体积法难以取得客观效果。蒙特卡罗方法能够有效地描述页岩气资源评价中各地质参数的不确定性,符合页岩气勘探开发评价特殊性要求,具有广泛的应用意义。首先,能仅用少量反映地质参数变量随机分布的数据,经随机抽样得到符合分布模型的大量数据,有效地反映各项地质参数的变化规律;其次,评价结果也用随机变量的形式表示,较之确定的数据更能体现页岩气资源评价地质参数边界条件不确定的特征,更符合页岩气资源评价的特殊性;最后,可以应用于各种类型、地质条件及勘探程度或不同地区,易于获得推广。

应用概率体积法预测页岩气资源量时,首先需要分析页岩气资源量计算所依赖的地质参数变量,构造表征资源量概率解的数学模型。将各项地质参数作为变量处理,并根据已有的数据统计确定各个参数变量的概率密度分布模型;其次对模型中的各个地质参数变量进行 m 次随机抽样,获得随机地质参数的 m 组抽样值;然后把 m 组抽样值代入资源量计算数学模型,求出资源量的 m 个估计值;最后用频率统计法求出页岩气资源量的分布曲线,由此获得概率为 P 时所对应的资源量数值解。概率体积法描述了页岩气边界条件不确定性的机理特征,可用于各个阶段的页岩气资源评价。

依据条件概率体积法基本原理,页岩气地质资源量为页岩总质量与单位质量页岩所含天然气的乘积,表示为地质参数(随机变量)的连乘,有

$$Q = 0.01A \cdot h \cdot \rho \cdot q \tag{7-13}$$

可概率表达为(下同)

$$Q|_p = 0.01A|_p \cdot h|_p \cdot \rho|_p \cdot q|_p \tag{7-14}$$

式中,Q 为页岩气地质资源量,$10^8\ m^3$;A 为含气页岩分布面积,km^2;h 为有效页岩厚度,m;ρ 为页岩密度,t/m^3;q 为总含气量,m^3/t。其中:

$$q = q_f + q_a + q_d \tag{7-15}$$

式中,q_f为游离含气量,m^3/t;q_a为吸附含气量,m^3/t;q_d为溶解含气量,m^3/t。

当有机质成熟度较高、溶解气在页岩含气结构中占比较小且可以忽略不计时,有

$$q \approx q_f + q_a \tag{7-16}$$

相应地,页岩气总资源量可分解为吸附气总量与游离气总量之和。

$$Q \approx Q_f + Q_a \tag{7-17}$$

式中,Q 为页岩气资源量,$10^8\ m^3$;Q_f为游离气资源量,$10^8\ m^3$;Q_a为吸附气资源量,$10^8\ m^3$。

页岩总含气量目前难以大量获得,但可通过分别计算吸附含气量和游离含气量后相加得到其近似值。计算过程中可采用总含气量或游离含气量与吸附含气量分别计算的方法估算页岩气地质资源量。页岩中的游离含气量占比一般不超过80%,游吸比一般变化于0~4。

（1）吸附气资源量

$$Q_a = 0.01A \cdot h \cdot \rho \cdot q_a \tag{7-18}$$

式中，q_a为吸附含气量，m^3/t。可用等温吸附法获得：

$$q_a = \frac{V_L p}{p_L + p} \tag{7-19}$$

式中，V_L为兰氏（Langmuir）体积，m^3；p_L为兰氏压力，MPa；p 为地层压力，MPa。

通过等温吸附法计算所得的吸附气含量数值只是实验测试条件下的理论最大值，通常会比实际的吸附含气量数值大。

（2）游离气资源量

页岩总孔隙度包括基质孔隙度和裂隙孔隙度两部分，基质孔隙度通常较小，裂隙孔隙度与裂缝发育程度有关。

$$Q_f = 0.01A \cdot h \cdot \phi \cdot S_g / B_g \tag{7-20}$$

式中，ϕ 为（裂隙）孔隙度，%；S_g为含气饱和度，%；B_g为体积系数，量纲为 1。

体积系数与页岩储层的埋深关系密切，可通过下式计算得到，

$$B_g = \frac{p_{SC} \cdot T \cdot Z}{T_{SC} \cdot p} \tag{7-21}$$

式中，p_{SC}为地面标准压力，MPa；T_{SC}为地面标准温度，K；T 为地层温度，K；p 为地层压力，MPa；Z 为压缩因子，量纲为 1。

（3）总资源量

总资源量可由吸附气资源量与游离气资源量加和获得：

$$Q = 0.01A \cdot h(\rho \cdot q_a + \phi \cdot S_g / B_g) \tag{7-22}$$

含气量是页岩气资源量计算过程中的关键参数，q、q_f和 q_a可由解吸法、等温吸附法、类比法、统计法、测井解释法及计算法等多种方法获得。通过现场解吸获得的吸附含气量或总含气量，已经包含了天然气从地下到地表由于压力条件改变而引起的体积变化，因此不需要用 B_g进行体积系数换算。当采用其他方法且未考虑到压力条件转变引起的体积变化时，所获得的含气量（特别是游离气含量）需要用 B_g进行体积校正。

(4) 可采资源量

可采资源量由地质资源量与可采系数相乘获得,有

$$Q_r = Q \cdot k \tag{7-23}$$

式中,Q_r为页岩气可采资源量,$10^8\ m^3$;k为页岩气可采系数,量纲为1。

页岩气资源比常规油气资源分布更广泛,不仅可以分布在盆地内部,还可以分布在现今盆地外围的残留盆地区,地表条件复杂。由于每套页岩层系的沉积类型、成岩作用、有机质含量、成熟度、脆性矿物含量、岩性垂向组合、平面分布特征等均有不同,代表页岩气的可采性差异较大。在有机质成熟度偏高、抬升剥蚀、破坏较强、埋藏较浅及暴露区,游离气含量偏低,游吸比一般小于1(极限取值可以为0),此时的可采率极大值≤50%;在生气高峰、埋深较大、保存较好的条件下,页岩气游吸比可大于1,对应的可采率极大值超过50%。

2. 参数概率取值

假定资源量计算过程中所选择的参数服从正态分布概率,则按以下步骤对离散型参数进行概率取值。

(1) 整理评价单元内所有数据并检查其合理性,包括数据量多少(数据量越大,统计效果越合理)、数值大小及其合理性、数据的代表性及数据点分布的均匀程度等。

(2) 根据有效数据,对参数进行数学统计,得到正态分布概率密度分布函数。

假设某评价单元内某一参数数值分别为x_1、x_2、x_3、…、x_n,则有平均数

$$\mu = (x_1 + x_2 + x_3 + \cdots + x_n)/n \tag{7-24}$$

其方差为

$$\delta^2 = \frac{1}{n}[(x_1 - \mu)^2 + (x_2 - \mu)^2 + \cdots + (x_n - \mu)^2] \tag{7-25}$$

正态分布的概率密度函数为

$$\varphi(x) = \frac{1}{\sigma\sqrt{2\pi}} e^{-\frac{1}{2\sigma^2}(x-\mu)^2} \quad (0 \leqslant x < \infty) \tag{7-26}$$

当参数从最小值变化到最大值时,概率密度积分为1。当计算数据的最小值和最大值分别为a和b时,一定概率下的参数赋值即为在从a到b的范围内,从最小值积

分到 x 时的面积(图7－6中阴影部分),x 即为不同概率下所对应的参数值。

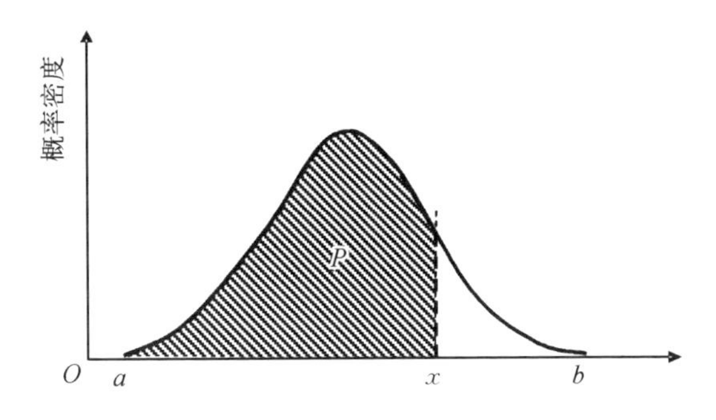

图7－6 正态分布参数的概率密度

(3) 概率密度函数积分求取不同概率下的参数值。

对概率密度函数积分可获得不同概率下的参数对应值,即令积分函数分别等于5%、25%、50%、75%、95%等5个特征值(也可用5%、50%、95%等3个特征值),分别求得相应结果。例如,P_{50}时的概率赋值可按照下式计算获得:

$$\int_a^b \frac{1}{\delta\sqrt{2\pi}} e^{-\frac{1}{2\delta^2}(x-\mu^2)} \mathrm{d}x = 0.5 \tag{7-27}$$

(4) 结合累计概率分布,检查取值结果的合理性(图7－7)。

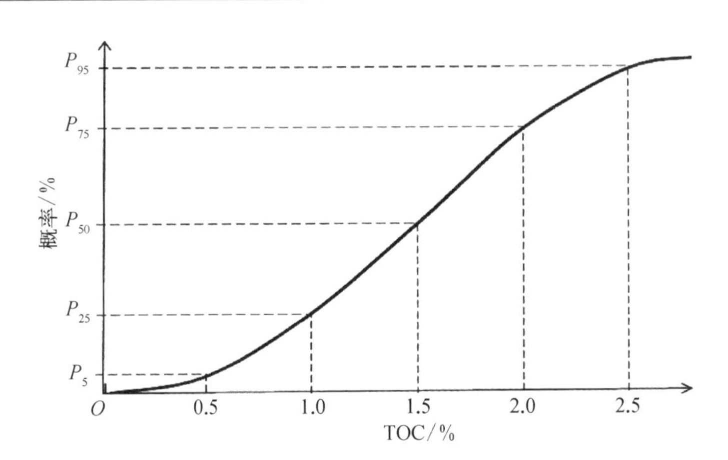

图7－7 有机碳含量累积概率分布

计算过程中,所有的参数均可表示为给定条件下事件发生的可能性或者条件概率。条件概率的地质意义是在不同的概率条件下地质过程发生及参数分布的可能性。不同的条件概率按下表所列进行赋值(表7-11)。

表7-11 估算参数条件概率的参考地质含义

置信度	参数条件及页岩气聚集的可能性	把握程度	赋值参考	
P_5	非常不利,机会较小	基本没把握	勉强	乐观倾向
P_{25}	不利,但有一定可能	把握程度低	宽松	
P_{50}	一般,页岩气聚集或不聚集	有把握	中值	
P_{75}	有利,但仍有较大的不确定性	把握程度高	严格	保守倾向
P_{95}	非常有利,但仍不排除小概率事件	非常有把握	苛刻	

评价单元中的各项参数均以实测为基础,分布上要有代表性。对取得的各项参数进行合理性分析,确定参数变化规律及取值范围,经正态分布统计分析后分别赋 P_5、P_{25}、P_{50}、P_{75}、P_{95} 等特征概率值。

3. 评价结果的影响因素

影响评价结果的因素较多,包括计算单元地质条件及复杂程度、资料质量和精度、评价参数获取方法和精度、评价时间和背景等。一般来说,参数数据量越大,数据的空间分布越均匀,资源量评价的结果就越可靠。

资源评价结果与一定阶段内的地质认识程度和技术水平有关,计算结果的可靠性和准确度依赖于参数赋值的把握程度,计算结果受资料掌握程度影响较大,所得的资源量计算概率结果具有一定的时效性,有效时间依赖于资料和勘探进度的变化。

7.4.3 其他常用方法

页岩气资源评价方法多种多样,除了概率体积法之外,对页岩气资源评价中常用的其他方法也简作介绍。

1. FORSPAN 模型法

美国地质调查局(United States Geological Survey, USGS)提出了非常规油气资源评价的 FORSPAN 模型方法,并于 1995 年开始使用此方法对美国页岩气资源进行评价。该方法以含气单元为评价对象,尽管每一个评价单元均具有生产能力,但各自的地质特点及含气性可以相差很大,可以分为三种类型,即已被钻井证实的单元、未被证实的单元以及未证实但有潜在可增储量的单元(图 7-8)。各评价单元的划分均主要依据地质、地球化学、热成熟度、勘探及开发历史等数据,资源量计算方法均是以概率统计的方式进行。

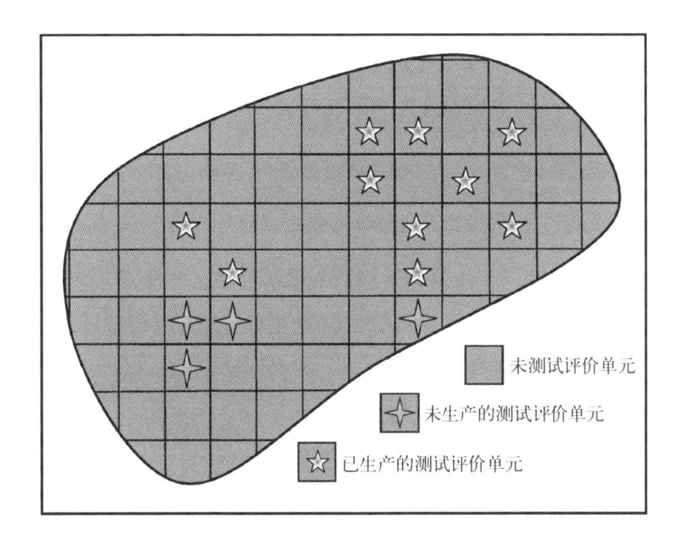

图7-8 FORSPAN 模型评价连续性油气评价单元划分(Schmoker 等,2002,修改)

使用 FORSPAN 模型方法进行评价的步骤如下。

(1) 把要评价的连续性油气聚集体划分为若干个评价单元,其中未被钻井证实(未打井)但有潜在油气资源的单元是该方法所直接关注的对象。

(2) 对每个评价单元的最终油气采收率(Estimated Utimate Recovery, EUR)取一个下限值,低于下限值的那部分油气在预测年限内不进行资源量计算。

(3) 在地质风险评估过程中,保证至少存在一个具备充足储集层、油气充注时间和充注量,并且最终可采储量大于 EUR 下限值的评价单元。

（4）保证未来三十年内至少在评价区域某个单元区块中可进行油气开采。

（5）计算未来三十年内有潜在资源发现的未打井数量的概率分布。

（6）计算未来三十年内有潜在资源发现的未打井单元 EUR 的概率分布。

（7）预测油气副产品或伴生产品的最终可采储量。以油为主的单元，评价气油比和凝析油气比；以气为主的单元，评价油水与气的比值。

（8）评价单元中的潜在未发现油气资源量及其伴生产品的资源量。

2. ACCESS 法

ACCESS 法最早是 Crovelli 于 2000 年提出来的。ACCESS 模型基于概率论以及电子表格软件（Spreadsheet）来评价潜在的非常规油气资源，被称为基于评价单元的连续性油气电子表格系统（Analytic Cell-based Continuous Energy Spreadsheet System），简称 ACCESS 模型。

使用 ACCESS 法进行资源评价的步骤主要包括以下几步。

1）建立地质模型：以 FORSPAN 模型数据输入为基础，由地质学家提供评价单元地质模型要素。

（1）评价单元概率四要素：聚集、岩石、时间及评价。

（2）评价单元随机变量：评价单元面积、测试单元比率、未来 30 年内具可增储量潜力的未测试评价单元比率、未测试评价单元面积及每个评价单元总采收率等。

（3）描述上述随机变量的三个参数：最小值（F_{100}）、平均值（F_{50}）及最大值（F_0）。

2）概率赋值：ACCESS 模型法是在描述并解决复杂概率问题基础上，对资源储量进行评价的系统。ACCESS 模型法能定量的处理 FORSPAN 模型法中的所有数据，解决 FORSPAN 模型法所涉及的所有问题。从这一意义上来看，ACCESS 模型法是 FORSPAN 模型法的升级。

ACCESS 模型并不依靠特定的概率分布赋值，因为改进的 ACCESS 模型自己能够提供所有的概率分布，通过 ACCESS 运算获得。ACCESS 模型关键特性包括：以数学公式的形式输入或输出参数，准确输出平均值、方差、最大值及最小值，即时输出评价结果等。

3）电子表格系统计算：ACCESS 由四个工作表构建为一个工作簿，四个工作表分别为 Cond（条件）、Unc1（非条件 1）、非 Unc2（条件 2）以及 Numb（个数）。对应的输出结果主要包括条件、非条件 1 和非条件 2 下,概率分别为 F_{100}、F_{95}、F_{75}、F_{50}、F_{25}、F_5及F_0的潜在资源、期望值及标准方差等。

3. 评价单元划分法

评价单元划分法主要基于大量的地质、实际生产井以及岩石属性特征等数据展开(Bismarck 等,2006),美国地质调查局(USGS)于 2006 年使用该方法对美国各个盆地非常规油气及常规油气进行了全面的资源评价,并将此方法发展为定量评价未发现非常规油气资源的基本方法。

使用评价单元划分法进行资源评价的主要步骤如下。

(1) 地质评价单元界限及面积(S)的确定:根据页岩储层的分布及特征来划分,也可根据甜点的最终采收率分布或甜点外最终采收率的分布来确定。

(2) 次级评价单元油气井控制面积(S_0)评价:包括页岩储层特征、流体(页岩油、页岩气)特征、垂直井及水平井技术、压裂技术、单井及复合水平井技术等评价。

(3) 具勘探开发潜力的次级评价单元个数(N)的确定:即平均地质评价单元面积(S)与平均油气井控制面积(S_0)比的评价。

(4) 地质评价单元内最终评价采收率的分布:基于地质评价单元内所有的生产井数据以及综合技术分析获得。

(5) 资源量(Q)的确定:具有勘探开发潜力的次级评价单元个数(N)与次级评价单元的平均资源量(由大量的生产井数据获得)相乘。

4. 其他评价方法

ARI(Advanced Resources International)主席 Kuuskraa(2011)指出,不管何种方法,页岩气资源评价均涉及以下几个关键因素(Ward M., 2011):面积(仅包含高质量的页岩面积,无生烃能力的低质量页岩面积不包含在内)、风险系数、钻井控制面积与井距、生产井特性趋势与成功率、技术进步趋势、高质量并易实现的盆地分区。页岩气开发生产过程中的资源动态评价方法主要包括以下 5 种。

(1) 物质平衡法:以物质平衡为基础对平均地层压力和产气量之间的隐含关系进行分析,建立适合于页岩气的物质平衡方程,计算获得页岩气资源量。物质平衡法计算页岩气资源量的关键参数包括累计天然气产量和水的产量、平均地层压力以及 PVT 物性参数(气体临界压力、临界温度、偏差因子、压缩系数、体积系数及天然气黏度等)等。除了物质平衡以外,页岩气还需要考虑吸附气和游离气之间存在的吸附/解吸附动态平衡。

(2)生产分析法:该方法以先进压裂技术条件下的裂缝长度、压裂后天然气流量及流向等(图7-9)分析为基础,需要合理的递减曲线模型来预测页岩气资源量,即在分析 $[m(p_i)-m(p_{wf})]/q_g$ 与 $\sqrt{t}$ 图版(图7-10)的基础上,得出井孔流压为常数和页岩气产量为常数条件下的天然气原地资源量以及其他相关参数推导公式。

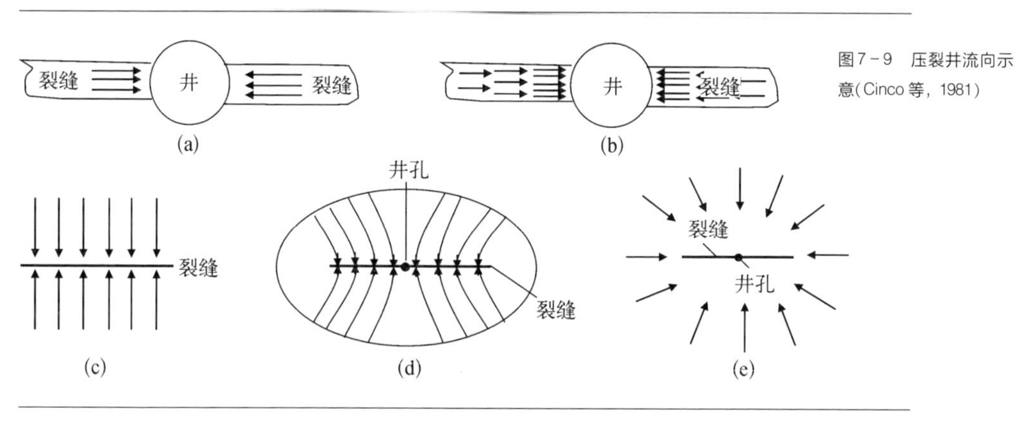

图7-9 压裂井流向示意(Cinco等,1981)

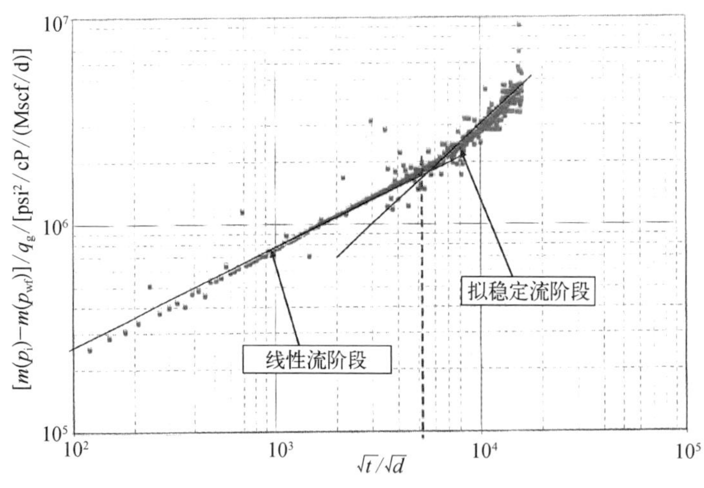

图7-10 $[m(p_i)-m(p_{wf})]/q_g$ 与$\sqrt{t}$图版(Victor H. E., 2009)[图中,$m(p_i)$为初始压力条件下的拟压力,psi^2/cP①;$m(p_{wf})$为井底流压条件下的拟压力,psi^2/cP;q_g为页岩气产量,Mscf/d②]

① 1磅力/平方英寸(psi)=6.894 7千帕(kPa)。
1厘泊(cP)=1毫帕斯卡·秒(mPa·s)。

② 1千立方英尺(Mscf)=28.32立方米(m^3)。

（3）页岩储层模拟法：使用页岩储层相关属性特征参数及生产数据模拟某一地区实际生产情况进行计算。

（4）生产历史匹配法：生产历史匹配法是一种单相、单层回归方法模型，能够快速准确地提供渗透率、裂缝半长度及井控制排气面积等参数（Vera S.，2006）。

（5）递减曲线分析：适用于页岩气已经生产了相当长的时间，并建立了可靠的产量递减趋势的地区。分析基础为 Arps 递减开发模型方程，包括指数方程和双曲线方程。

7.4.4 资源评价可信度

（1）方法选择的合理性

页岩气资源评价方法的选择取决于勘探开发程度，依赖于可用资料的多寡。譬如，适用于中低勘探程度的类比法，由于在评价过程中没有考虑到不同地区、层系的资源丰度非均质性，往往导致评价结果可信度稍低。而基于蒙特卡罗数学原理的概率体积法，则评价结果相对精度较高。

基于不同的原理，每种资源量计算方法均有其自身的使用前提和适用性。在勘探认识程度较低时，资源评价方法的选择性较强，仅有类比法、概率体积法、成因法等少数方法可选；在勘探程度较高、资料较多的情况下，资源评价方法的选择较为广泛；在进入开发阶段后，生产分析法及相关的动态评价方法能够满足资源量计算的精度要求。

（2）参数体系的有效性

针对不同勘探程度、类型和特点页岩气资源的评价方法，对应的参数体系具有较大的差异性。不同的评价方法均会根据评价原则和计算需求提出参数需求，并要求适应于方法本身的参数体系。尽管方法多样，但资源评价的核心内容仍然是以体积法为基础的计算原理，体现为单位质量页岩中的含气量。在不同评价方法的参数体系构架中，一般均包含了页岩有效厚度、分布面积、TOC 以及含气量等参数。对于以实际生产数据为基础的动态资源量计算方法，产量历史、地层压力、生产时间等参数是计算参数体系的主要构成。除评价方法对参数体系有所要求以外,参数本身的来源时间、获得途径、可靠性、单一类型参数数据的多寡、数值的取值算法及最后厘定等许多因素,均有可能会对计算结果产生影响。

(3)参数获取的准确性

参与页岩气资源评价计算的参数有直接和间接两种,参数来源也有直接获取和计算推得之分,计算过程中宜优先选择可靠性强、准确度高的数据。对于影响较大或直接参与计算的参数,亦可使用多手段相互验证的方法综合评判,提高评价参数取值的准确性。譬如,页岩层系厚度可通过露头调查、钻探、地震及测井等手段获得,结合气测异常、油气苗、近地表样品解吸见气和实验分析等手段得到页岩有效厚度;进一步,通过页岩层系连井剖面、地震解释等资料掌握页岩有效厚度在剖面和平面上的变化规律,结合页岩层系各项相关参数平面变化等值线图,可获得页岩含气面积;而含气量可通过直接法(现场解吸法)和间接法(模拟实验法、统计法、类比法、计算法、测井资料解释法及生产数据反演法)等获得。在利用不同方法对参数进行取值的过程中,宜尽可能保证数据取值的快速准确和高效还原,对不同方法所获得的参数进行合理的斟辨、校正、厘定及使用,使数据达到统计学要求,数据点分布应相对均匀,具有代表性,可信度较高。

(4)评价结果的可信度

由于页岩气理论研究与实际勘探开发工作是一个不断推进、由粗到细的过程,地震测网及井网由稀到密逐渐增加,故不同的勘探阶段,其评价参数的准确度不一样。一般来说,随着勘探程度的提高,可选取的参数越多,同时参数的准确度也越来越高,资源量计算结果的可信程度也就越高。当选择方法恰当、参数体系合理、计算过程正确时,资源评价结果的可信度就得到了基本的保证。

页岩气资源评价是地质研究和认识程度的数值反映,评价结果的可信度取决于地质分析的逻辑性和评价结果的合理性。对于给定的评价单元,其资源量满足由各主要参数变化理论值所决定的最大或最小值;对于计算的评价单元,其资源量大小与其勘探工作程度和地质认识程度具有一定的关联性;对于相邻、相似的评价单元,其资源量之间具有可比性或近似的线性相关性;对于已有评价结果的地质单元,其不同勘探程度、不同时间段及不同方法所得的评价结果之间,具有一定的相关性、连续性或渐变性。

7.5 技术展望

页岩气地质与资源评价是一个需要不断发展与完善的过程。页岩气聚集过程极其复杂,是由多种地质因素共同作用的最终结果,因而对未知气藏的预测,本身就是一项综合性强、难度系数高的技术工作,仅使用单一方法所获取的信息进行页岩气地质与资源评价,其结果往往具有片面性。进一步,页岩气本身就是一个复杂的系统,不同评价方法获取的地质数据仅是其不同方面特征的反映,仅从局部特征窥探页岩气系统整体,难免会出现盲人摸象的效果,故唯有细化评价地质单元,综合掌握各方面的信息资料,才能给出合理、准确、恰当的地质与资源评价结果。

除海相页岩气之外,海陆过渡相和陆相页岩气的发展不断被推进。一系列埋深增加、地质复杂程度提高、地表工程条件难度增大的页岩气也逐渐进入勘探开发视野,对应特点的页岩气评价方法和技术也将日趋成熟,对页岩气评价的针对性、及时性及有效性也提出了更高要求。页岩气的地质与资源评价离不开各项技术和方法的推广和应用,随着资料的丰富与技术手段的不断革新,页岩气评价方法亦不断推陈出新。

地质分析系统化、测试数据集约化、计算过程自动化、成果表达虚拟化将是未来页岩气评价与发展的基本方向,特别是将地质推理、神经网络、人工智能、专家经验等融合在一起,将页岩气评价推向更加综合化、系统化和智能化更是一种重要的趋势。譬如人工神经网络评价,其特点即在于将专家经验转化为可定量的数据与模型,解决参数之间的内在联系,具有运算速度快、适应能力和自学习能力强等优点。经过训练的神经网络能够把专家的评价思想融化于运算过程中,通过地质模型和专家经验的完美结合,建立起专家系统和“自主学习、不断修正”的模型,进而实现对研究区的对比评判,对有利区的优劣作出评价并计算页岩气资源量。

第8章

页岩气钻完井

8.1 钻井地质设计与评价

钻井地质设计是地质录井、编制钻井工程设计及测算钻井工程费用等工作的基础，与安全钻井、降低勘探开发成本、储层保护、提升生产效益等关系密切。

8.1.1 钻井地质设计

1. 钻井地质设计原则

对于给定靶区和目标的钻井，地质设计和技术要求需要实现地质目的、工程目的及安全目的。

1）地质目的

依据地质任务和目的，设计合理的钻井技术要求，达到预期钻探目标。结合区域地层、构造特点及邻井揭示层段等资料，编写针对性钻井设计。具体包括以下 7 点。

（1）钻井深度：确定目的层底部标志以确保满足地质任务要求，根据地表地形、地震解释与计算、邻井目的层段深度以及构造变动关系，落实实际钻井深度。其中，需要设计合理的“口袋”深度以满足测井施工、钻具操作以及落屑填埋所需的空间。

（2）井型、井斜与井径：结合钻井目的与要求，选择性设计直井、斜井、水平井或丛式井等（图 8－1），提出井斜角度与井径扩大率控制要求。

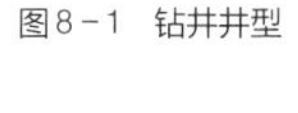

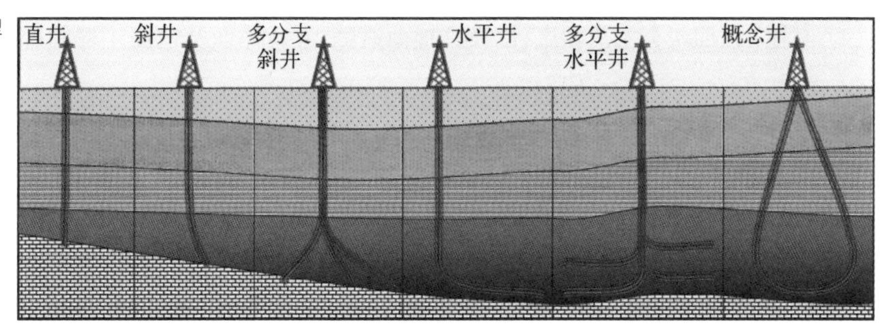

图8－1 钻井井型

（3）岩屑和气测录井：对于录井内容、方式、时间及成果等设定技术指标，满足不同任务和目的的录井要求。

（4）测井：依据页岩气井特点，侧重针对页岩及页岩气的参数获取、快速识别、含气性评价等设计测井及测井系列组合，如自然电位、自然伽马、声波时差、电阻率及中子等测井，也包括成像、元素俘获等特殊目的测井。

（5）取心：针对页岩气地质研究的取心目的需要，设计不同层段、深度和岩性目标的地层取心，设计取心层段、深度、长度及取心率等要求，也包括对钻杆取心、绳索取心或者保压取心等取心方式的选择。

（6）含气性及其他需要在钻井过程中进行的测试：为完成页岩地层段的含气性实时测量，需要在钻井过程中予以适当的工程配合。

（7）其他：按照综合勘探思路，页岩气钻探也常与煤层气、致密砂岩油气、常规油气、地热、钾盐及其他矿产勘探同时进行，在钻探设计过程中合理的工程兼顾也是一种有益的方式。

2）工程目的

（1）钻机与钻头选型：主要根据钻井目的、设计井深、钻遇地层、地表条件及工艺要求，选择功能匹配、型号恰当、满足地质工程要求的作业钻机和钻头型号。

（2）钻井液：主要依据钻速、钻井效果及井筒防塌等要求，采用配伍合理、比重恰当的钻井液进行施工，避免储层伤害、防止井壁垮塌、预防地层高压，满足作业安全省时省力的效果。

（3）浅层岩溶：通过野外地质调查、大地电磁测深及邻井地质分析等方法和手段，尽量在最终井位确定之前规避岩溶，避免诸如井漏之类的钻井工程障碍。

（4）其他：按照现有工艺和流程，设计地面避障、井口作业及地面工程等合理流程，最大限度满足钻井工程目的和要求。

3）安全目的

（1）井场：井场应选择在安全、开阔、容易及时撤离的区域，躲避可能的垮塌、滑坡、漫水、洪流及泥石流等自然灾害。

（2）防毒：在海相地层、碳酸盐岩地层或者膏岩发育地层，宜特别注意硫化氢防毒技术处理，对硫化氢气体实时监控，同等情况下选择下风口。

（3）防漏、防喷、防污染：在裂缝、碳酸盐岩地层、异常地层压力发育以及其他特殊地质背景条件下，做好防漏、防喷、防污染等相关技术措施准备。

2. 完钻原则

（1）深度原则：地质目标设计与钻探结果吻合，按设计深度完钻。

（2）层位原则：断层影响或层厚减薄等情况发生时，提前钻达目的层段。

（3）目标原则：目的层埋深超出预期较多、地层陡倾，钻达目的层无望或成本远超预期，可根据现场随钻分析，审定后完钻。

（4）发现原则：无论是否钻达设计井深、钻遇目的层系，若有含气显示或疑似天然气显示，即使已经达到设计井深或钻穿目的层段，也应结合现场资料审定后完钻。

3. 钻井风险规避

（1）地面工程：综合考虑地质灾害、作业流程、环境保护及成本核算等因素，留出足够的场地空间，避免各种地面风险。

（2）地质异常：根据已有资料，预测并规避井筒内各种可能的地质风险，包括新构造运动及地应力场畸变、地层压力及流体成分异常、沉积相变及岩性地层组合、断裂切穿及溶洞干扰、预期地质条件缺失或变化复杂化、目的层丢失或 H_2S 出现等。

（3）钻井工艺：做好防卡、防漏、防喷、防污染等措施准备，避免井筒液性质不适合而产生地层污染等不必要的储层伤害，抑或油气显示信号的丢失。在避免钻井液密度过高而压死含气层的同时，防止因泥浆密度过低而产生井壁垮塌、卡钻或井喷。

（4）钻井质量：依照设计钻井参数要求，完成钻井目标任务，避免产生各种质量问题。

8.1.2 取心技术与要求

由于页岩的地质特殊性较强，给钻井取心带来了较大困难：① 页岩脆性强、硬度低，容易破碎，取心过程中易发生堵心；② 层理与裂缝发育，出心作业时容易沿层理面或裂缝面开裂，造成岩心二次伤害；③ 页岩含气性评价的时效性强，对岩心的现场数据处理与采集提出了更高的要求（图 8－2）。

图8－2　页岩浸水试验（水中可见甲烷气泡）

1. 取心方法

（1）绳索取心

绳索取心设备主要由打捞机构、弹卡机构、内外筒组合、岩心爪及取心钻头等所组成。在钻进过程中，当岩心装满内岩心管时或达到取心长度后，在地面将携带打捞机构的细钢丝绳从钻杆内孔下入井筒。到达井底后，打捞机构抓住内岩心筒的打捞头，使内外岩心筒分离。随着钢缆的不断提升，内岩心筒逐渐被带至井口。取出岩心后，重新将内岩心筒从钻杆内孔投入，继续完成取心工作。

绳索取心的最大特点是在不需要提取钻杆的情况下将岩心提升至地表，具有打捞速度快、提升平稳、岩心收获率高以及由此所引起的钻进效率高、提钻次数少、勘探成本低等优点。绳索取心进一步又可分为垂直井用和水平井用两种取心钻具，目前一般用于页岩气地质浅井的岩心获取。

（2）钻杆取心

直接使用钻杆对岩心进行提捞的钻杆取心技术是目前最常用的取心技术，它将取心筒接在钻杆接近钻头的底端，当取心切割头切入地层后，可用取心筒连续取心。取心结束，提升钻杆，从地表取出岩心。

2. 取心技术

（1）常规取心

随着钻井技术的进步，目前已配套发展了多种尺寸系列的常规取心工具，以不断满足页岩气勘探开发的需要。

（2）井壁取心

为了对特定的深度段地层进行定点取心以满足岩石、矿物、流体等研究需要，常可使用两种方法对井壁取心予以实现。一是利用测井电缆将取心器下入井中，然后使用炸药将取心器打入井壁地层，取下小块地层岩石。二是采用旋转井壁取心技术，通过液压控制在井壁上进行岩心刻取，完成井壁取心任务。

（3）密闭取心

使用内筒装有密闭取心液的取心器进行取心，通过凝胶密闭液（高黏度、低滤失、与钻井液密度和性质匹配）对岩心进行保护，用以减免钻井液对页岩的污染，尽可能保持页岩岩心内的原始流体。由于凝胶密闭液的抗剪切能力有限，当页岩含气时，其中的气体难以密闭。

（4）保压取心

使用各种密封方法，使取心内筒压力保持地下原始压力直至地表。目前常采用的是球阀式机械密封原理，在提钻后需要不断地进行压力补充。保压取心是页岩含气量测试的最精准方法之一，但成本高、技术流程相对复杂。

3. 岩心编录

（1）岩心出筒时，首先需要丈量岩心内筒的“底空”和“顶空”，做好出心、接心的各种准备。出心时需要保持岩心的完整和上下顺序不乱，按出心顺序排放在岩心盒内并对好断口。已经取样进行解吸的岩心，要留出空间并作标记，待试验完成后，将岩心归位。

（2）丈量岩心时，首先需要对串筒错位的“真假”岩心进行判断，确定是否残余有上次的余心。若出现实际心长大于进尺情况，则需要检查是否有岩心被磨碎现象，若没有，则可将余心补作上次心长处理。

（3）完成岩心的现场观察后，需及时清洗岩心并整理编号（图 8－3）。岩心编号时，统一在岩心的端部进行文字标示，常采用小白底小红漆字方式。以代分数方式标示出取心的筒次、总块数、本块岩心的块次等。进一步，可在统一的岩心侧面处，用连续的直线和箭头标示岩心的相对方位和上下方向。

图8-3 永页3井岩心照片

(4) 岩心描述前需要准备好小刀、尺子、放大镜、荧光灯、盐酸及有机溶剂等必要的工具。岩心描述时宜先宏观整体观察,再分层细看。对于特殊岩性、标志矿物、重要化石等,要细分出具体部位和距顶深度。除详细的文字记载和描述外,对于重要的地质现象,还应绘制素描图或拍摄实物照片(标明其位置、深度、比例尺、内容说明等)。

(5) 岩心盒应牢固、易抬,格宽与岩心直径相当,岩心盒侧面要写明井号、取心筒次、井段、进尺、心长及收获率等。取心结束后,填写岩心交接清单。

8.1.3 钻井地质评价

按照流程,将钻井地质评价分为钻前预测、随钻评价及钻后分析三部分。

(1) 钻前预测

以相邻钻井和过井地震资料为基础,结合地质、测井和生产测试等资料,预测可能钻遇的地层、地层压力、页岩含气及可能出现的各种地质风险等情况,确保钻井工程设计优化和施工作业安全。

(2) 随钻评价

主要根据现场录井资料来对地层变化进行评价。即根据岩屑颜色、岩性变化、次生矿物含量、电导、钻井液体积和性能等参数的变化,对钻井过程中的断层或裂缝、不整合面或古潜山、风化壳等进行识别,对地层厚度、岩性、特殊现象及其所代表的地质意义进行判断,对地质风险提出预警,提供钻井操控决策。

(3) 钻后分析

钻后可通过岩心观察描述和钻录井资料对页岩的含气性进行综合评价,确定页岩含气性及其在垂向上的变化,识别判断目的层段。结合页岩地化指标、储层物性、岩矿组成及岩石力学等参数,择优筛选页岩有利层段。要选择合理的方法评价页岩气资源潜力。

8.2 钻井方案

8.2.1 钻井方案设计

在综合考虑地质、工程及地面条件等基础上,进行页岩气钻井方案设计(图8-4)。

(1) 在地表条件复杂地区,特别是山区丘陵地带,为了降低井场占地,节约钻井成本,便于气井的集中管理,减少集输流程,提高气田开发综合经济效益,建议采用平台井组布井思路。

(2) 回避地面施工条件复杂区、断层交错叠合及溶洞发育区、地应力交汇转折集中区。

(3) 当地层倾角较大时,采取措施防止直井的井眼轨迹向地层倾斜方向偏移;对于水平井,宜将入靶点位置置于地层的上倾方向,垂直地层方向到达出靶点。

(4) 优化井身结构设计,减小施工作业难度,达到预期钻井目的。

(5) 钻井液体系满足封堵、防塌、防漏及储层保护要求。

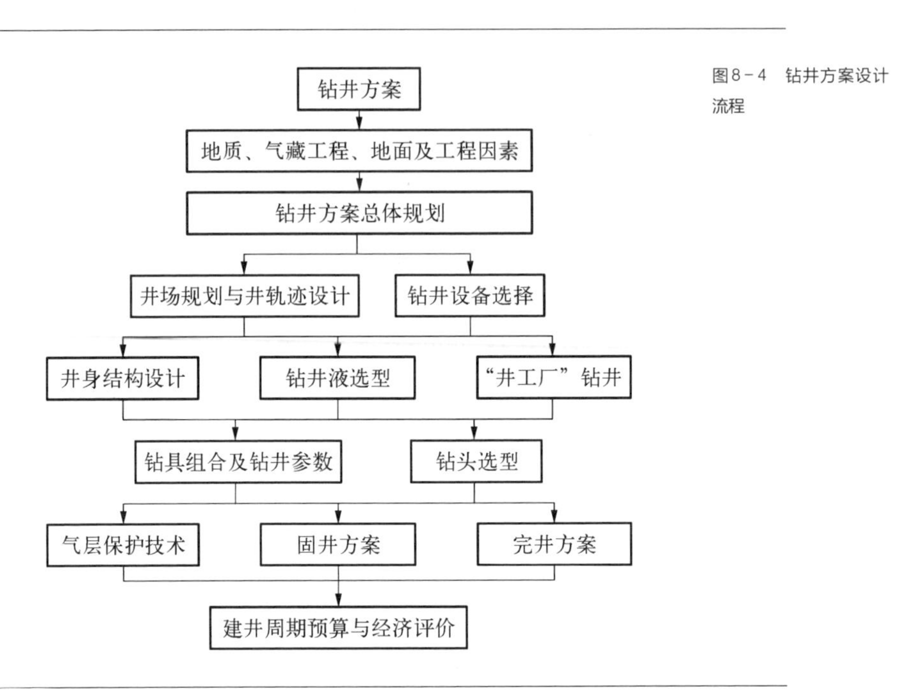

图8-4 钻井方案设计流程

(6) 优选钻具组合,优化设计相关钻井参数,提高机械钻速,降低钻井周期。

(7) 在水平井施工过程中采用导向钻井技术,精确控制井眼轨迹。

(8) 在保证钻井预期目的的前提下,尽量减少钻进总进尺,降低钻井成本。

8.2.2 井身结构

1. 井身结构设计要求

井身结构设计与井孔处的地质条件、钻探目的、钻井工艺技术水平等因素有关,满足以下5点基本要求。

(1) 避免井漏、井喷、井塌、卡钻等复杂情况的发生,为全井安全、优质、快速、经济地完成钻井工作创造条件。

(2) 对含 H_2S、易坍塌、塑性强、漏失严重及盐膏层等地层,均应根据实际情况确定各层套管的必封点深度。

(3) 在下部地层钻进时，钻井液所产生的液柱压力不会压漏上一层套管鞋处的裸露地层。

(4) 有利于井眼轨迹控制和精确中靶，减小施工技术难度，保障安全钻井。

(5) 满足优快、安全、经济的钻井条件，尽可能提高机械钻速，缩短钻井周期，降低成本。

2. 井身结构

井身结构主要包括套管层次和每层套管下入深度、套管尺寸、井眼尺寸(钻头尺寸)、水泥浆返高及水泥环厚度等参数(图 8－5、图 8－6)。

1) 套管层次

(1) 导管

在钻开浅层井眼时，需要安装导管将钻井液从地表引入钻井装置中。导管的下入深度一般不超过 50 m，主要用于封隔浅表层的地下水、溶洞及暗河等，并建立井口。

(2) 表层套管

为了隔离地表浅层水和浅部复杂地层，使潜水层免受钻井液污染，需要下入深度一般不超过 30 ~1 500 m 的表层套管，它控制水泥浆返至地表。表层套管还用于安装井口放喷装置、悬挂依次下入的各层套管、承受各层套管的载荷。

图8－5 直井井身结构示意

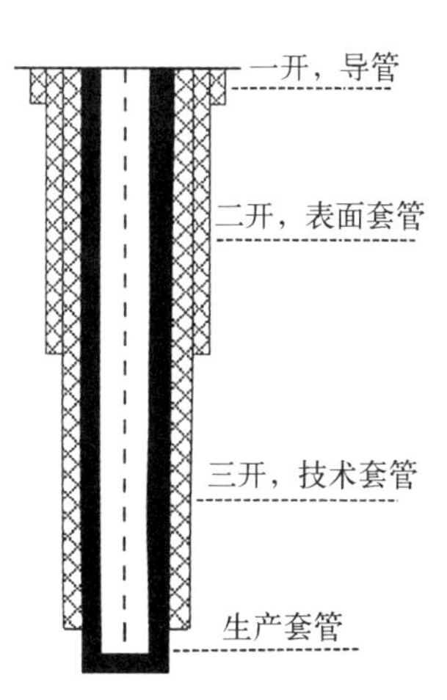

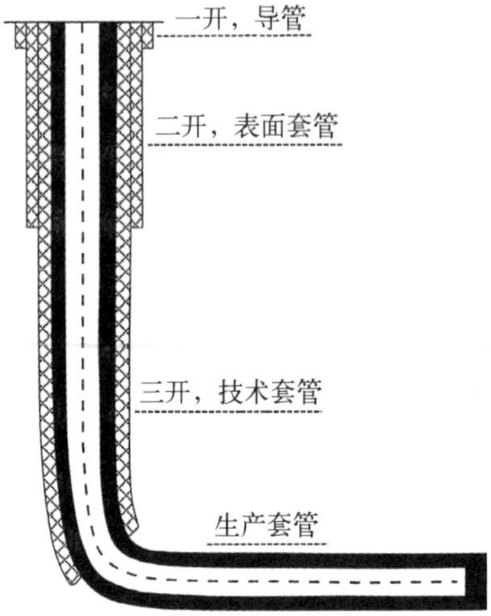

图8-6 水平井井身结构示意

(3) 中间套管(技术套管)

出于隔离不同压力体系的地层或者易塌、易漏等复杂地层之目的,在表层套管和生产套管之间需要下入中间套管。根据实际情况,中间套管可以是一层、两层甚至多层,控制水泥浆可返至所封隔层顶部 100 ~ 200 m 以上。

(4) 生产套管(油层套管)

为了保护产层,并为页岩气从地下采至地面提供通道,在目的层段需要下入生产套管,主要用于控制水泥浆返至产层顶部 200 m 以上。

(5) 尾管

为了减轻下套管过程中的钻机负荷,降低固井成本,有时需要在已下入一层中间套管后再下入尾管。尾管与上层套管重叠段长度一般控制在 50 ~100 m,控制水泥浆返高至所封隔的复杂地层顶部或者产层顶部 100 ~ 200 m 以上。

2) 各层套管下入深度

各层套管下入的深度依据是在钻井过程中所预计的最大井内压力不致压裂套管鞋处的裸露地层,主要由研究区的地层压力和地层破裂压力剖面确定。对于地下的易漏、易塌及盐岩等复杂地层,必须进行及时封隔。套管下入深度的确定首先从生产套管开始,然后是中间套管,最后是表层套管和尾管。

3）套管和井眼尺寸

井身结构尺寸一般由内向外依次确定，首先确定生产套管尺寸，其次确定下入生产套管的井眼尺寸，然后确定中间套管尺寸，依次类推，直到表层套管的井眼尺寸，最后确定导管尺寸。套管与井眼之间有一定的间隙，间隙过小不能保证固井质量，间隙过大则不够经济。间隙值一般最小在9.5~12.7 mm。

国内外所生产的套管尺寸与钻头尺寸已经进行了标准化。套管尺寸及其相应的井眼尺寸组合基本确定，或仅在较小范围内变化（图8-7）。其中，实线箭头代表常用组合，虚线箭头代表特殊组合。

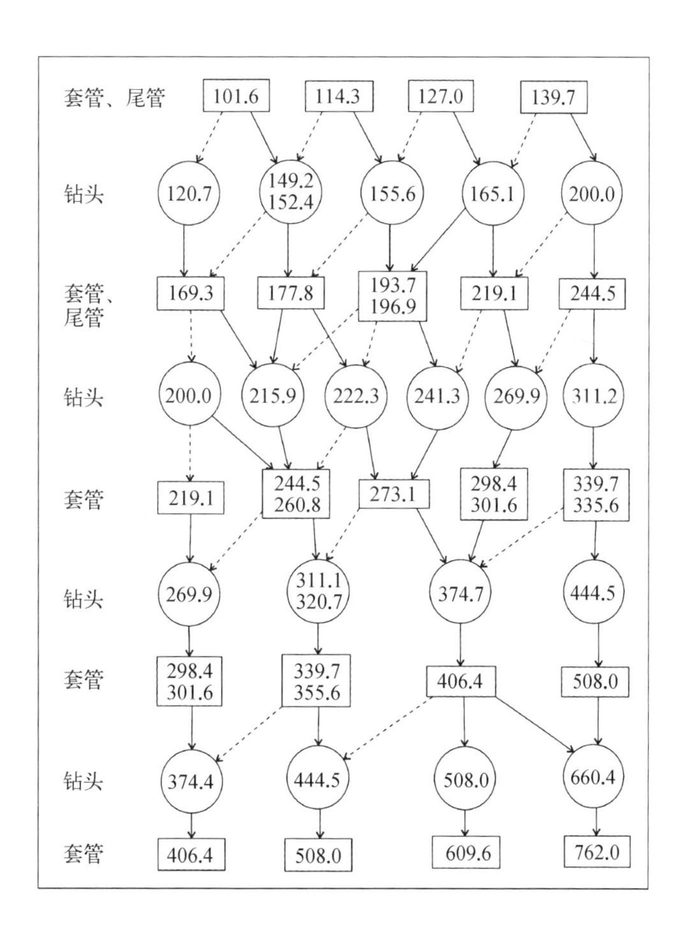

图8-7 套管尺寸与井眼尺寸组合关系（数据单位为mm，SY/T 5431—2008）

8.2.3 水平井井眼轨迹

1. 井眼轨迹设计要求

页岩气水平井井眼轨迹设计以降低摩阻为目标,须考虑页岩气的地质特殊性。

(1) 页岩储层物性差、渗透率极低,应尽量使用长水平段穿越储层,使得井眼与储层有更大的接触面积,以提高单井产量。

(2) 页岩强度低,井壁易垮塌,水平井井眼方位角的设计须考虑地应力变化及井壁稳定性等因素。

(3) 造斜点、井眼曲率、最大井斜角等参数选择合理,利于钻完井作业。

(4) 尽量使井口的水平投影与入靶点、出靶点处在同一条直线之上,降低水平井段施工风险。

(5) 充分考虑现有的装备条件和技术能力,在满足页岩气地质和开发要求前提下,缩短钻井周期,降低施工难度和钻井成本。

(6) 在施工过程中,允许根据实际情况对造斜点井深、造斜段及造斜率等作必要的适当调整,保证井眼轨道平滑,符合钻井地质设计或调整地质设计要求。

2. 井身剖面类型的选择

井身剖面类型的选择主要考虑两种情况,一是当实际钻进中的目的层深度发生变化时能够进行方案调整,避免井眼轨迹控制处于被动地位;二是当工具造斜率存在误差并造成井眼轨迹偏差较大时,能够通过调整段来进行补偿,使井眼轨迹在着陆时更准确、顺利地中靶。从理论上讲,水平井井身剖面可根据实际需要设计成多种类型。但实际上,受工程所限,最常用的主要有 3 种类型(苏义脑,2000)。

(1) 单弧剖面

由最简单的直井段、增斜段和水平段[直-增-平剖面,图 8 - 8(a)]组成,主要特点是使用一个固定的造斜率使井身由 0°造斜至最大井斜角,适用于目的层顶界和工具造斜率都十分确定的情况。

(2) 双弧剖面

由直井段、第一增斜段、稳斜段、第二增斜段和水平段[直-增-稳-稳-增-平剖面,图 8 - 8(b)]组成,主要特点是在两个增斜段之间增加了一个距离较短的稳斜段,用以

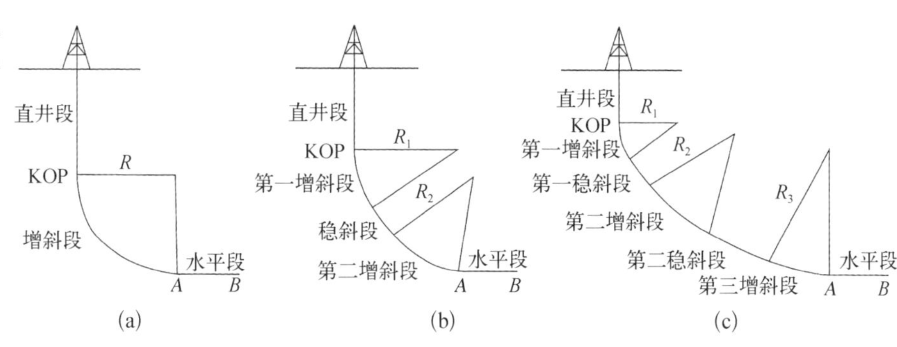

图8-8 井身剖面的单弧、双弧、三弧剖面

调整由于工具造斜率误差所产生的井眼轨迹偏离，适用于目的层顶界确定但工具造斜率并不确定的情况。

(3) 三弧剖面

由直井段、第一增斜段、第一稳斜段、第二增斜段、第二稳斜段、第三增斜段和水平段[直-增-稳-稳-增-稳-增-水平剖面，图 8-8(c)]组成，主要特点是在三个增斜段之间增加了两个稳斜段，分别用于调整工具造斜率误差和目的层顶界误差，适用于工具造斜率和目的层顶界均有一定误差的情况。

3. 井眼轨迹参数设计

(1) 最大井斜角

水平井最大井斜角的确定受地层倾角、地层走向及页岩储层厚度等因素影响，可设计为小于、等于或大于 90°。为了方便排水、提高产能，通常也可设计为大于 90°的两端微上翘式水平段。

一般情况下，水平段与地层走向平行，其井斜角为

$$\alpha_H = 90° \pm \beta \tag{8-1}$$

式中，α_H 为水平段设计井斜角，(°)；β 为页岩层段地层倾角，(°)；± 根据井眼方向与地层倾向之间的关系确定。

当地层倾角较大时，需要考虑地层视倾角对水平段设计井斜角的影响，即

$$\alpha_H = 90° - \arctan[\tan\cos\cos(\beta_d - \beta_H)] \tag{8-2}$$

式中，β_d 为地层下倾方位角，(°)；β_H 为水平段设计方位角，(°)。

最后根据页岩储层厚度，设计符合要求的入靶点和出靶点（A、B），计算水平井的最大井斜角。

（2）造斜点选择

造斜率受井眼大小和地层展布等因素影响，但为了方便造斜和方位控制，水平井造斜点应选在井眼中地层较为稳定的井段。当垂深小、水平位移大时，造斜点宜选择在较浅井段以减少工程量；当垂深和水平位移均较大时，造斜点宜选择在较深的井段以简化井身结构、提高钻速。进一步，根据目的层厚度和倾角等要素变化，选择合适的着陆点、着陆段、着陆井斜角等。

（3）造斜率

考虑页岩层段分段压裂改造时泵送桥塞工艺的要求，在不影响生产管柱下入并满足管材抗弯能力的前提下，选择尽可能小的造斜率，一般设计为（15°~17°）/100 m，最大不超过 25°/100 m。

（4）井眼方位角

水平井压裂所产生的裂缝大多倾向于沿最大水平主应力方向延伸或受最大水平主应力方向控制。当水平段沿着地层最小主应力的方向钻进时，后期水力压裂所产生的裂缝将会沿最大水平主应力方向延伸的更远，对页岩气生产较为有利。在设计过程中，水平段井眼方位角的选取还应考虑页岩中天然裂缝的发育情况。

8.2.4 “井工厂”作业

加拿大能源公司（EnCana）最先提出了“井工厂”作业概念。“井工厂”作业泛指使用相同或相似、先后连续的作业方式，对同一井场或相邻连片的作业井进行顺序作业的过程（图8-9），包括钻井、射孔、压裂、完井和生产等流程，特点是所有井筒采用批量化作业模式。

采用统一管理、流水化生产、批量化施工的“井工厂”作业模式，具有以下明显优势。

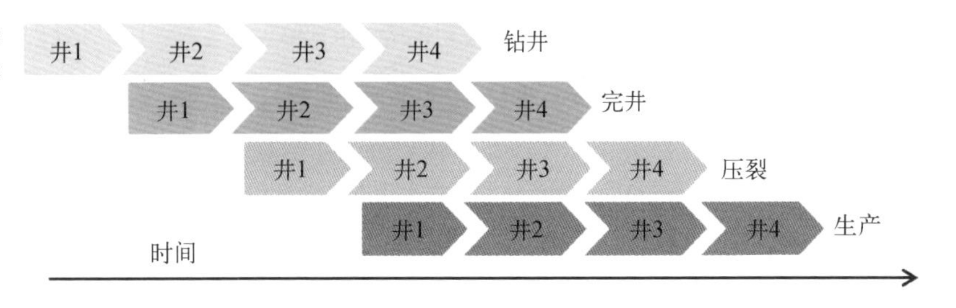

图8-9 同步流水线“井工厂”作业模式(何明舫等,2014,修改)

(1)减少设备拆卸、搬迁、转场、安装及调试等作业时间,缩短钻井周期,提高工作效率。

(2)钻井液和压裂液重复利用,减少污水排放,有效控制废液产生总量,方便回收和集中处理,作业过程更加环保。

(3)节约水资源,降低材料使用和作业成本,提高设备利用率,降低环境保护成本。

(4)重复作业,降低作业风险,提高页岩气资源利用率。

8.2.5 钻井液选择

除了润滑并冷却钻头和钻柱、清除井底并携带岩屑以外,钻井液还有控制地层压力、稳固井壁、提供地层资料、防止钻具腐蚀及反馈油气信息等作用。

1. 钻井液体系选择原则

选择的页岩气井钻井液体系应能满足页岩储层性质、地层压力变化和工程要求,解决井壁稳定、降阻减摩和岩屑清除等问题。选择钻井液应遵循的基本原则是保持钻井液的低固相、强抑制、低滤失优势,突出薄而韧的泥饼,保持造壁性、润滑性、流变性及抗温性,保证安全快速钻进。

2. 钻井液体系

1)钻井液组成

钻井液的基本成分包括分散相、分散介质和化学处理剂等三部分。其中,分散相的成分主要是膨润土(钠、钙膨润土、有机土等)和加重材料(重晶石、铁矿粉等);分散介质的成分主要是水(淡水、盐水等)、油(轻质油等)和气体(空气、氮气等);处理剂是维护分散体系稳定和调整分散体系性能的各种化学添加剂。

2) 钻井液类型

应用于页岩气井的钻井液体系可分为膨润土浆、水基、油基、聚合物和气基钻井液五大类。

(1) 膨润土浆钻井液:具有密度低、压差小、钻速快等特点,可实现近平衡压力钻井。更由于黏土微粒含量较低、遇水膨胀能力较差、对地层的伤害作用较弱,在页岩气井的导眼段应用广泛。

(2) 油基钻井液:具有良好的润滑、防卡和降阻作用,可提高水润湿性页岩的毛细管压力,防止钻井液对页岩的侵入,有利于钻井液对井壁的保护和井眼清洁,对产层进行保护,是最常用的钻井液体系。

(3) 聚合物钻井液体系:具有很强的抑制包被封堵、承压和净化能力,有效地抑制页岩水化膨胀。结合使用聚合物抑制剂、包被剂、降失水剂和沥青类材料,起到防漏、防塌作用,有助于井眼和钻井液性能的长期稳定。

(4) 气基钻井液:主要应用于气体钻井过程中,适用于低压、易漏地层钻井,而对高压地层及水层钻井不适用。在使用过程中,需要配置特殊设备。

(5) 水基钻井液:由于页岩地层的黏土含量相对较高,普遍存在的裂隙和页理结构常会导致页岩层的膨胀和失稳,影响钻井工程进展和施工安全。水基钻井液在页岩气井中的应用相对受限。

3. 钻井液性能参数

钻井液密度、pH 值、流变性能、固相含量和滤失量等参数均可用于钻井液性能特点描述。

在井壁相对稳定的地层中实施钻井时,钻井液密度应满足钻井液液柱压力稍大于地层压力的条件,即

$$\rho = G_p + \Delta\rho \tag{8-3}$$

式中,ρ 为钻井液密度,g/cm^3;G_p 为地层压力梯度,g/cm^3;$\Delta\rho$ 为钻井液密度附加值,g/cm^3。

pH 值主要由钻井液的类型所决定,大多数钻井液的 pH 值均要求控制在 8 ~11,即维持一个相对较弱的碱性环境。

钻井液的流变性能主要由塑性黏度、表观黏度、静切力、动切力等流变参数表示,主要根据相应井段的地层岩性、温压、井身结构及钻井液类型等因素确定。

8.2.6 钻具组合

1. 钻头选型

钻头性能与地层性质的良好匹配是钻头选择应遵循的基本原则。对钻头类型的选择,一是要了解清楚现有钻头的工作原理与性能,二是要认清所钻地层的岩石物理性质,三是借鉴邻区或者邻井同一套地层的钻头资料及钻头磨损分析经验。

常用的钻头类型主要有刮刀钻头、金刚石钻头、牙轮钻头和取心钻头等(图 8 - 10)。其中,刮刀钻头结构简单,主要适用于结构较为松软的地层,可以获得很高的机械钻速和钻头进尺;牙轮钻头在工作时具有冲击、压碎和剪切破碎岩石三重作用,能够适用于

图8 - 10 常用的钻头类型

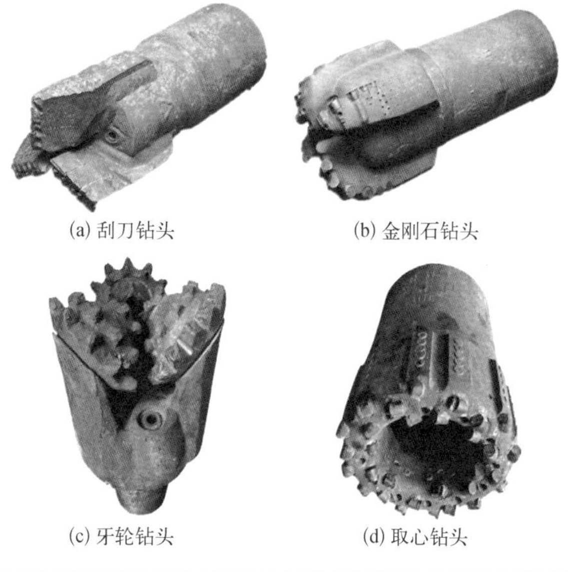

(a) 刮刀钻头

(b) 金刚石钻头

(c) 牙轮钻头

(d) 取心钻头

多种性质的岩石地层；金刚石钻头由于硬度大，在硬地层中得到了广泛的应用；取心钻头主要用于目的层段的取心。

对钻头的选型，一般是根据地层特性，选择破岩能力强、使用寿命长、导向性能好和机械钻速高的钻头。根据已钻井实际资料、岩石抗压强度、硬度、可钻性级值及经济评价指标等资料，并参考钻头研磨性系数及研磨性级别，优选钻头尺寸、类型、型号及数量等。

2. 钻具组合

钻具组合主要是依据所钻井的井型、地层发育及其地质特殊性等，来进行相应的钻具组合设计。钻井过程中随时监测井斜变化情况，并根据井下实际情况灵活调整钻具组合和钻井参数，确保井身质量合格。

直井钻具组合多采用钟摆钻具组合设计，主要是保证井段打直打快。要求设备安装时天车、大钩、井口三点一线轴线偏差小于 10 mm。在钻进过程中，选择合理的排量和转速钻进，确保井段打直。

水平井直井段钻具组合设计与直井类似。但对斜井段和水平段的钻具组合设计，需要控制好井斜角度。在造斜过程中为了确保定向准确快速，在开始定向造斜时宜采用低钻压滑动钻进，准确把握井下动力钻具的反扭角大小，及时调整工具面。在井斜增至一定度数时，方位逐渐稳定，开始复合钻进增斜，直至设计井斜数值。在井斜增至设计井斜数值后，开始采用滑动与复合钻进交替施工，根据实际井身轨迹变化情况，按需要拟定待钻轨迹，适时调整钻井参数，保证井斜和方位的变化在控制范围内，确保井眼轨迹满足设计要求。

8.3 页岩气录井

8.3.1 页岩气录井响应

页岩气录井技术主要包括岩屑录井、岩心录井、钻时录井、气测录井和地化录井等（图 8 - 11）。近些年，XRF 元素录井和核磁共振录井也在页岩气录井中得到了广泛应用。

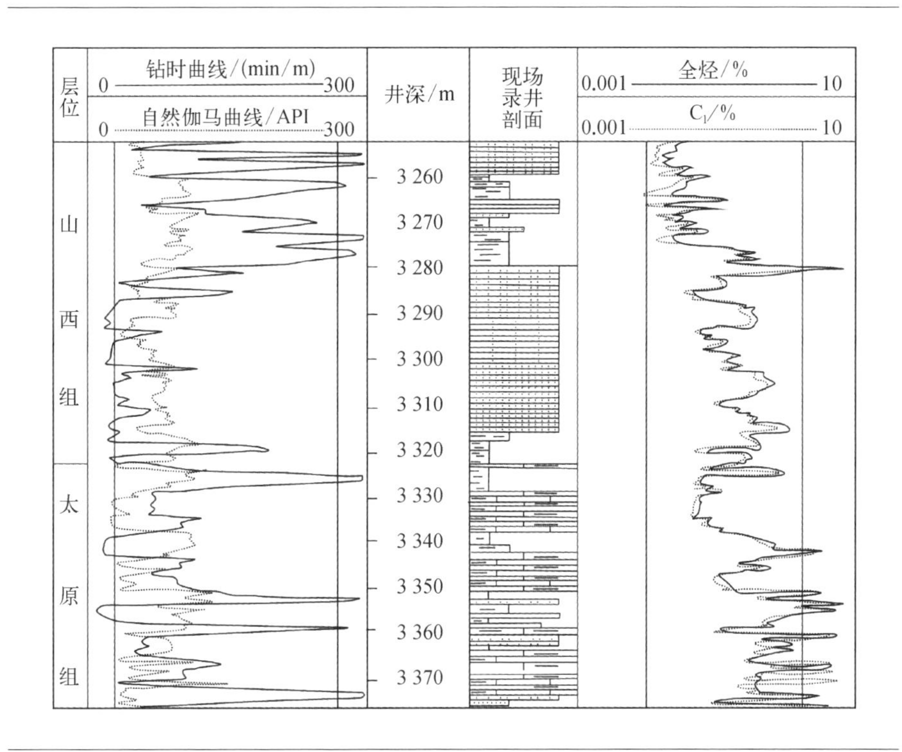

图 8－11 南华北盆地郑西页 1 井录井

（1）岩屑录井

在钻井过程中，需要按照一定的取样间距，连续收集和观察岩屑并按照迟到时间对地质剖面进行恢复。岩屑录井一般包括岩屑录取、岩屑描述、资料整理、录井图制作等步骤。在岩屑录井过程中，地层岩性、钻头及井壁垮塌会造成真假岩屑混杂，钻井液还可能对岩屑造成污染从而影响岩屑录井质量。通过对岩屑颜色、成分及结构特征的描述，在岩屑录井过程中可以对页岩质量进行初步判断。如果颜色是黑色且具油脂光泽，一般有机碳含量较高。如果是灰色或棕色通常是低有机碳含量。对于富有机质页岩，肉眼明显可见互层或夹层碎屑石英、贝壳状断口和黄铁矿等。此外，岩屑录井还可初步了解页岩的含气情况，为后期的页岩气测试、完井作业提供重要依据。

岩屑录井过程中，增加荧光录井内容，对中新生代盆地有机质成熟度适中、油气同产页岩地层段的页岩气识别和评价，能够产生良好效果(图 8－12)。

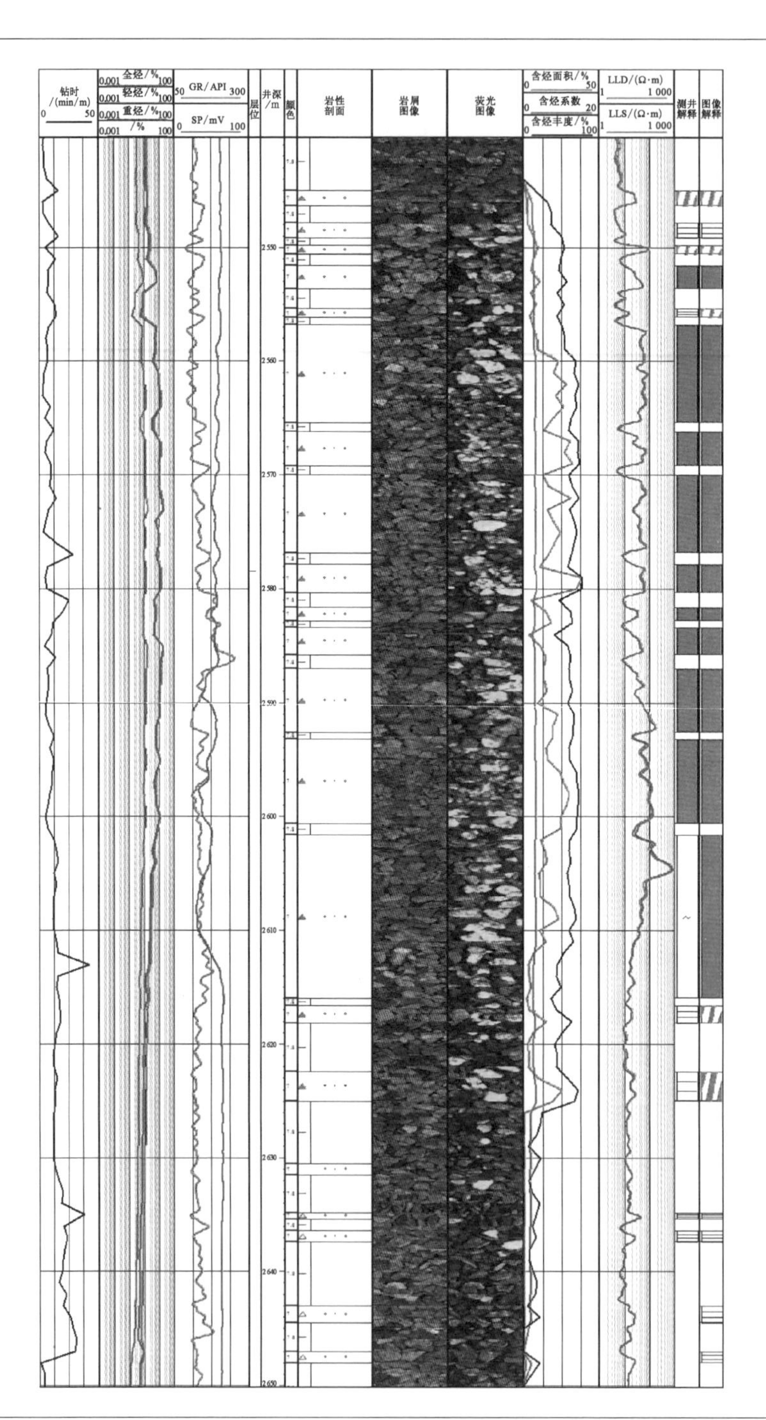

图8-12 岩屑录井综合解释(孙玉华, 2014)

(2）岩心录井

岩心录井主要通过对钻井过程中所获得的岩心进行整理、描述及分析，获取地层各项资料、恢复原始地层剖面。岩心录井过程主要包括岩心的丈量、计算、归位、编号、拍照、观察、描述及快速分析测试等，在此基础上编制岩心柱状图。钻井取心成本高、速度慢，应根据地质任务要求适当安排取心，对页岩气目的层段，应重点连续取心。通过岩心分析，可以考察古生物特征、确定地层时代、进行地层对比，可以观察岩性、判断沉积构造、研究沉积环境，可以了解地层倾角、地层接触关系、断层位置等构造和断裂情况，可以掌握含气特征、地化指标，可以为钻井过程中的泥浆配置、可钻性分析及开采过程中的压裂设计等提供物理和化学分析资料。

(3）钻时录井

通过钻时录井，能够系统地记录钻时并收集与其有关的各项数据资料。钻时主要受两方面因素影响。一是包括地层岩性、压实程度、地层压力、孔缝发育程度等在内的岩石地层因素，如松软地层比坚硬地层钻时低，多孔的岩性比致密的岩性钻时低。一般物性好、均质性好的地层钻时曲线形态呈“箱形”，物性较差致密地层的钻时曲线形态常呈“齿状”“刺刀状”或“指状”特点。二是包括钻头类型、钻井参数、钻井液性能及钻井方式等在内的钻井因素，这些影响因素可以通过在一定范围内的校正来消除影响。应用钻时录井曲线可定性判断岩性，解释地层剖面，识别页岩层段。进一步，还可利用钻时录井曲线进行地层对比和页岩裂缝识别（钻时突然变快或出现钻具放空等）。

(4）气测录井

气测录井的主要目的是对钻井液中天然气的组分和含量进行确定和记录。在钻井过程中，由于地层压力高于井筒液柱压力等原因，地层流体进入井筒钻井液中，经常会发生井涌、气侵和气测异常等不同程度的气体显示。其中，全烃值和甲烷含量等参数在页岩含气性评价中的应用较多。气测录井主要受地质因素（流体性质、储层特征及地层压力等）和工程因素（钻井液性质、钻井工程参数以及井筒压差等）影响。对于非地质因素所产生的影响，需要后期校正才能保证气测录井的可靠性。利用气测录井资料能够很好地进行页岩气判识，在气测值（如全烃值和甲烷含量）对页岩含气性进行直接表达的同时，气测峰形可对裂缝发育进行间接表达。

（5）地化录井

采用地化录井仪对岩屑、岩心、井壁取样进行热解色谱分析，可在钻井施工现场对页岩的地球化学指标和特点进行定量评价。页岩气地化录井主要包括页岩热解、热解气相色谱分析和轻烃分析等，可对页岩地化参数（有机质类型、TOC、R_o等）和含气性进行定量评价。通过对钻井过程中返出的岩屑进行加热，能够检测出页岩中未完全解吸出来的吸附气，计算吸附气含量（热解参数 S_0）。需要强调说明的是，由于页岩的破碎程度不同，在使用岩屑和岩心进行含气量分析时的判别与评价标准差别较大。

（6）XRF 元素录井

当高能 X 射线轰击页岩样品时，不同元素产生的 X 射线荧光具有不同的能量与波长，对这些 X 射线荧光的能量或波长进行分析就可判别被分析物质的元素种类与数量，一般选取 Ca、Mg、Al、Si、Fe、Cr、Mn、P、S、K、Ti 及 V 12 种元素进行分析测定。将这一方法应用于录井，能够对岩性进行识别，进而探索含气性与元素含量以及元素组合之间的关系。

（7）核磁共振录井

该录井方法在页岩油气储层评价中已经取得了良好的应用效果，主要用于确定页岩储层物性、孔隙结构、可动流体饱和度以及表征页岩润湿性等。

（8）页岩储层录井评价

根据录井响应特征，可以对页岩储层进行定性识别和定量评价。定性识别主要是依据气测录井（如全烃值）的气测异常幅度、地化录井的 TOC 等参数，对页岩储层的好坏进行快速的初步识别。当全烃值较大、TOC 较高时，一般为良好的页岩储层。

对页岩储层的定量评价可通过现场钻时比值（非含气页岩层段与含气页岩层段之间的钻时比值，$ROP_{n/s}$）和烃对比系数（非含气层段页岩的全烃或甲烷平均值与含气层段页岩的全烃或甲烷有效异常值之比）等参数进行。当钻井进入页岩目的层段时，相邻的非含气层段页岩与含气层段页岩之间通常会存在钻时上的明显差异，可用来对页岩储层进行描述评价；根据钻时比值的大小可以对页岩储层进行划分，$ROP_{n/s}<1.2$ 为差储层，$ROP_{n/s}\geqslant 1.2$ 为中等储层，$ROP_{n/s}\geqslant 1.5$ 为好储层，$ROP_{n/s}\geqslant 4$ 为高压储层（戴文林等，2012）。

8.3.2 页岩储层录井参数评价

1. 储层参数计算

1）孔隙度与渗透率计算

利用钻时资料确定的孔隙度反映了地层总孔隙度，称为气测孔隙度。使用条件是钻压、转速等钻井工程参数与密度、黏度等钻井液性能参数都相对稳定。钻时变化范围在4～40 min/m，超过该范围可同步放大10倍或缩小为1/10，地层气测孔隙度计算公式为

$$\phi = \phi_a - (\phi_a - \phi_b)\lg ROP_s / \lg ROP_n \quad (8-4)$$

式中，ϕ 为地层孔隙度（气测孔隙度），%；ROP_n、ROP_s 分别为页岩非储层、储层钻时，min/m；ϕ_a、ϕ_b 分别为黏土层未压实层段、页岩非含气层段参考孔隙度，该值依据盆地页岩压实规律取值。

同致密砂岩、致密碳酸盐岩储层一样，页岩储层仍以孔隙-微裂缝为主，储层孔隙度与渗透率之间的经验统计关系同样可参考。

$$K_q = 0.01 \times \phi^k \quad (8-5)$$

式中，K_q 为地层渗透率（气测渗透率），$10^{-3}\ \mu m^2$；k 为经验统计指数，一般取值为3。

2）地层压力与地层破裂压力计算

录井现场多用地层压力梯度、地层破裂压力梯度来表征地层孔隙流体压力和地层破裂压力（戴文林等，2012；赵红燕等，2015），其计算公式为

$$FPG = \frac{dc_s}{dc_n} \times \rho_w \quad (8-6)$$

$$FRAC_{max} = \frac{2}{3} \times (\rho_b + FPG) \quad (8-7)$$

$$FRAC_{min} = \frac{\rho_b + FPG}{2} \quad (8-8)$$

$$p = 0.01H \cdot FPG \quad (8-9)$$

$$p_f = 0.01H \cdot \frac{FPG_{max} + FPG_{min}}{2} \tag{8-10}$$

式中,FPG 为地层孔隙流体压力梯度,MPa/100 m;dc_s、dc_n 分别为地层 dc 指数实测值和趋势值,量纲为1;ρ_w、ρ_b 分别为区域地层水密度和页岩层岩性密度,g/cm^3;p、p_f 分别为地层压力和地层破裂压力,MPa;H 为储层中部垂直深度,m;$FRAC_{max}$、$FRAC_{min}$ 分别为最大、最小地层破裂压力梯度,MPa/100 m。

3)孔隙结构定量评价

利用核磁共振录井技术可以实现对页岩储层孔隙结构的定量评价。核磁共振录井优点在于提供了 T_2 谱,能够评价页岩储层的孔隙结构。一般情况下,短 T_2 谱对应于小孔隙,长 T_2 谱对应于大孔隙,页岩的 T_2 谱多呈单峰态。T_2 弛豫时间与岩样的比表面积(S/V)成反比,与孔喉半径(r_c)成正比。即

$$\frac{1}{T_2} = \rho_2 \frac{S}{V} = \rho_2 \frac{1}{r_c} \Longrightarrow r_c = \rho_2 T_2 \tag{8-11}$$

式中,T_2 为横向弛豫时间,ms;ρ_2 为岩石横向表面弛豫率,μm/ms;S 为孔隙表面积,μm^2;V 为孔隙体积,μm^3;r_c 为毛细管半径,μm。

对于毛细管压力有

$$p_c = \frac{2\sigma \cos\theta}{r_c} \tag{8-12}$$

$$r_c = \frac{2\sigma \cos\theta}{p_c} \tag{8-13}$$

式中,p_c 为毛细管压力,MPa;σ 为流体表面张力,N/m;θ 为润湿角,(°)。

令

$$k = \frac{2\sigma \cos\theta}{\rho_2} \tag{8-14}$$

则由以上两式联立可得:

$$p_c = \frac{2\sigma \cos\theta}{\rho_2 T_2} = \frac{k}{T_2} \tag{8-15}$$

由上式可以看出,毛细管压力与 T_2 成反比。

2. 储层脆性评价

页岩气开发多采用水平井和多级分段压裂的钻完井工艺，因此开展页岩脆性评价非常重要。利用 XRF 元素录井可获取地层元素含量，选取能代表硅质、黏土和钙质的敏感元素进行脆性判断，从而可大致反映页岩的力学性质。引入脆性指数（BI）对页岩储层脆性进行定量评价，利用检测样品 Si、Ca、Mg 元素含量值，可计算获得脆性指数（BI）。

$$BI = \frac{Q - Q_{\min}}{Q_{\max} - Q_{\min}} \tag{8-16}$$

式中，Q 为测量点 Si、Ca、Mg 元素含量测量值之和，%；$Q_{\max}$ 为测量段 Si、Ca、Mg 元素含量最大值之和，%；$Q_{\min}$ 为测量段 Si、Ca、Mg 元素含量最小值之和，%。

一般情况下，$BI > 0.6$ 为高脆性，$0.4 \leqslant BI \leqslant 0.6$ 为中等脆性，$BI < 0.4$ 为低脆性。

3. 含气性评价

1）游离气含量

游离气含量取决于页岩的有效孔隙度和含气饱和度，其中含气饱和度计算公式（韩国生等，2015）如下：

$$S_g = 1 - (T_{gb}/T_g)^{1/n} \tag{8-17}$$

$$S_w = (T_{gb}/T_g)^n \tag{8-18}$$

式中，S_g 为地层含气饱和度，%；S_w 为地层含水饱和度，%；T_g 为全烃异常值，%；T_{gb} 为全烃背景值，%；n 为含烃饱和度指数，量纲为 1。

气测游离气含量计算为

$$G_h = \phi \cdot S_g \tag{8-19}$$

$$G_d = \frac{\phi \cdot S_g}{B_g} \tag{8-20}$$

$$G_f = \frac{G_d}{\rho_b} \tag{8-21}$$

式中，G_h 为地层含气量，m^3/m^3；G_d 为地面含气量，m^3/m^3；G_f 为游离气含量（地面标准状况下），m^3/t；B_g 为天然气体积系数，量纲为 1，通常取值为 0.003 5；ρ_b 为储集层岩石密度，t/m^3；ϕ 为孔隙度（由电测资料获取），%。

2）吸附气含量

吸附气含量主要是根据地球化学分析的总有机碳含量来确定。研究表明，总有机碳含量与吸附气含量呈正相关关系。

$$G_S = A C_{to} + B \tag{8-22}$$

式中，G_S 为吸附气含量，m^3/t；C_{to}为总有机碳含量，%；A、B 为系数。

3）总含气量

页岩总含气量等于吸附气含量、游离气含量和溶解气含量之和，计算公式为

$$G_t = G_f + G_S + G_d \tag{8-23}$$

式中，G_t 为总含气量，m^3/t；G_d 为溶解气量，m^3/t。

由于页岩中所含的溶解气量较少，总含气量可近似等于吸附气含量与游离气含量之和。

8.4 固井与完井

8.4.1 固井

固定是向井内下套管，并向井眼和套管之间的环形空间注入水泥的施工作业过程，包括下套管和注水泥两个部分。

1. 套管柱设计

1）套管柱设计原则

套管柱设计的目的是保证套管在整个寿命内的应力值均在安全范围内，使气井得

到可靠的保护。具体设计原则介绍如下。

（1）应满足钻完井、采气作业等工艺要求。生产套管不仅要承受射孔对套管强度的要求，还要承受在长期开采过程中气体进入油套环空之间较高的内压力。一些气井可能含有 H_2S、CO_2 等腐蚀性气体，生产套管设计要经得住开采过程中井下高温、高压和地层流体腐蚀等破坏。

（2）对于抗挤、抗内压、抗拉安全系数，需要结合页岩气地质特征、套管柱外载荷性质及套管强度合理确定。

（3）除理论计算之外，套管强度与套管柱之间的受力平衡关系还需要根据井下工作状况具体确定，确保安全第一。

（4）在满足强度要求条件下，尽量降低成本。

2）套管柱设计

套管柱设计之前需要首先了解套管的尺寸及下入深度、钻井液密度、地层孔隙压力梯度和地层破裂压力梯度、井径、完井方法等。页岩层段气体组分中，或多或少都会含有一定比例的 H_2S、CO_2 等气体，套管柱设计应满足 H_2S 和 CO_2 的防腐要求。

2. 注水泥

为了确保各层套管一次固井成功和水泥环胶结质量，对水泥浆密度、水泥上返井深、水泥浆体积及水泥型号等系列数据的设计，需要根据每层套管的下深、套管尺寸等来进行。注水泥过程具体要求如下。

（1）保证施工过程中水泥浆在井下温度和压力条件下的性能稳定，保证施工安全和提高固井质量。

（2）要求水泥浆的防气窜和防漏失，要求流变性和沉降稳定性良好，要求耐腐蚀、体积收缩少。

（3）使用添加剂应具有良好的配伍性和稳定性，满足泥浆失水、流变性、稠化时间等性能要求。

3. 固井质量要求

固井要求各层套管水泥均要返至地面，施工过程中要采取有效措施保证水泥浆返至地面，保证固井质量。固井质量要求具体如下。

（1）各层套管固井后进行声幅测井和全井筒套管柱试压。

（2）套管固井后检查固井质量，不松动，环空无间隙，水泥塞高度、强度合适。

（3）各层套管应下至预定深度，固井水泥浆应返至地面，未返出要及时采取补救措施。

8.4.2 完井

1. 完井方式选择

气井完井方式取决于页岩气地质特征、工程要求及钻完井工程技术水平等多个方面。鉴于页岩储层致密，页岩气井必须经过压裂改造后才能投产，为了满足压裂施工要求，必须采用特殊的完井工艺技术。

页岩气井的完井方式主要有裸眼完井、筛管完井及套管完井等，具体包括利用低砂浓度携砂液冲击岩石形成射孔通道的水力喷射射孔完井、借助滑套系统与膨胀封隔器组合对套管实施操作的机械式组合完井、下套管固井后通过高速喷射流将套管和岩层射穿的套管固井后射孔完井及利用组合式桥塞实施分段射孔和压裂的组合式桥塞完井等（表 8－1）。最常用的是套管固井后射孔完井和组合式桥塞完井。

表8－1　页岩气井主要完井方式及优点

完井方式	优　　点
裸眼完井	气层裸露面积大、气体流入井筒的阻力小
水力喷射射孔完井	工艺成熟、操作灵活简单，可进行多层射孔施工，缩短完井工期
机械式组合完井	对长水平段页岩气井的压裂效果较好
套管固井后射孔完井	工艺相对简单，减少封隔器的使用数量，还可以大幅度节约工程时间
组合式桥塞完井	对各段分别实施压裂，压裂效果较好

2. 射孔方案

通过射孔，将页岩裂缝与井筒直接连通，易于达到减少井筒附近已有裂缝的弯曲程度、增加井筒周边裂缝的数量、形成压裂液诱导通道、降低井筒附近的压力损耗等目的。符合地应力场条件的大孔径或分段多簇射孔有利于为进一步作业提供良好条件。

(1) 射孔方式

射孔方式主要包括利用聚能效应提高射孔穿深的聚能射孔、利用定向仪器实现射孔方向控制的定向射孔、采用分簇布弹并进行扇面射孔的定面射孔、将聚能射孔与推进剂燃烧相结合的复合射孔、在井内液柱压力低于储层压力条件下的负压射孔、在聚能射孔基础上利用高压和高速进行射孔的超正压射孔以及利用激光发生器产生的高功率相干光进行作业的激光射孔等(表8-2)。其中,复合射孔、定向射孔和定面射孔是页岩气完井中常用的射孔方式。

表8-2 各种射孔方式及其效果特点

射孔方式	效果特点
聚能射孔	加大射孔穿深
定向射孔	避开断层或水层,满足射孔的方向性要求
定面射孔	以扇形射孔面的优势替代射孔点,降低储层破裂难度
复合射孔	在近井地带形成裂缝网络,可多层同时施工
负压射孔	避免孔眼堵塞,减轻射孔液所产生的储层伤害
超正压射孔	产生微裂缝,解除产层堵塞
激光射孔	延长孔深

(2) 射孔液

为了减轻储层污染,对射孔液的选择宜遵循两点:一是射孔液与页岩储层、地层流体之间的配伍,防止射孔过程中和射孔后对储层造成伤害;二是满足射孔施工工艺要求,即密度可调、腐蚀性小、高温下性能稳定、无固相、低滤失、成本低及配置方便等。常用的射孔液主要有无固相清洁盐水射孔液、油基射孔液和聚合物射孔液等(表8-3)。

(3) 射孔位置的选择

射孔位置的优选需要在完成地质目标的前提下进行,满足以下条件:最小单层页岩厚度大于6 m;TOC 大于1.5%~2.0%,R_o大于0.7%;脆性矿物含量大于30%,黏土矿物含量小于30%;孔隙度大于1.0%,渗透率大于$0.0001\times10^{-3}\ \mu m^2$;储层气测异常

表8-3 常用射孔液及其特点

体 系	特 点
无固相清洁盐水射孔液	成本低、配制方便，使用安全；对裂缝较发育、速敏较为严重的地层不宜使用
油基射孔液	采用原油或柴油加入一定量的添加剂作为射孔液，油基射孔液的滤液为油相，避免了气层的水敏效应
聚合物射孔液	主要应用于可能产生严重漏失、滤失或射孔压差较大、速敏较严重的气层

明显，含气量大于0.5 m^3/t；杨氏模量大于20.67 GPa，泊松比小于0.25；固井质量好，避开水层或者含气水层等。

(4) 射孔几何参数

射孔几何参数主要包括孔密、孔深、孔径及射孔相位等。射孔之前，需对射孔弹进行计算，然后根据产能比(射孔参数优化设计的目标函数)的大小进行排序，产能比最大的射孔弹为最优。根据优化计算出来的结果选择射孔弹，使气井产能得以最大程度的解放。

3. 完井要求

(1) 交井时采气树及所需各附件必须配备齐全，套管头和采气树安装牢固。采气树安装完后，将井号标在大四通上。

(2) 井口装置、采气树安装前按其额定工作压力进行室内试压。

(3) 在两层套管的环形空间安装符合要求的压力表和阀门，监测环形空间压力。

(4) 完井洗井过程确保井口进出口清水密度差不大于0.01 g/cm^3。

8.4.3 气层保护

储层保护贯穿于页岩气钻完井、生产作业等整个过程。在页岩气开发过程中，应根据页岩储层的地质特点及引起伤害的主要原因开展页岩储层保护。

(1) 钻遇页岩层段时，选择合理的钻井液密度尤为重要，避免形成过大的正压差，减小钻井液对储层的伤害。

(2) 钻遇含气页岩层段时,钻井液中宜适当添加表面活性剂,降低表面张力,降低贾敏伤害。

(3) 控制页岩层段钻井液的滤失量,减小液相对储层的伤害。

(4) 选用可酸溶的钻井液处理剂,有利于酸化解堵,提高增产作业效率。

(5) 压井液中加入与储层孔喉配伍性较好的暂堵材料,减弱压井液中固相粒子引起的储层伤害。

8.5 技术展望

尽管在页岩气钻井、录井、固井、完井等方面已经形成了相应的配套方法和工艺技术,但随着页岩气勘探开发程度的不断深入,对各种方法技术和工艺的适应性提出了更高的要求和更大的挑战,需要继续围绕以下几方面开展工作。

从耐研磨地层破岩机理出发,研制高效钻头,有效提高页岩气钻井的机械钻速,进一步完善钻井液体系,减少钻井液的循环漏失,进一步优化页岩气水平井井身结构和完井方式;提高录井技术的时效性与可靠性,缩短钻井与录井测量中样本采集与实验分析过程中的“时间差”,提高录井技术定量化水平,开发新的录井技术手段;探索应用泡沫水泥固井技术,提升现有固井计算机模拟与设计软件的先进性,加强可视化固井施工现场监测与作业评价;定面射孔、定射角射孔及定方位射孔的“3D”射孔技术及其配套工艺、耐高温高压、满足深井射孔需求的高温深穿透射孔弹、高压射孔枪、抗硫防爆射孔器材、分段和分簇压裂等,均是未来射孔技术的发展方向。

第9章

页岩气开发

9.1 页岩气开发地质

9.1.1 页岩气藏描述

为了更加合理地进行页岩气工业开发,需要对页岩气的赋存状态和分布特征进行系统描述,即采用各种地质、地球物理、钻井及数学地质等方法、技术和手段,对页岩及页岩气的各类主要地质指标和参数分布进行描述、分析和预测。

1. 页岩空间分布

结合地质、钻井、地球物理等方法和手段,根据页岩的沉积环境和构造变化,对符合页岩气形成与富集条件的富有机质页岩进行空间分布研究和预测,包括富有机质页岩厚度、面积、埋藏深度、页岩岩性变化及内部组构等要素。

2. 页岩储集物性

借助各种孔隙结构分析、等温吸附测试、测井解释及含气性研究等手段,对页岩孔隙类型、大小分布、连通性、裂缝空间和有机质吸附比表面、吸附能力等进行描述和预测,为分析其地下条件时的游离气、吸附气、总含气能力及预测实际含气量等提供依据。

3. 流体性质

流体性质主要包括天然气的组成和地层水的性质。前者主要表达为 CH_4、C_2H_6、C_3H_8 等烃类的含量,确定是否含 H_2S、CO_2、N_2 等非烃类气体和凝析油,为判断气藏类型提供参考。后者主要涉及 pH 值、矿化度、主要离子(HCO_3^-、SO_4^{2-}、Cl^-、Mg^{2+}、Ca^{2+} 等)含量等,进而达到判断地层水水型、水体来源(地层水、压裂液及凝析水)及进行地层水系统分析等目的。

4. 页岩含气性

页岩含气性可通过现场解吸、等温吸附实验、测井评价、气测录井及试气等多种方式获取。基于页岩含气性影响因素分析,刻画页岩含气量及其非均质性变化,分析页岩游离气含量、吸附气含量及可采性变化,为进一步勘探开发提供决策依据。

5. 页岩可压性

(1) 岩石脆性

目前常利用脆性矿物含量法和修正的 Rick Rickman 法对页岩的脆性指数进行计算,脆性指数越高,说明页岩储层越容易压裂,形成复杂缝网的可能性越大。统计结果表明,具备页岩气工业开采价值的页岩脆性矿物(石英、长石、方解石、白云石和黄铁矿等)含量一般大于40%。

(2) 岩石力学性质

杨氏模量和泊松比是表征页岩岩石力学性质的主要参数,泊松比反映了页岩在压力下破裂的能力,而杨氏模量反映了页岩被压裂后保持裂缝的能力,页岩杨氏模量越高、泊松比越低,脆性越强。目前常以杨氏模量大于20.67 GPa(3×10^6 psi)、泊松比小于0.25来划分页岩的高脆性范围(盛秋红等,2016)。

(3) 应力场

应力场条件决定了天然裂缝的赋存状态、水力裂缝的扩展方位和开发井网的部署设计。压裂过程中,裂缝在地层中总是倾向于平行最大应力方向延伸。如果地层中最大水平应力和最小水平应力的差值过大,那么地层中的水力裂缝一般会沿着同一方向延伸,缝网就难以形成。目前,常用水平地应力差异系数来评价压裂造成的裂缝网络,即当水平地应力差异系数在0~0.3时,能够形成复杂的裂缝网络;当水平地应力差异系数在0.3~0.5时,在高的净压力作用下能够形成较为复杂的裂缝网络;当水平地应力差异系数大于0.5时,不能形成裂缝网络(Gu等,2016)。

(4) 天然裂缝

天然裂缝的存在是地应力不均一性的表现,其发育区带往往是地层应力薄弱地带。天然裂缝的存在降低了岩石的抗张强度,并使井筒附近的地应力发生改变,对诱导裂缝的产生和延伸产生影响。储层天然裂缝越发育,可压性越好。压裂液可通过天然裂缝进入储层产生诱导裂缝,诱导裂缝生成又能够引起天然裂缝的张开,从而使压裂液更容易进入。

6. 储层敏感性

在储层矿物成分特别是黏土矿物含量分析的基础上,开展储层速敏、水敏和盐敏、酸敏、碱敏及压敏等实验,确定储层在不同实验条件下的临界流速、水敏指数、酸敏指数及临界盐度等,对比实验前后储层物性参数(孔隙度、渗透率及孔隙结构等参数)变化,评价页岩敏感性对储层造成的损害程度,以对后期钻井作业及压裂改造过程中工作液的配置和选择提出要求。

9.1.2 三维地质建模

对储层地质特征和各类参数在三维空间中的变化及分布进行定量表征和描述的三维储层地质模型,是气藏描述、数值模拟及综合评价的基础,是储层研究由定性向定量方向发展、页岩气田开发方案优化及综合调整的依据。

1. 地质建模的原则

储层建模实际上就是建立储层结构及储层参数的三维空间分布及变化模型,原则一般包括以下几点。

(1) 充分利用多学科信息(地质、测井、地震及试井)协同建模。

(2) 确定性建模与随机性建模相结合,即在充分利用多学科信息的基础上,尽量降低储层建模的随机性,根据已有的地质、测井、地震、生产动态等资料进行合理的地质建模。

(3) 模型的规模与精细程度兼顾,即在保证足够精度的前提下,约束地质模型不宜过大、太复杂。

2. 地质建模的内容

一般情况下,一个完整的储层地质模型应包括三维构造模型和属性参数模型两部分。其中,前者主要包括断层模型和层面模型等,后者主要包括孔隙度、渗透率、含气饱和度和净毛比模型等。

3. 建模思路

(1) 充分利用地质分层和测井解释数据建立气藏构造模型。

(2) 在构造模型的基础上,建立孔隙度、渗透率和含气量、净毛比等其他属性模型。

(3) 参考储量计算的岩石密度等相关参数,应用建立的含气饱和度等模型,计算原始地质储量。

(4) 在模型粗化过程中,尽量对主力气层进行细化,保证模型模拟的精度,尽量减少网格数量,节省计算时间。

4. 地质建模过程

借助现代计算机的强大数据处理能力和可视化技术,将有限的地质认识作为基础数据,把采用科学方法模拟出来的气藏网格化,用计算机虚拟再现气藏在三维空间的变化及分布。

(1) 构造模型

构造模型的计算主要根据地震解释和钻井地质分层两种数据。对于钻井分层和地震解释都有的构造面,由于地震解释层位与钻井分层数据之间往往存在一定的偏差,而计算结果首先要与钻井分层数据保持一致;在井间和井区外,仅仅有地震解释的构造面,没有钻井分层数据,因此计算结果除了利用地震数据直接计算外,还需要进行人工编辑和校正,以保证结算结果的合理性。

网格划分分平面网格划分和垂向网格划分两种,前者的大小与井距及模型精度有关。在一定垂向分辨率条件下,垂向网格个数与小层厚度成正比。可根据工区面积及开发井网平均井距的大小,确定平面网格的精度。利用克里金方法,建立构造模型(图 9-1)。

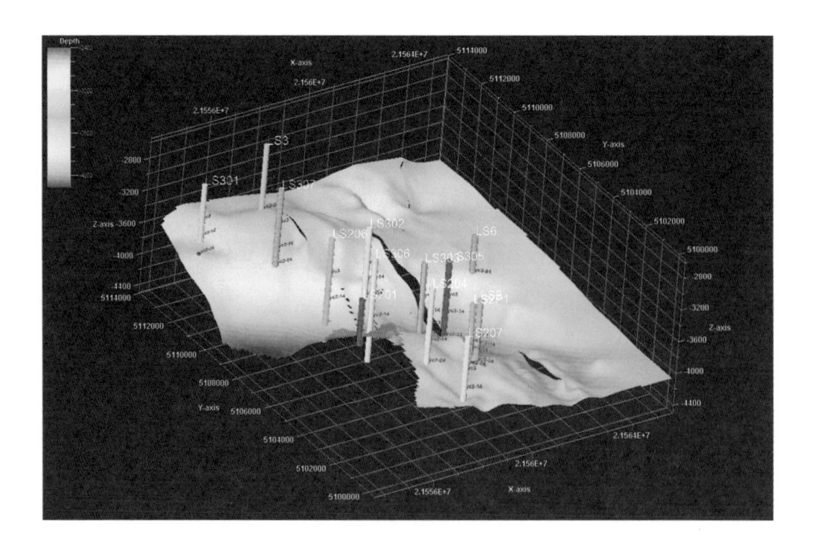

图9-1 页岩气田目的层顶面构造

（2）属性模型

Petrel 软件提供了多种属性模型的计算方法，包括确定性建模算法和随机模拟算法。在具体工作中常用序贯高斯模拟配合协克里金的方法，即利用随机模拟的方法对测井数据进行插值计算。在计算的同时，采用协克里金方法，将地震特殊处理成果数据体作为第二变量，对模拟计算进行加权和条件约束，使测井数值的插值与地震数据体的数据分布特征匹配。

采用震控方法建模，最关键的一步是选择与地震数据相关性最好的属性作为第一个基础模型。根据实际经验，基质孔隙度往往与地震相对波阻抗相关性较好，可优先建立孔隙度模型。一般情况下，渗透率是孔隙度的函数，两者具有较好的相关性，因此在渗透率模型的计算中采用孔隙度模型进行约束，使两者的分布趋势保持一致（图 9－2）。含气量模型以现场解吸的含气量、等温吸附实验获取的页岩最大吸附能力以及测井解释的含气量为基础，井间以基质属性数据体为约束条件（图 9－3）。净毛比模型直接根据测井解释标准划分为有效储层网格和无效储层网格两类，有效储层网格直接赋值为 1（100%），无效储层网格直接赋值为 0。

图 9－2　页岩气田目的层位渗透率模型

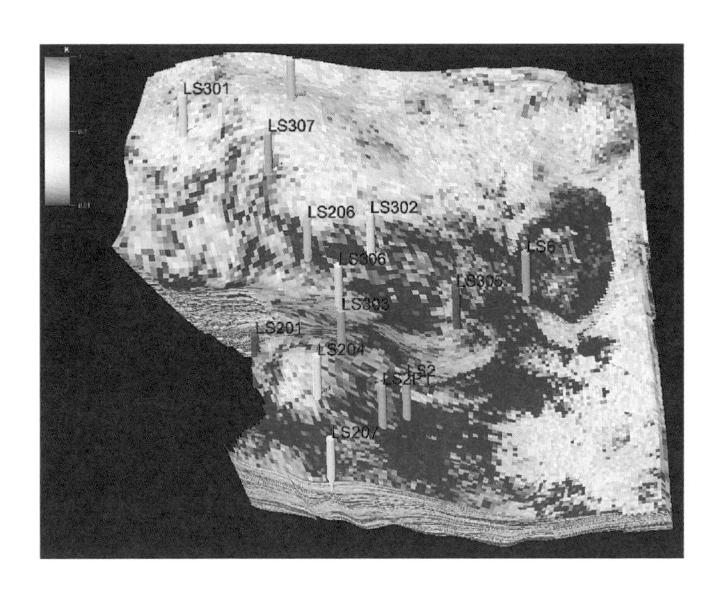

图9-3 页岩气田目的层位含气量模型

(3) 地质模型粗化

为了减小计算数据工作量,节省计算机运算时间,往往需要对精细的气藏地质模型进行粗化,并使得粗化的网格参数与精细气藏模型中的网格参数保持一致,尽可能地反映出实际地质体在垂向和平面上的非均质性。目前常用的数模软件 Eclipse 和 CMG 等都能直接接受 Petrel 软件粗化生成的网格数模数据体。

(4) 储量测算

采用三维地质模型计算地质储量的方法与容积法储量计算有所不同,三维地质模型的储量计算采用的是累加法,计算过程中没有含气面积、气层厚度等参数,而是基于已经建立的孔隙度、渗透率、含气量等模型,赋予每个网格一套储量参数值,进而计算每个网格的岩石体积、孔隙体积和地质储量,再将所有网格的储量值累加,最终得到整个模型中的地质储量,故基于网格的储量计算精度更高。

9.1.3 储量评价

1. 地质储量计算方法

页岩气聚集具有自生自储性质,可采用体积法计算其地质储量,计算公式如下:

$$G = 0.01A_g \cdot h \cdot \phi \cdot S_{gi}/B_{gi} \tag{9-1}$$

$$B_{gi} = p_{sc} \cdot Z_i \cdot T/(p_i \cdot T_{sc}) \tag{9-2}$$

式中，G 为地质储量，10^8 m^3；A_g为含气面积，km^2；h 为页岩有效厚度，m；ϕ 为有效孔隙度，%；S_{gi}为原始含气饱和度，%；B_{gi}为原始天然气体积系数，量纲为 1；p_{sc}为地面标准压力，MPa；Z_i为原始气体偏差系数，量纲为 1；T 为地层温度，K；p_i为原始地层压力，MPa；T_{sc}为地面标准温度，K。

2. 储量评价参数

1）评价单元划分

储量评价单元的平面划分一般按区块进行。受同一构造、断层、岩性边界控制的气藏，在储层特征和流体性质方面具有相似性，可视为一个评价单元。储量评价单元的纵向划分一般按小层进行，保证单层厚度不易过大，当页岩岩矿组成差别较大时，可划分为不同的计算单元。

2）储量评价参数

储量评价参数包括含气面积、有效厚度、有效孔隙度、原始含气量及原始天然气体积系数等。

（1）含气面积

根据气藏类型、气层分布特征、井控程度及试气成果，可确定含气面积。含气面积的圈定原则是：含气范围内的井须经试气、气测录井及测井综合解释证明为气层，且能够达到储量起算标准（表 9－1）；气层分布受边界断层控制时，以断层为含气面积边界

表9－1　页岩气储量起算标准（页岩气资源/储量计算与评价技术规范，2014）

气藏埋深/m	直井单井产气量/(10^4 m^3/d)	水平井单井产气量/(10^4 m^3/d)
≤500	0.05	0.5
500～1 000	0.1	1.0
1 000～2 000	0.3	2.0
2 000～3 000	0.5	4.0
>3 000	1.0	6.0

线;当井控程度较低时,外推一个半井距为含气面积计算线。根据上述原则,可对不同的评价单元分别进行含气面积的圈定。

(2) 有效厚度

以测井、试气及试采资料为依据,在研究岩性、物性、电性、含气性、裂缝、脆性及地应力等关系后,可确定有效厚度划分的物性、电性等下限标准。根据确定的下限标准划分单井有效厚度,进而利用有效厚度等值线面积加权法可求得各储量评价单元的平均有效厚度。

(3) 有效孔隙度

有效孔隙度可通过岩心分析获取,也可利用测井解释求得,两者的相对误差不能超过 ±8% 。利用有效孔隙度测井解释模型计算出的孔隙度,须经过覆压资料校正,进而用有效厚度加权,最终确定储量评价单元的有效孔隙度值。

(4) 原始含气量

含气量可通过核磁共振和岩电参数确定,再用密闭取心测试进行分析验证,两者的相对误差不能超过 ±5% 。对比两种计算结果,选取与密闭取心分析结果接近的单井含气量,最后利用有效厚度和有效孔隙度加权求得各储量评价单元的原始含气量。

(5) 原始天然气体积系数

考虑含气页岩层段的温度、压力、天然气组分、流体性质等参数,利用式(9-2)分别计算各评价单元的原始天然气体积系数。其中,原始气体偏差系数(Z_i)可由实验室气体样品测定,也可根据组分法利用 Saphir 软件计算获取。

3. 储量评价

根据容积法公式及上述确定的各项储量参数,落实各评价单元的储量规模和储量丰度。

由物质平衡方程可推得可采储量的计算公式:

$$G_R = G\left[1 - \frac{(p/Z)_a}{(p/Z)_i}\right] \tag{9-3}$$

式中,$(p/Z)_a$ 为视废弃地层压力,MPa;$(p/Z)_i$ 为视原始地层压力,MPa。

依据可采储量规模分类和可采储量丰度分类(表9-2和表9-3),可对页岩气藏

表9-2 天然气藏储量规模分类(页岩气资源/储量计算与评价技术规范,2014)

分类	可采储量/(10^8 m^3)	分类	可采储量/(10^8 m^3)
特大型	≥2 500	小 型	2.5~25
大 型	250~2 500	特小型	<2.5
中 型	25~250		

表9-3 天然气藏储量丰度分类(页岩气资源/储量计算与评价技术规范,2014)

分类	可采储量丰度/(10^8 m^3/km^2)	分类	可采储量丰度/(10^8 m^3/km^2)
高	≥8.0	低	0.8~2.5
中	2.5~8.0	特低	<0.8

的规模进行评价。

9.2 试采方案

在页岩气井试气的基础上,为进一步了解页岩储层纵横向变化规律、确定页岩气井产能、落实区域可采储量,需进一步开展页岩气井试采,以便为后续开发方案编制提供技术资料支撑。与试气相比,试采能够取得更多的页岩气井生产资料,数据结果也更为可靠。

9.2.1 试采目的与要求

1. 试采目的

通过对部分探井或者评价井一定时间段的试采,深化对页岩储层连续性、连通性和非均质性的认识,评价页岩气储量的可动用性,预测页岩气可采储量,最大限度地减小投资风险。研究页岩气井试采特点和产能变化规律,确定气井合理工作制度,建立气井产能方程，评价气井产能。获取足够的动态资料，认识页岩气藏温压系统和流体性质，确定流体组分和相态特征，确定合理高效的开发方式、采气及地面工艺技术优化方案。开展必要的试采试验，为确定有效的开发技术提供依据。

2. 试采要求

（1）页岩储层致密，单井基本无自然产能，需要压裂才能投产。压裂气井的稳产能力差、压力恢复较慢，应采用修正等时试井方式，要求采用多种工作制度试采。

（2）页岩储层非均质性较强，短期试采难以确定其稳定产能，在完成试采任务的前提下，应尽量延长试采时间，一般要求试采时间至少应在 1 年左右，必要时可根据储量规模作适当调整。

（3）试采期间气井配产必须满足试采工作的需要，建议以气井无阻流量的 15%～20% 进行配产，采气速度宜设定为 2%～5%。

（4）试采井必须严格按照试采方案录取钻井基本数据、地层分层、储层物性、井深结构、生产制度、油气水产量、温压、试井等各项资料，定期编制试采月报。

9.2.2 单井试采阶段

将单井的系统试采分为产能测试、短期试采、关井压力恢复、定产降压试采等四个阶段（图 9－4）。

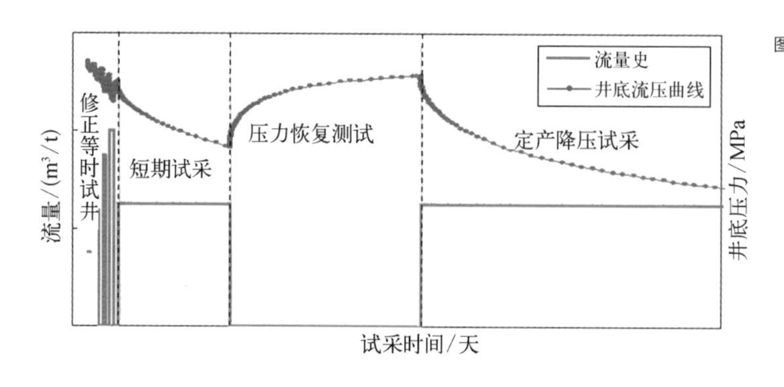

图 9－4 单井试采曲线

（1）产能测试

试采前应测试初始地层压力，监测井筒内静压力梯度与静温梯度。进行一次规范的全井产能试井，建立气井产能方程。

（2）短期试采

依据试采井情况分析，短期试采时间以30～60天为宜，产量安排初步定为试气时算得无阻流量的1/6～1/3，具体产量大小根据页岩气钻井地质及试气情况确定。

（3）关井压力恢复

通过对压力恢复曲线进行解释，可获得多种认识：确认页岩储层介质类型，计算页岩储层参数（包括渗透率、地层系数、表皮系数、双重介质参数及压裂完井参数等），初步建立页岩储层模型，预测试采阶段的全井产量和压力变化趋势，并对试采过程设计作出相应调整。

（4）定产降压试采

掌握页岩储层边界和有效供气范围、单井控制动态储量、稳产时间等重要信息。该阶段是整个试采过程的主体，也是试采过程中采出气量最多、压力下降最快的阶段。依据短期试采产量安排制定合理的工作制度，一般要求试采末期压力降落在0.01～0.015 MPa/d以内。

9.2.3 动态监测

动态监测具体包括以下6个方面的内容。

（1）井底静压力实测：页岩气藏定期关井实测各井井底静压力，试采期间页岩气藏关井实测静压力不少于2次。

（2）观察井设置：一般可设置1～2口，观察井数量可根据含气面积、储量规模、地质复杂情况适当增减。

（3）生产测井：对有代表性的试采井要进行生产测试，了解产气剖面。具体的生产测井系列主要包括生产动态测井、工程技术测井、产层参数测井三个方面。生产动态测井主要包括流量、井温、压力、注入剖面和产液剖面测井等；工程技术测井主要包括固井质量评价、磁性定位、自然伽马测井等；产层参数测井主要包括碳氧比能谱、硼中子寿命和脉冲中子衰减(PND－S)测井等。

(4) 地层测试：新完钻的气井和观察井，目的层段要进行重复地层测试，以了解地层压力剖面及储量动用状况。

(5) 流体监测：对 H_2S、CO_2、N_2 含量高的页岩气井定期(一般可间隔半年至一年)取样进行全组分分析。

(6) 开展增产措施实验及评估，并进行跟踪调整。

由于目前国内页岩气井的试采资料较少，单井稳定产能、井控动态储量和页岩储层横向连续性等动态特征不落实，压裂改造可能会导致气层与水层沟通，会给气藏开发带来较大的风险。这就需要根据新的地质认识和生产动态，核实单井产能，深化储层地质认识，进一步落实地质储量。

9.2.4 试采资料分析

1. 试采资料整理

1) 回归整理井筒温度资料，分段列出温度与井筒的关系式：

$$T_R = a + b \cdot D_w \tag{9-4}$$

式中，T_R 为井筒温度，℃；a、b 为回归系数；D_w 为井深，m。

2) 气井的地层压力一般折算到气层中部深度，以便井间对比。对比分析由井口压力计算的井底压力与实测的井底压力。

3) 编制单井试采动态曲线、地层系数等值线图、不同时期的地层压力等值线图及压力纵、横剖面图。

4) 试井分析应计算气井无阻流量、地层系数、有效渗透率、表皮系数、探测半径、平均地层压力等。如果试井曲线有裂缝反映，则应计算裂缝半长及裂缝导流能力。

5) 计算含气层平均地层压力

(1) 页岩储层分布比较稳定、横向连续性比较好时，采用算术平均算法：

$$\bar{p}_{\mathrm{R}} = \sum_{i=1}^{n} \frac{p_{\mathrm{R}i}}{n} \tag{9-5}$$

（2）页岩储层平面连续性比较好、纵向厚度变化比较大时，采用有效厚度加权平均法计算：

$$\bar{p}_{\mathrm{R}} = \frac{\sum_{i=1}^{n} H_i \cdot p_{\mathrm{R}i}}{\sum_{i=1}^{n} H_i} \tag{9-6}$$

（3）气层平面连续性比较好，且储层孔隙、厚度分布均匀时，采用面积加权平均法计算：

$$\bar{p}_{\mathrm{R}} = \frac{\sum_{i=1}^{n} A_{\mathrm{g}i} \cdot p_{\mathrm{R}i}}{\sum_{i=1}^{n} A_{\mathrm{g}i}} \tag{9-7}$$

（4）气层参数变化比较大时，采用有效孔隙体积加权算法计算：

$$\bar{p}_{\mathrm{R}} = \frac{\sum_{i=1}^{n} A_{\mathrm{g}i} \cdot \phi_i \cdot p_{\mathrm{R}i}}{\sum_{i=1}^{n} A_{\mathrm{g}i} \cdot \phi_i} \tag{9-8}$$

（5）气层动静态参数不足且处于视稳态生产阶段时，采用累积产量加权平均法计算：

$$\bar{p}_{\mathrm{R}} = \frac{\sum_{i=1}^{n} G_{\mathrm{p}i} \cdot p_{\mathrm{R}i}}{\sum_{i=1}^{n} G_{\mathrm{p}i}} \tag{9-9}$$

以上各式中，$\bar{p}_{\mathrm{R}}$ 为平均地层压力，MPa；$p_{\mathrm{R}i}$ 为单井地层压力，MPa；H_i 为单井气层有效厚度，m；$A_{\mathrm{g}i}$ 为单井控制含气面积，m^2；ϕ_i 为单井气层有效孔隙度，%；$G_{\mathrm{p}i}$ 为单井累积产气量，$10^8\ \mathrm{m}^3$；n 为测压井数，口。

6）井控储量计算

由于页岩储层致密，气井需通过压裂改造才能投产，人工裂缝沟通的有效动用面积增加，使得气井的控制储量增加。以单井压裂改造为单元研究气井的泄气体积，发展了单井预测模型（图 9－5、图 9－6），可以指导页岩气藏的有效开发。

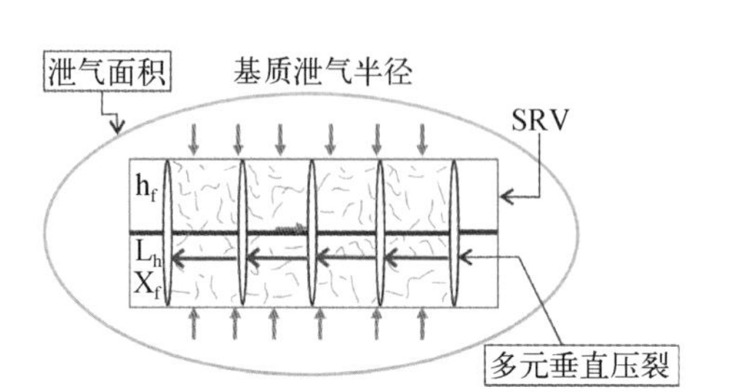

图9-5 水平井静态控制储量模型

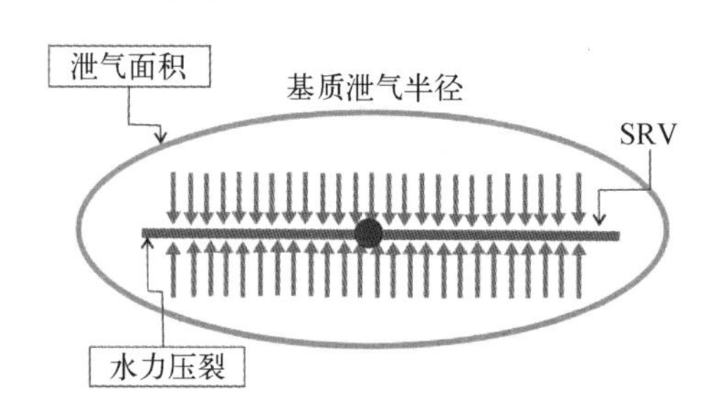

图9-6 直井静态控制储量模型

(1) 水平井井控静态储量计算

计算气藏改造体积: $SRV = 2x_f \cdot L_h \cdot h_f$ (9-10)

计算整体泄气体积: $V_h = \pi(L_h/2 + r_g)(x_f + r_g)h_f$ (9-11)

水平井静态控制地质储量

$$G_h = V_h \cdot \phi \cdot S_{gi}/B_{gi} = \pi(L_h/2 + r_g)(x_f + r_g)h_f \cdot \phi \cdot S_{gi}/B_{gi} \quad (9-12)$$

(2) 直井井控静态储量计算

计算气藏改造体积: $SRV = 0.01x_f \cdot h_f$ (9-13)

计算整体泄气体积: $V_h = \pi r_g(x_f + r_g)h_f$ (9-14)

直井静态控制地质储量: $G_h = V_h \cdot \phi \cdot S_{gi}/B_{gi} = \pi r_g(x_f + r_g)h_f \cdot \phi \cdot S_{gi}/B_{gi}$ (9-15)

式中,L_h为水平段长度,m;x_f为裂缝半长,m;h_f为裂缝高度,m;r_g为泄气基质半径,m;ϕ为有效孔隙度,%;S_{gi}为原始含气饱和度,%;B_{gi}为气藏原始体积系数,m^3/m^3。

2. 试采评价内容

(1) 气井产能评价: 计算单井无阻流量,评价不同产量规模井的稳定产量及不同生产制度下的稳产时间。

(2) 气层连通性分析：对气层、气井的连通性进行分析，对不同生产年限的气井控制半径进行分析。

(3) 气井增产措施效果评估：对比分析增产前后的测试和生产资料，对增产效果进行评估。对影响增产效果的地质因素进行评估，对不同类型气井增产效果进行综合评估，优选出有针对性的工艺技术。

(4) 气水关系及水体能量评价：对气层水体活动及活跃程度进行分析，对地层水对气井生产影响程度和水侵方式进行分析。

9.3 开发方案

9.3.1 页岩气开发

1. 页岩气开采过程

页岩气采出过程可分为3个阶段(图9-7)。

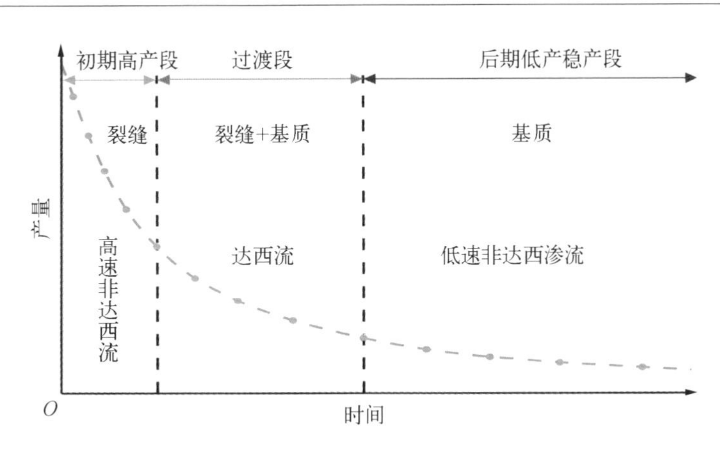

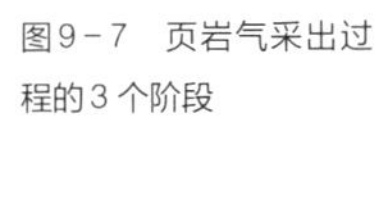
图9-7 页岩气采出过程的3个阶段

（1）初期高产阶段：微裂缝中的游离气被采出，开采速率较高但迅速递减，主要是裂缝对产能的贡献。

（2）过渡段：基质孔隙向裂缝补给，基质孔隙和微裂缝中的游离气采出，开采速率明显减小。

（3）后期低产稳产阶段：主要是基质孔隙对产能的贡献，气体主要来自吸附气的解吸扩散。游离气和吸附气的产出比例因页岩气藏特点而不同，如 Barnett 页岩气藏以游离气采出为主，只有当压力降到 7 MPa 以下时，吸附气解吸才变得重要；Antrim 页岩气藏压力较低，开采中随压力降低以吸附气采出为主（张东晓等，2013）。

页岩气的开采通常分两个步骤：一是钻直井或水平井进入含气页岩层段；二是应用水力分段压裂技术在页岩层段中形成缝网系统，使赋存在低孔低渗页岩中的天然气在压降或浓度差作用下进入生产井筒。需要注意的是，若前期地质评价对地层水层解释有误或者压裂方案设计不当，页岩气井在压裂过程中可能会沟通水层导致气井产水，使得气体流入井底的渗流阻力增加，气液两相沿气井向上的管流总能量消耗将显著增大。随着水侵影响加大，气层的采气速度下降，气井的自喷能力减弱，单井产量迅速递减，直至井底严重积水而停产。针对页岩气井产水的情况，目前国内外常用排水采气法排除井筒积水，从而恢复气井产能。因此，在进行压裂工作之前，需要做好地质相关评价工作。

2. 试气求产和测试

1）试气求产

页岩气井射孔压裂后气井能自喷，可直接采取放喷方式求产；若不能自喷，应根据气井的产液能力和试气设计，采用气举替喷或其他方式诱喷求产。

（1）放喷时应考虑井身结构，设置合理的放喷压力，防止井底出砂和套管变形；应随时注意井口压力及风向变化，一般采用节流阀控制放喷，不应猛开猛放。分离的液体应排入计量池，排入大气的天然气应点火燃烧。

（2）若采用气举方式诱喷时，一般选择 N_2 或者 CO_2 进行作业，不应采用空气；若采用替喷方式诱喷，除特殊情况外，一般选择正循环替喷，替喷过程中宜严格控制排量。

2）测试

（1）测试要求

① 当井口产出气体含液量低于 0.5% 时即可求产，一般只求得一个高回压（即最

大关井压力的 80%~90%)下的稳定产量数据。若压力波动范围小于 0.1 MPa,产量波动范围小于 10%,即视为基本稳定。

② 产水气井待入井液排完后,取水样进行分析化验,证实为地层产出水后即可进行测试。

③ 对于不能自喷的低产井,可采用探液面法进行测试。根据氯离子含量变化,证实为地层水后,以所测液面恢复资料计算日产液量。

(2) 测试计量方法

① 当 $p_2 \leqslant 0.546p_1$ 时,气体达到临界状态,气井测试产量按下式进行计算:

$$q_{sc} = 18.7d^2 p_1 (\gamma_g Z_1 T_1)^{\frac{1}{2}} \tag{9-16}$$

② 当 $p_2 > 0.546p_1$ 时,气体未能达到临界状态,气井测试产量按下式进行计算:

$$q_{sc} = 0.031\,2d^2 \left[\frac{(p_1 - p_2)(0.546p_2 + 0.45p_1)}{\gamma_g Z_1 T_1} \right]^{\frac{1}{2}} \tag{9-17}$$

式中,q_{sc}为在标准状况下的气井产气量,$10^4\ m^3/d$;d 为孔板直井,cm;p_1 为上流压力,MPa;p_2 为下流压力,MPa;T_1 为上流温度,K;γ_g 为天然气相对密度;Z_1 为在 T_1、p_1 条件下的天然气偏差系数。

(3) 绝对无阻流量的确定

求出气井测试产量后,可采用一点法确定气井的绝对无阻流量,为配产提供依据。

$$q_{AOF} = \frac{6q_{sc}p_r}{[p_r + 48(p_r^2 - p_{wf}^2)]^{\frac{1}{2}} - p_r} \tag{9-18}$$

式中,q_{AOF}为气井的绝对无阻流量,$10^4\ m^3/d$;p_r 为气井地层压力,MPa;p_{wf}为气井井底压力,MPa。

9.3.2 开发技术政策

1. 开发方式选择

页岩气藏具有自生自储、没有明显的物理边界、大面积分布但局部富集的特点。

页岩气藏采用衰竭式开发方式具有如下5个优点。

（1）目前已经获得突破的页岩气藏气体组分主体以 CH_4 为主，还包括少量的 C_2H_6 和 C_3H_8 等轻烃，因此无须采用保压开采。

（2）因为不含 H_2S，故开发过程中不会出现硫化氢腐蚀等现象。

（3）页岩含气层段地层压力较高，弹性能量大，采用衰竭式开采可以充分利用其自身的弹性能量。

（4）页岩气藏普遍不产水，在开采过程中一般不会发生水侵，气井无水采气期长，有利于提高采收率。

（5）衰竭开采比其他开发方式都经济和简便易行。

2. 开发层系的划分与组合

开发层系的划分与组合主要是综合考虑各含气层段的地质特征、储量、单井产能、压力系统、流体性质及分布、隔层的发育情况等因素。因此，根据国内外页岩气田开发的实践经验和研究成果，开发层系的划分须坚持以下原则。

（1）同一套开发层系中页岩沉积特征应该基本相同，储层物性特别是渗透率差异不宜过大，同一套开发层间渗透率差异一般不宜超过5~10倍。

（2）同一套开发层系中的温压系统和流体性质等特征应基本一致。不同类型气藏的开采特征差别较大，应采用不同井网分层开采。

（3）同一套开发层系必须具备一定规模的储量，保证单井产能和井控储量能够达到较高的经济效益。

（4）同一套开发层系中纵向气层厚度不宜太大，生产井段不宜太长，保证各产层都可有效动用。

（5）不同开发层系之间要有比较稳定的隔层，避免严重的层间干扰或窜流影响气井产能。

（6）在开采工艺技术所能解决的范围内，开发层系不宜划分过细，以减小建设工作量，提高经济效益。

3. 建产模式和降本增效

按照非常规开发理念，以追求最大累产和经济效益为目标，放大生产压差，建立初期高产、后期稳产，并在短期内快速收回投资的单井建产模式。区块稳产一般靠井间接替来实现。

由于页岩气藏的开发均须压裂且压裂级数多、支撑剂和压裂液规模大、投资成本相对较高，因此需要通过实现开发全过程的“简约化、工厂化、标准化、效益化”降低成本，才能获得最大累产和经济效益。

（1）优化井身结构设计，减少套管等材料用量，优选钻头系列、钻井液体系并做好井眼轨迹的控制，提高钻速，缩短钻井周期。

（2）优化平台数，减少占地面积，降低成本，减轻环境压力，实现各个环节的高效衔接，有效降低钻井和压裂成本。

（3）实现页岩气藏开发工作程序的标准化，降低成本。

（4）采用初期高产快速收回投资、后期稳产实现盈利的建产模式，提升页岩气藏的整体开发效益。

4．开发井网部署

1）井网部署原则

应充分考虑储层平面的非均质性，总体上为不规则井网；考虑井网与裂缝的配置关系，沿裂缝主要发育方向上的井距相对较大，垂直于裂缝方向的井距相对较小。对于区域构造相对平缓、储层连续性好、气层厚度薄的页岩气藏，建议优先部署水平井。对于埋藏较浅、断裂发育、单层厚度较大或多套叠置的页岩气藏，建议部署直井。

2）井型选择

在页岩气开发过程中主体采用水平井，包括单分支井和多分支井，局部采用直井。

（1）直井费用较低，施工相对简单，技术要求相对较低，在页岩气勘探开发早期占有重要地位，经过了几十年的发展已趋完善。但直井与页岩储层接触面积较小，在井底附近气体流动阻力和压力梯度较大，易造成底水锥进，降低气藏采收率。因此，当页岩气藏进入开发阶段，直井逐渐被水平井替代。

（2）与直井相比，水平井在页岩气生产阶段有诸多优势，具体如下。

① 提高了页岩中流体的导流能力。由于水平井段分支井眼与页岩裂隙相互交错，沟通了更多的割理和裂隙，而且流体在水平井内的流动阻力相对于割理系统要小得多。

② 能够扩大井筒与页岩储层的接触面积，增加气体泄流面积，极大地提高单井产量和井控储量（图9－8）。

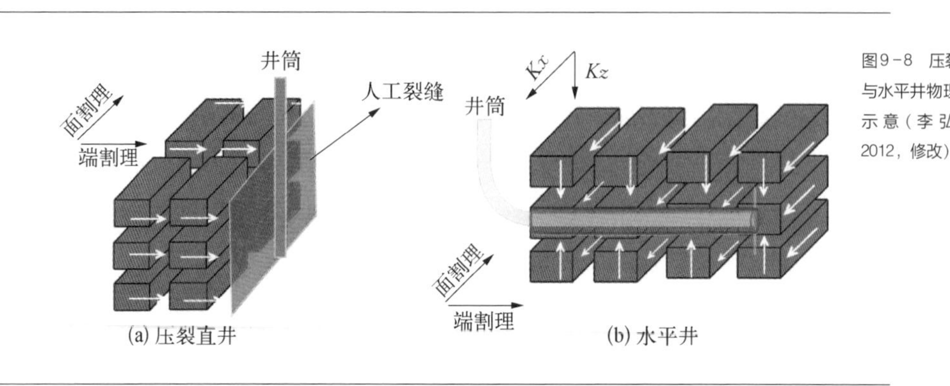

图9-8 压裂直井与水平井物理模型示意（李弘博，2012，修改）

③ 占地面积小，降低征地成本。水平井较直井可以避开河湖、建筑物等地面障碍，而且其占地面积仅需要直井的三分之一左右。

④ 水平井成本虽然是直井的2~3倍，但产量可以达到直井的3~6倍（王中华，2013），这主要是因为水平井生产时形成一个低压区而不是一个低压点，使其能在一个较高的采气速度下生产而不会形成水锥，从而延长无水采气期。

目前的水平井钻井技术主要有欠平衡钻井、旋转导向钻井以及控制压力钻井等。

3）井网井距

可通过储量丰度法、经济极限井网密度法、泄气半径法和经验法等确定页岩气藏开发的井网井距。

（1）储量丰度法

利用储量丰度法计算单井井距时，仅考虑了储量或储量丰度，未考虑储层物性和经济成本等因素，计算公式为经验来源（式9-19），故合理性有待在实践中进一步落实。

$$L_W = \frac{1.43}{\sqrt{G_d}} \times 10^3 \tag{9-19}$$

式中，L_W 为井距，m；G_d 为储量丰度，$10^8\ m^3/km^2$。

（2）经济极限井网密度法

由单井累计产气量所决定的销售总额必须要大于气井钻井、基建与操作成本等费用之和才能盈利，因此，气井必须要有足够的单井控制经济极限储量。经济极限井网密度法是基于单井控制储量计算出的经济极限井距，计算公式为

$$d = \sqrt{G_{sg} \frac{A}{G}} \quad (9-20)$$

$$G_{sg} = \frac{C + tp}{P_g E_R} \quad (9-21)$$

式中，d 为经济极限井距，m；G_{sg} 为单井控制储量，$10^8\ m^3$；A 为含气面积，km^2；G 为探明地质储量，$10^8\ m^3$；C 为单井投资，万元/口；P_g 为天然气销售价格，元/千立方米；E_R 为天然气采收率，%；t 为稳产年限，年；p 为单井年平均采气操作费用，元/千立方米。

（3）其他

泄气半径法确定的直井井距为两个裂缝半长 + 两个泄气半径，而水平井井距为两个泄气半径 + 水平段长。经验法是通过与相似页岩气藏的类比来对井网井距进行确定，在页岩气田开发早期应用较为广泛。

4）单井合理配产

（1）单井合理产量确定原则

在单井控制储量计算的基础上，综合考虑稳产年限、合理生产压差、采气速度等要求，确定合理的单井产量。

① 最大可能地合理利用地层能量。

② 单井产量不宜过小，应当大于最小极限产量和经济极限产量。

③ 气井产量应小于最大极限产量。

④ 气井产量不宜过大，应确保单井有一定的稳产时间。

⑤ 尽量延缓因压降漏斗过深而引发的裂缝闭合及应力敏感等现象的发生。

⑥ 避免气井出砂和冲蚀。

（2）单井合理产量确定方法

在勘探初期，由于缺乏详细资料，可通过类比法大致推算合理的单井产量。在试气试采评价阶段，可通过试采实际产量确定单井合理产量，也可由试气试采无阻流量的 1/6 ~1/3 确定单井产量。进入开发阶段，可通过数值模拟法优化单井配产，即根据不同地区的实际地质模型，对模型网格进行粗化，运用数值模拟软件对气井进行合理的配产，预测不同配产情况下的气井稳产时间和累计采气量，模拟结果须符合实际生产需要。数值模拟方法不仅可以对各井配产效果通过生产历史计算的方法进行检验，而且还可以提供多种生产指标,使单井产量更为合理。

5)合理采气速度与稳产期

采气速度的确定需要考虑气藏类型、流体性质、储量规模、生产压差、气田产能规划、市场对天然气的需求等因素。

借鉴低渗透气藏的开发经验,可参考确定页岩气藏的采气速度和稳产期(表9-4)。但页岩气的开发生产是一个边解吸边生产的相对缓慢过程,限制了页岩气的采气速度和稳产期限,相比致密砂岩气更慢、更长。

表9-4 不同储量规模致密砂岩气藏采气速度和稳产期参考

地质储量/(10^8 m^3)	采气速度	稳产期/年
>50	3%~5%	>10
10~50	±5%	5~10
<10	5%~6%	5~8

页岩气藏合理采气速度和稳产期的确定须满足以下条件:

(1) 能够保持较长时间的稳产;

(2) 压力均衡下降;

(3) 无水采气期长;

(4) 采收率高;

(5) 所需井数少,投资省,经济效益好。

9.3.3 开发方案设计

1. 开发方案设计原则

(1) 坚持"整体部署、集中建产、滚动调整、环保优先"的原则。

(2) 充分利用现有井场,一座井场平台一般可布井4~8口。

(3) 对于开发井,一般采取一次布井、分批实施、整体投产的方式。

（4）充分应用先进技术手段，优化方案设计，提高单井产能，力争少井高产，保证页岩气田开发效益。

2. 开发方案设计与指标预测

（1）根据前期的地质认识，确定方案要动用的含气面积和地质储量。

（2）根据已经建立的三维地质模型，提取页岩储层粗化后的构造、孔隙度、渗透率及含气量等静态模型，然后将动态的产量、压力等数据导入模型，建立模拟区域的页岩气数值模型。

（3）开展数值模型的验证，将模型计算出的气井生产数据与气井的实际生产数据进行拟合，验证模型的准确性。

（4）利用数值模型对井网井距、水平段长度、布井模式、“缝网”压裂参数、单井合理产量、采气速度与稳产期等参数进行优化。

（5）根据动用的地质储量，结合国家的能源政策和相关规定，部署几套开发方案。

（6）对设计的几套方案进行生产模拟，由于页岩气生产周期较长，建议模拟时间为 20 ~ 30 年，对各年度及最终的产气量、采气速度、地层压力变化及采出程度等指标进行预测。

（7）根据生产模拟，对比不同方案的开发效果，给出推荐方案和备选方案。

9.4 采气方案

9.4.1 采气方案设计原则

1. 采气方案设计原则

（1）以地质与气藏工程方案为依据，以储层物性、裂缝、含气性、脆性及流体特征为基础。

（2）充分利用地层能量，采用技术先进、安全可靠、经济可行的成熟工艺来提高页岩气井的经济效益。

（3）充分利用前期论证的成熟且经济可行的采气技术，提出采气工艺新技术的应用方案和攻关目标。

（4）符合国家、行业标准规范，制定健康、安全、环保应急措施。

（5）为地面工程方案设计和经济评价提供相关数据。

2. 采气技术要求

（1）气井正式投产前应进行试生产，通常采用试井分析法，确定合理的工作制度。

（2）确定合理的工作制度应遵循三个原则：预防储层污染和井身结构破坏，预防地层水对气藏的破坏以免造成气井水淹，采气速度设计合理且方案经济可行。

（3）自喷井在充分利用地层能量的基础上，选择合理的生产制度。

（4）定期进行气井动态分析。

（5）调整气井生产制度应根据新的试井资料或生产动态资料确定。

9.4.2 压裂方案设计

水力压裂是页岩气开发的关键技术，压裂施工过程中涉及压裂设计、裂缝监测、压裂工艺、压裂液与支撑剂、污水处理与环保等诸多方面的内容。其中，排量、前置液量、加砂量、砂比和加砂程序等压裂施工参数对压裂效果有着显著的影响，如何选择这些参数使增产效果达到最佳需要进行优化设计。

1. 压裂设计思路

首先，收集井筒、岩石力学、压裂液和支撑剂等相关资料，使用压裂模拟软件进行压裂分析，矫正压裂模型，建立压裂模板。然后，应用压裂模板进行压裂设计，优化排量、前置液量、加砂量、砂比和加砂程序等施工参数。目前，国外常用 Meyer 三维压裂模拟软件进行缝网的模拟。压裂设计遵循一定的设计思路，主要包括以下几点。

（1）采用大规模体积压裂形成复杂缝网的压裂理念。通过人工裂缝沟通地层微裂缝系统，形成复杂缝网（图 9－9），增加泄气面积，以达到较好的增产效果。

图9-9 体积压裂形成不同复杂程度的裂缝示意(Warpinski 等, 2009)

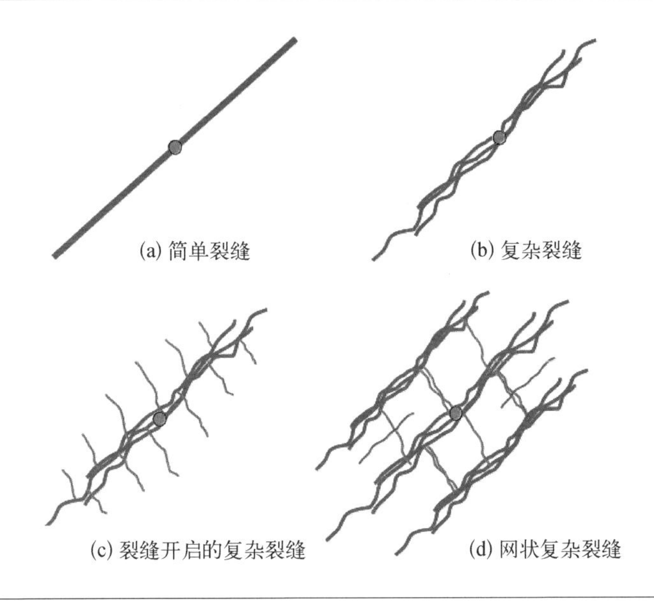

(2) 根据地质特点与压裂改造要求,合理选取压裂层段,原则上优选脆性矿物含量高、含气性好、微裂缝相对发育且水平地应力差异小等层段。

(3) 模拟分析不同缝长、施工排量对裂缝形态与产量的影响,合理优化施工参数。

(4) 采用工厂化压裂模式,提高压裂效率,降低成本。

(5) 采用井温、同位素测试及地面微地震监测技术进行裂缝监测。

2. 压裂效果影响因素

影响压裂效果的因素可以分为内因和外因,内因包括各种地质因素和条件,如地应力大小、地层非均质性及各向异性、岩石力学性质、天然裂缝发育特征及其分布等。外因主要涉及工程工艺,譬如射孔及压裂位置、压裂液与支撑剂、工程施工参数等。对于不同的页岩气藏,由于储层性质存在差异性,各因素在影响压裂效果方面发挥的作用也差别较大。为使压裂能够形成复杂的缝网系统,需要满足天然裂缝相对发育、脆性矿物含量较高、水平应力差异较小、压裂液体系黏度较低等基本条件。

3. 可压性评价

可压性评价可从页岩脆性、岩石力学性质、应力场特征及天然裂缝分布 4 个方面进行(唐颖等,2012)。

4. 压裂方式

水力压裂(图9－10)的原理是借助地面高压泵组,将超过地层吸液能力的大量压裂液泵入井筒内,在井底或封隔器封堵的井间产生高压,当压力超过井壁附近岩石的破裂压力时,就会产生裂缝。注入地层的压裂液随裂缝逐渐延伸,将带有支撑剂的混砂液注入地层以支撑被压开的裂缝。停泵后,由于支撑剂对裂缝壁面有支撑作用,在地层中就形成了有一定长度和宽度的张开裂缝。

图9－10　河南牟页1井压裂现场

目前常用的水力压裂方式较为多样。按压裂液介质,清水压裂和泡沫压裂使用较多;按布缝方式,可有同步压裂和交叉压裂之分。除此之外,水力喷射压裂、高速流动通道水力压裂、水平井多级分段压裂以及重复压裂等方式也在大量使用或创新发展之中。

(1) 清水压裂: 采用清水并添加适当的减阻剂、黏土稳定剂和表面活性剂等作为压裂液,可以极大地改善页岩储层的渗透性,减小地层伤害,该技术是美国目前页岩气开发最主要的压裂技术。

(2) 泡沫压裂: 适用于低压、低渗、水敏性较强的页岩储层,可以有效减轻压裂液对储层的伤害。

(3) 同步压裂: 对两口或多口相邻且平行的水平井交互、逐段实施分段压裂,借助应力场和裂缝的"干涉"作用使更大范围内产生裂缝。该技术的特点是促使水力裂缝在扩展过程中相互作用,产生更复杂的裂缝网络,增加有效改造体积(ESRV),提高初始产量和最终采收率。

(4) 交叉压裂:相邻井之间进行拉链式交替压裂,让页岩储层承受更高的压力,增强邻井之间的应力干扰,从而产生更加复杂的裂缝网络,最终改变近井地带的应力场。这种复杂的裂缝网络依靠增加裂缝密度和裂缝壁面表面积而形成三维裂缝网络,增加裂缝改造的波及体积,从而提高产量和最终采收率。

(5) 水力喷射压裂:采用高速和高压流体携带砂粒进行射孔,为储层与井筒之间创造通道,适用于天然裂缝较发育的页岩储层。

(6) 高速流动通道水力压裂:通过间歇性注入高浓度凝胶压裂液和高强度支撑剂,在充填层中产生高导流能力的裂缝,大幅提高单井产量,减少压裂液和支撑剂用量。

(7) 水平井多级分段压裂:利用封堵球或限流技术分隔储层不同层位进行分段压裂,提升压裂效果,是目前页岩气水平井水力压裂的主要方法(图9-11)。该方法的特点是压裂液量大,通常使用连续混配技术,施工时间长,压裂液应具有良好的携砂流变性及低伤害性能。

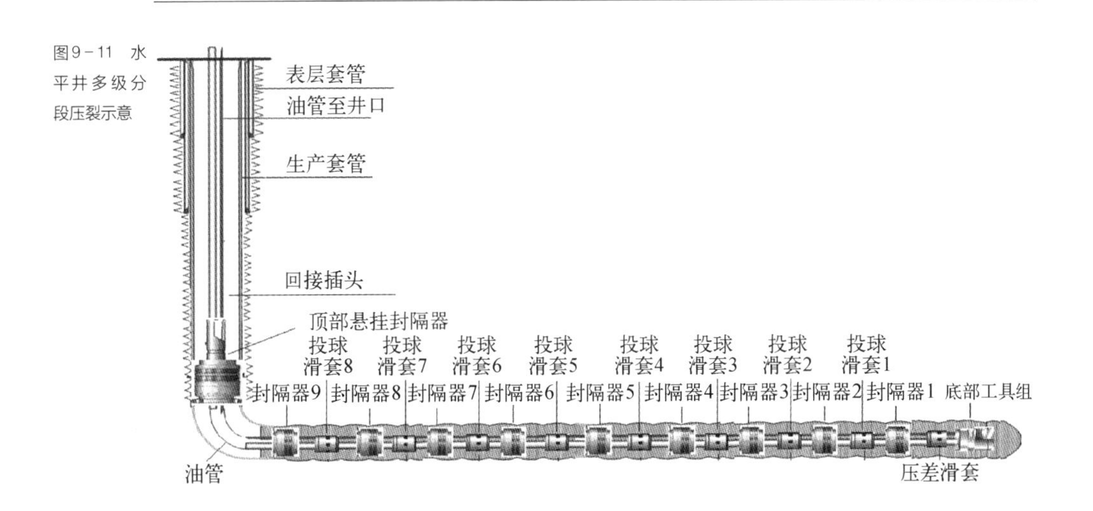

图9-11 水平井多级分段压裂示意

（8）重复压裂：对老井再次进行水力压裂，直井的重复压裂可以在原生产层再次射孔，水平井的重复压裂必须设法隔离初始压裂层位，新的压裂层位需要未压裂过的区域或层段。

不同盆地/地区页岩储层特征不同，储层改造主体工艺技术也存在较大差异（表 9－5）。一般来说，适合于不同类型页岩储层特点的压裂液体系和技术模式是影响改造效果的关键因素。

表 9－5 国外典型盆地页岩储层压裂方式

页岩层位	远东盆地 Barnett	阿巴拉契亚盆地 Devonian	密歇根盆地 Antrim	圣胡安盆地 Lewis	阿肯色州 Fayetteville
储层特点	脆性断裂、天然裂缝发育	低压、水敏储层	束缚水充填天然裂缝系统，需要先排水	页岩和细砂岩、低压、水敏，天然裂缝相对低	黏土含量及天然裂缝发育度相对低
增产措施	常规压裂液压裂	N_2泡沫携砂压裂	70%～80% N_2泡沫压裂液	CO_2加砂压裂	70% N_2泡沫压裂
	大规模水力压裂	N_2泡沫不携砂压裂	酸压和高能气体压裂	N_2泡沫压裂	活性水压裂
	大规模活性水压裂	清洁压裂液	直井一次改造两层的加砂压裂，并尾追高强度石英砂	N_2泡沫＋线性胶	交联冻胶压裂
	分段压裂				
	同步压裂				

5. 压裂液

压裂液是水力压裂的关键组成部分。根据其在压裂过程中的作用不同，可分为前置液、携砂液和顶替液。在页岩气开发中可用的压裂液类型包括滑溜水压裂液、混合压裂液、油基压裂液、泡沫压裂液、甲醇基压裂液、液化石油气（Liquefied Petroleum Gas，LPG）压裂液和超临界 CO_2 压裂液等（表 9－6）。

表 9－6 各种压裂液的性能及适用范围（裴森龙，2013）

种 类	性 能	优 点	缺 点	适 用 范 围
滑溜水压裂液	清水为主，水溶聚合物添加剂	综合性能好，安全、低伤害、低成本	携砂能力有限，不适用于黏土矿物含量低的地层	脆性矿物含量高、弱水敏性及温度低于130℃的页岩储层

（续表）

种类	性能	优点	缺点	适用范围
混合压裂液	滑溜水和凝胶混合	性能稳定、携砂能力强、低伤害	强水敏地层使用受限	黏土矿物含量较高、地层温度高的中低水敏页岩储层
油基压裂液	增稠剂是分子量为250 g/mol的小分子	无固相、比重低、易返排、储层伤害小	常用的铝盐活化剂和破胶液均为水液，破胶后残渣多	中-强水敏地层，严重缺水地区
泡沫压裂液	大量N_2或CO_2分散于少量液相介质中	密度低、易返排、储层伤害小、携砂能力强	成本高、对温度和压力敏感	埋深小于1 500 m的低温低压、强水敏页岩储层
甲醇基压裂液	利用甲醇作为溶剂，添加其他添加剂	表面张力低、易溶于水	需额外安全保护，火焰不可见	温度低、严重缺水的地区，强水敏页岩储层
液化石油气(LPG)压裂液	LPG、凝胶混合压裂，主要成分为C_3H_8	表面张力低、密度低	易燃，需专门的压裂设备	
超临界CO_2压裂液	一定温压条件下的液体CO_2作为压裂液	黏度低、摩阻小，易于形成复杂缝网，储层无伤害	滤失性强、黏度低、加砂困难	强水敏、超低渗储层，严重缺水地区

页岩气井压裂作业采用的压裂液应满足以下性能要求：

(1) 较低的滤失性，有利于形成复杂缝网；

(2) 较高的黏度，以压开地层形成复杂裂缝，并且能够悬浮和运移支撑剂；

(3) 较低的摩阻，保证足够的能量来压裂地层，形成复杂缝网，提高施工排量；

(4) 较好的稳定性，其流变性和黏度在地下高温高压页岩储层中不会大幅度沉降；

(5) 与页岩层段配伍性好，压裂液组分不会对储层造成伤害；

(6) 返排性能好；

(7) 原料成本低，易于获取。

基于页岩气井压裂时对压裂液性能的要求，提出压裂液的优选依据(图9-12)。对于脆性地层，压裂时容易形成裂缝网络，利用低黏度、低成本的滑溜水即可实现页岩储层改造，该压裂液的使用显著提升了体积压裂效果；对于塑性地层，压裂时很难形成裂缝网络，该类地层利用黏度更高的泡沫或者油基压裂液更容易实现好的压裂效果。

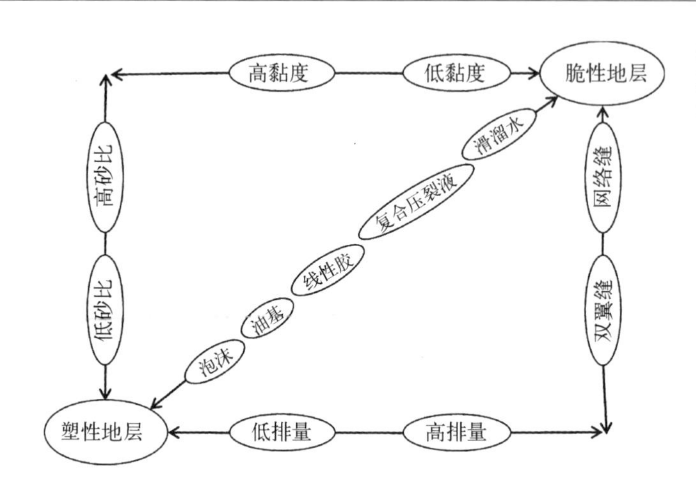

图9-12 压裂液类型优选依据(Chong等,2010;张东晓等,2013,修改)

6. 支撑剂

支撑剂在页岩气井压裂中主要起转向、压裂停泵后支撑裂缝张开,从而提高裂缝导流能力,为页岩气开采提供通道的作用。页岩气藏在支撑剂选择上主要考虑孔眼与地层的磨蚀、施工成功率、对天然缝和人工缝的支撑及后期长期稳产能力等因素。性能好的支撑剂应具有高强度和低破碎率、高温性能稳定、低密度、力度适中、分布均匀、圆度和球度好、表面光滑度好、成本低、货源广等特点。目前常采用40/70和20/40目的中低密度、高强度陶粒、核桃壳或者石英砂。

7. 水平井裂缝间距和条数

裂缝间距和条数是在一定的水平段长度、采气速度和稳产期下设计完成的。单井控制储量最大时的裂缝间距和条数就是最优结果(贾爱林等,2016)。

合理裂缝间距的求取:

$$\Delta x = C\sqrt{\frac{K}{\eta}} \tag{9-22}$$

合理裂缝条数的求取:

$$n = \frac{1}{C}\sqrt{\frac{KL^2}{\eta}} + 1 \tag{9-23}$$

式中，Δx 为合理裂缝间距，m；n 为合理裂缝条数；C 为比例常数，与稳产期采出程度要求、裂缝穿透比、废弃井底压力、原始地层压力等相关；K 为储层渗透率，$10^{-3}\ m^2$；η 为采气速度，%；L 为水平段长度，m。

8. 施工参数优化

主要施工参数包括前置液百分数、排量、平均砂比及砂量等。

（1）前置液百分数

前置液的作用在于形成一定宽度的裂缝，便于混砂液顺利进入裂缝形成具有一定导流能力的支撑裂缝，前置液百分数过多或过少均会对压裂施工造成不利影响。前置液百分数与页岩储层厚度、滤失系数等密切相关，通过压裂模拟软件计算，可得到不同厚度、不同滤失系数条件下前置液百分数计算图版，进而确定出可以满足施工要求的最佳前置液百分数。

（2）排量

在同样的储层条件下，如果排量过小，虽然对缝高控制有利，但滤失将较大，使造缝效率低下，容易诱发早期砂堵；反之，如果排量过大，虽然能保证施工顺利，但缝高可能失控，造成有效支撑率较低。因此，通过排量的优化，可在获得优化缝长的前提下，最大限度地控制缝高的过度延伸。在井身条件及压裂车的能力范围内，尽可能提高施工排量，用最大能量迫使页岩破裂，通过更多的施工净压力来得到更大的裂缝表面积。

（3）平均砂比

砂子的体积与携砂液的净液体积的比值被称为砂比，平均砂比小，裂缝有效导流能力低，满足不了页岩气井增产的需要；平均砂比高，对施工的要求和难度系数增加。平均砂比主要是根据裂缝几何形态和导流能力综合确定。实际施工过程中，宜尽可能地提高砂比，尤其是在施工后期。

（4）砂量

有了优化后的排量、砂比及其他相关参数后，就可模拟不同加砂量条件下的缝网展布。根据最优的改造效果，确定合理的加砂量。

9. 压后评价

（1）压裂缝评价

为检验压裂设计、评价压裂施工的有效性和压后效果，需要进行压裂缝评价。微地震作为一种压裂缝监测手段,已被广泛地应用于压裂效果监测和压裂缝的评价。此外,还可以根据压裂施工压力曲线定性分析压裂缝延伸情况(图9－13),结合压裂后压力降落数据可以成功的解释裂缝几何尺寸、裂缝导流能力、压裂液滤失系数和裂缝闭合时间等参数(Nolte,1979)。

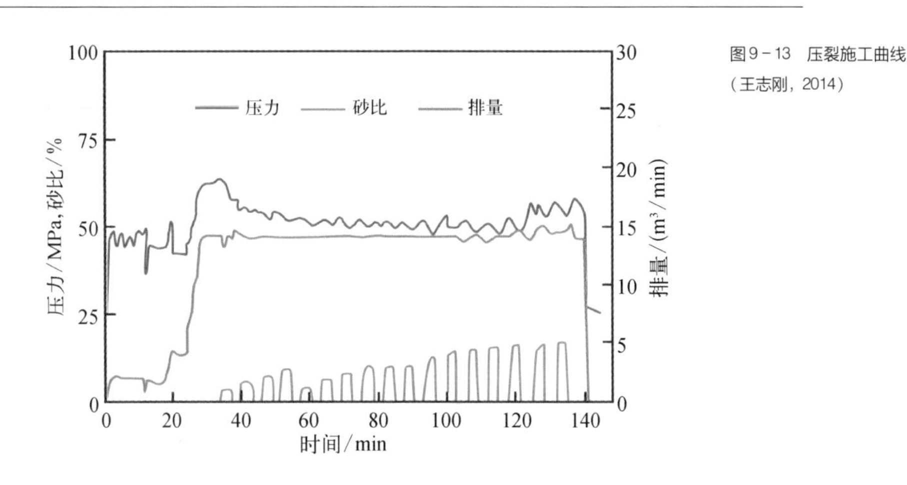

图9－13　压裂施工曲线
(王志刚, 2014)

(2) 水力压裂经济评价

水力压裂具有高投入、高风险的特点,除了要考虑压裂效果外,还需要进行投入和产出分析。通常是根据压裂施工净现值指标评价,即压后现值减去压前现值,再减去所有与施工有关开支的现值。

9.4.3　采气过程防腐与检测

1. 合理工作制度

气井工作制度是指适应气井产层地质特征和满足生产需要时,气井产量和生产压差应遵循的关系。合理的工作制度应能保证气井在生产过程中获得最大的累计产气量,并使天然气在整个采气过程中的压力损失分配合理。其主要影响因素有气井地质情况、井身结构、采气速度及采气工艺等。

气井的工作制度基本上有定产量、定井底渗滤速度、定井壁压力梯度、定井口(井底)压力和定井底压差5种(表9-7)。在页岩气田开发中主要采用定产量和定井底压差工作制度。

表9-7 气井工作制度的适用条件(杨川东,2001,修改)

序号	工作制度名称	适用条件
1	定产量制度	气藏开采初期时常用
2	定井底渗滤速度制度	疏松砂岩地层,防止流速大于某值时砂子从地层产出
3	定井壁压力梯度制度	气层岩石不紧密、易坍塌的井
4	定井口(井底)压力制度	凝析气井,防止井底压力低于某值时在地层中凝析出来
5	定井底压差制度	气层岩石不紧密、易坍塌的井;有边底水的井,防止生产压差过大引起水锥

2. 设备防腐

影响腐蚀的主要因素有 H_2S、CO_2、溶解氧及微生物等。在页岩气的生产过程中,当气体沿着井筒上升时,其温度和压力不断下降。在油套管上部,当达到气体中水蒸气和凝析油气的露点时,就会凝析出水滴及油滴。上升天然气中的 H_2S 和 CO_2 溶解在液滴里并达到饱和,这样在环形空间及油管内壁便形成了电化学腐蚀区,油管的内壁及套管内壁就会在这些部位遭受腐蚀。同时,气流沿井筒上升的过程中还会夹杂着微小的砂粒、岩粒及无机盐等,对气井和集输管线形成冲刷,造成机械腐蚀。设备的防腐主要有涂层、阴极保护及缓蚀剂处理等方式。

3. 动态监测

1)动态监测内容

(1)压力:地层压力、井口工作压力、关井恢复压力、关井后的稳定压力及流动压力等。

(2)温度:地层温度、开井生产过程中的气层中部温度和井口温度、关井时压力稳定后的地层温度等。

(3)产量:产气量、产液量及其配比等。

(4)流体性质:流体常规取样化验分析数据、气体组分中 H_2S 和 CO_2 含量、气井

PVT 数据等。

（5）工程监测：产出剖面、腐蚀、垮塌等。

2）动态监测要求

（1）压力监测：投产前应测试气层中部稳定压力，投产初期宜密集测量井底流压，投产后宜测取各生产阶段的关井恢复压力，气井正常生产过程中宜连续记录井口压力、流量计压力及分离器压力，当产气量或者产液量增减异常时，应及时监测井底流动压力变化。

（2）温度监测：宜在监测原始地层压力的同时进行温度监测，主要包括原始地层温度、井下流动温度和井口温度等。

（3）流体监测：按日计数，连续监测产气量和产液量。宜半年进行取样一次，对流体的物理化学性质进行监测。

（4）产出剖面监测：典型开发井应在投产初期进行生产测井，测试产出剖面。当气井产气量或者产液量大幅增减时，应及时进行生产测井。

（5）工程监测：若气井产出 H_2S、CO_2 等酸性气体，宜每年监测一次设备腐蚀情况。对于产气量突然剧变的气井，应监测井壁垮塌、出砂量和井下管柱断落情况。

9.5 技术展望

随着页岩气勘探开发程度的深入，在学习借鉴国外先进开采技术和经验的基础上，应积极探索形成符合中国实际地质条件和特点的页岩气开采方法与技术系列。

在开采方式方面，进一步探索形成适合中国页岩气地质特色的“工厂化”作业模式，减少占地面积，降低开发成本，实现页岩水平井井眼轨迹立体分布，追求少井、高产、高采收率。

压裂技术方面，在水平井多级压裂技术基础上，根据不同地区页岩特点，加强页岩气渗流机理及压裂参数测试研究，在水平井多级压裂、缝网压裂、同步压裂改造机理和工艺技术方面寻求突破。开发与此相适应的井下工具、工作液体系和施工工艺等关键技术,强化压裂缝动态监测、压裂相关理论及配套技术研究。

进一步提高数值模拟质量,建立气水两相页岩气数值模拟模型,研究有机质中气体运移规律并建立相应的页岩气数值模拟模型,建立准确表征页岩气解吸的数值模拟模型,从多角度对页岩压裂效果、产能变化、产气速度及开发效果等进行准确预测。

第10章

页岩气资源经济评价

页岩气的资源经济评价制约着勘探开发决策，页岩气经济评价中存在着各种不确定性因素，勘探开发决策中也存在着各种各样的风险。在页岩气勘探开发过程中，技术密集、风险程度高、资金一次性投入大。规避投资风险、保证投资效益、提高页岩气勘探开发技术水平，是经济评价的主要目的。开展经济评价有助于降低页岩气勘探开发风险、确定合理开采年限和开采规模，为勘探开发科学决策提供依据。页岩气勘探开发项目的经济评价是提高项目决策科学化水平、引导和促进各类资源合理配置、优化投资结构、提高投资效益的重要手段。

10.1　经济评价方法

对页岩气资源进行经济评价是页岩气勘探项目可行性研究的重要组成部分，其目的是在地质评价、资源评价、工程评价和市场预测的基础上，对投入费用和产出效益进行预测，通过对方案的经济可行性进行分析，从而为页岩气勘探开发提供科学决策依据。

根据石油经济评价的一般做法，通常采用现金流方法展开经济评价，即在资源量计算基础上进行开发方案的模拟，结合模拟的开发生产效果，计算现金流，完成经济评价。该思路和做法同样适用于页岩油气的经济评价，但由于目前的经验模式积累尚显不足，常用的现金流法在使用过程中受到了较大的局限。

针对页岩油气地质特殊性明显、开发技术针对性强的特点，采用经济指标进行评价的方法已经发展成为适用范围较广的经济评价方法。该方法紧密结合页岩气地质条件和资源评价结果，在页岩气资源评价、经济评价逻辑结构和评价指标体系建立的基础上，运用经济评价基本原理，通过对指标要素、基准平衡、风险要素等分析，预估不同条件下的评价价值和效益，给出评价等级，达到经济评价目的。

页岩气经济评价的重点在于开发阶段评价，评价内容主要包括总利润率、投资回报率、净现值、内部收益率及投资回报期等，涉及固定资产投资、流动资金、销售收入、经营成本、销售税金、实现利润等指标。

10.2 财务分析

经济评价的财务分析包括总投资和总成本的估算、技术经济指标的分析以及财务分析基本报表的制作等。

1. 总投资和总成本

总投资包括页岩气(油)勘探开发项目建设和投入运营所需要的全部投资,页岩气(油)投资规模一般较大,成本回收时间较长。

$$I_t = I_c + I_m + I_p \tag{10-1}$$

式中,I_t 为总投资;I_c 为建设投资;I_m 为流动资金;I_p 为建设期利息。其中,建设投资和建设期利息之和构成了固定资产投资。

总成本费用包括生产经营过程中所发生的全部消耗。

$$C = C_p + C_t + C_m + C_o \tag{10-2}$$

式中,C 为总成本;C_p 为生产成本,主要包括生产过程中所发生的折旧、折耗及实际消耗的直接材料、直接工资、其他直接支出和其他开采费用等;C_t 为期间费用,主要包括管理、财务、销售和勘探等费用;C_m 为经营成本,主要为扣除折旧、折耗、摊销及财务等费用后的总成本;C_o 为操作成本,主要为扣除折旧、折耗及期间等费用后的总成本。

2. 技术经济指标

(1) 销售收入(Sales Revenue, SR)

$$SR = \sum (P \cdot C \cdot M) \tag{10-3}$$

式中,P 为产量;C 为商品率;M 为销售价格。

(2) 利润总额(Total Profit, TP)

$$TP = SR - E - T \tag{10-4}$$

式中,E 为成本和费用;T 为销售及附加税。

(3) 投资收益率(Rate of Return on Investment, ROI)

$$ROI = \frac{NR}{K} \tag{10-5}$$

$$K = \sum_{t=0}^{m} K_t \tag{10-6}$$

式中，K 为投资总额；K_t 为第 t 年的投资额；m 为完成投资的年份；NR 为年净收入。

（4）投资回收期（Investment Payback Period，IPP）

$$IPP = \frac{K}{NR} + T_K \tag{10-7}$$

式中，K 为投资总额；NR 为年净收入；T_K 为项目建设期。

根据投资项目财务分析中使用的现金流量表计算投资回收期：

$$IPP = T - 1 + \frac{\text{第}(T-1)\text{年的累计净现金流量的绝对值}}{\text{第}T\text{年的净现金流量}} \tag{10-8}$$

式中，T 为项目各年累积现金流量首次为非负值的年份。

（5）净现值（Net Present Value，NPV）

$$NPV = \sum_{t=0}^{n} (CI - CO)_t (1 + i_0)^{-t} = \sum_{t=0}^{n} (CI - K - CO')_t (1 + i_0)^{-t} \tag{10-9}$$

$$CO'_t = CO_t - K_t \tag{10-10}$$

式中，CI_t 为第 t 年的现金流入额；CO_t 为第 t 年的现金流出额；n 为项目寿命年限；K_t 为第 t 年的投资支出；i_0 为基准折现率；CO'_t 为第 t 年除投资支出以外的现金流出。

（6）内部收益率（Internal Rate of Return，IRR）

$$NPV(IRR) = \sum_{t=0}^{n} (CI - CO)_t (1 + IRR)^{-t} = 0 \tag{10-11}$$

若经济效益可接受，则内部收益率 $IRR \geqslant$ 基准收益率 i；相反，内部收益率 $IRR <$ 基准收益率 i。

（7）总投资收益率（Return On Investment，ROI）

$$ROI = \frac{BEIT}{I_t} \times 100\% \tag{10-12}$$

式中，$BEIT$ 为页岩气（油）勘探开发运营期内息税前利润总额；I_t 为页岩气勘探开发总投资。

（8）资本金净利润率（Return On Equity，ROE）

$$ROE = \frac{NP}{PC} \times 100\% \qquad (10-13)$$

式中，NP 为项目运营期内净利润总额；PC 为项目资本金。

3. 财务分析基本报表

财务分析基本报表主要包括财务现金流量、利润及利润分配等表格，用以计算各项动态和静态评价指标，分析项目盈亏状态，计算项目总投资收益率、资本金净利润率等指标。

10.3 不确定性分析

10.3.1 敏感性分析

当不确定性因素发生增减变化时，将会对内部收益率、净现值、投资回收期等经济评价指标产生不同程度的影响（Bratvold 等，2010）。敏感性分析一般选择不确定因素变化的 ±5%、±10%、±15%、±20% 等进行敏感度系数和临界点计算，敏感度系数表征为评价指标变化率与不确定性因素变化率之比值。

$$S_{AF} = \frac{\Delta A/A}{\Delta F/F} \qquad (10-14)$$

式中，$\Delta F/F$ 为不确定性因素 F 的变化率；$\Delta A/A$ 为评价指标 A 的相应变化率。

10.3.2 盈亏平衡分析

盈亏平衡点（Break-Even Point，BEP）通常根据页岩气（油）产量或销售量、可变成本、固定成本、销售价格、销售税金及附加数据等计算。

$$BEP_{生产能力利用率} = \frac{C}{S_t - C_k - T_a} \times 100\% \tag{10-15}$$

$$BEP_{产量} = BEP_{生产能力利用率} \times Q \tag{10-16}$$

式中,C 为年固定成本;S_t为年产品销售收入;C_k为年可变成本;T_a为年销售及附加税;Q 为设计生产能力。

10.4 风险分析

1. 风险类型

页岩气经济评价存在诸多不确定性,对应产生不同类型的风险(Tyler 等,2001)。

(1) 资源/储量风险:资源量或储量的大小决定了页岩气区块的投资潜力,但资源量或储量的等级、规模、落实程度、可采性程度等,受地质、技术及政策等多种因素影响。

(2) 价格风险:除了产需供求关系对价格产生较大影响外,国家政策、地缘政治、区位地理等许多因素也对页岩油气价格产生重要影响。作为油气产品的一部分,页岩油气价格服从国际油价变化规律。

(3) 投资风险:相对于常规油气,页岩气勘探开发的投资成本显著增加。由于能源发展导向、基础设施建设、技术局限、生产周期以及环境保护等原因,页岩气投资具有比常规油气更大的投资风险。

(4) 环保风险:一般的页岩气开发均需要压裂才能投产,而压裂常会带来水源使用、地下岩石破裂、压裂液处理等相关问题,存在可能的环保指标要求不达标等问题。

(5) 其他风险:除上述4 种主要类型以外,还可能因为页岩气勘探开发的地域性、政策性及时限性等特殊性而产生其他类型的风险,也是风险分析的基本内容。

2. 风险分析

可采用专家调查、风险定级、概率分析等方法，对页岩气项目的风险类型、影响因素以及发生概率等进行分析。按影响程度，可将风险划分为重大、严重、一般、微小及可忽略等级别。风险发生概率可分为非常不可能、基本不可能、可能、比较可能及非常可能等级别，可通过蒙特卡罗、概率分析等方法进行计算。

10.5 决策方法

决策方法主要依据资源评价和经济评价结论，分析结果预期，对页岩气勘探开发过程中的工作方向、目标部署以及成效指标等进行分析判断，形成优化决策方案。

在决策过程中，通常需要两个步骤，首先对经济上无效益的方案进行删除，对符合技术经济条件的方案进行排队筛选，对财务净现值大于零的方案进行决策，然后采用单目标或多目标决策分析方法进行优选。为了在技术可行、经济有效的众多方案中作出最优的方案选择，可使用比较分析、筛选排队、目标侧重等方法，分不同情况进行方案决策。

(1) 目标逻辑法

按照目标满足的逻辑原理进行推断分析并作出决策，一般分三种情况。当每一个方案引起且唯一引起一个结果时，出现确定型决策情况，只需采用归类法、列举法、穷尽列举法、比较法及排队法等方法，按照目标效益最大化原则优选、优化方案即可；当情况较为复杂，一个方案可能引起几个结果或几个可能结果中的一个、而每种结果又按各自规律概率发生时，出现随机型决策情况，可采用统计法、关系分析法、趋势分析法、概率法、蒙特卡罗法等随机分析方法，按照目标优先和概率优先原则进行决策；当情况进一步复杂，一个方案可能引起多个结果且每个结果发生的概率未知时，出现不确定型决策情况，可采用因果分析法、黑箱模拟法、专家咨询法、最小期望法等方法，按照拉普拉斯原则、乐-悲观原则及遗憾原则进行方案取舍。

（2）情景分析法

在结合实际情况进行合理的目标决策过程中，常需要根据预设目标进行情景分析，需要通过提前预期、情景假设、场景模拟等手段进行决策。情景分析法常用在情况比较复杂的条件下，当一个方案同时引起多个结果，且这些结果分别不同时，可采用化繁为简、化整为零、层次分析、目标期望等方法进行决策；当一个方案同时引起多个结果，且这些结果分别属于不同的目标方向时，可采用权重分析、冲突分析、群决策等方法进行决策。

（3）数学模型法

对于给定条件下的决策，总有办法获得不同程度的信息和依据，或者采用相似类比、顺藤摸瓜、刨根问底、情景分析、递进假设、关联分析等方法获得与决策相关的有用信息，借此进行数学建模或数学分析，从而进行决策分析或为决策提供依据，可采用模糊、灰色、聚类、序贯等模型方法。

参考文献

[1] Anderson D M, Nobakht M, Moghadam S, et al. Analysis of production data from fractured shale gas wells[C]//SPE unconventional gas conference. Society of Petroleum Engineers, 2010.

[2] Bratvold R, Begg S, Rasheva S. A new approach to uncertainty quantification for decision making[J]. SPE Hydrocarbon Economics and Evaluation Symposium, 2010.

[3] Boyer C, Kieschnick J, Suarez-Rivera R, et al. Producing gas from its source [J]. Oilfield review, 2006, 18(3): 36-49.

[4] Bustin R M, Clarkson C R. Geological controls on coalbed methane reservoir capacity and gas content[J]. International Journal of Coal Geology, 1998, 38(1): 3-26.

[5] Chong K K, Grieser W V, Jaripatke O A, et al. A completions roadmap to shale-play development: a review of successful approaches toward shale-play stimulation in the last two decades[C]//Society of Petroleum Engineers, 2010.

[6] Dai J X, Zou C N, Dong D Z, et al. Geochemical characteristics of marine and terrestrial shale gas in China [J]. Marine and Petroleum Geology, 2016(76):

444 - 463.

[7] Gu H R, Weng X W, Jeffrey B L, et al. Hydraulic fracture crossing natural fracture at non-orthogonal angles, A criterion, its validation and applications[C]. SPE Hydraulic Fracturing Technology Conference, 24 - 26 January, The Woodlands, Texas, USA. SPE 139984, 2011.

[8] Jarvie D M, Hill R J, Ruble T E, et al. Unconventional shale-gas systems: The Mississippian Barnett Shale of north-central Texas as one model for thermo-genic shale-gas assessment. AAPG Bulletin, 2007, 91(4): 475 - 499.

[9] Jones B, Manning D A C. Comparison of geochemical indices used for the interpretation of palaeoredox conditions in ancient mudstones [J]. Chemical Geology, 1994, 111(1 - 4): 111 - 129.

[10] Krooss B M, Littke R, Müller B, et al. Generation of nitrogen and methane from sedimentary organic matter: Implications on the dynamics of natural gas accumulations[J]. Chemical Geology, 1995, 126(3 - 4): 291 - 318.

[11] Krooss B M, Friberg L, Gensterblum Y, et al. Investigation of the pyrolytic liberation of molecular nitrogen from Palaeozoic sedimentary rocks [J]. International Journal of Earth Sciences, 2005, 94(5 - 6): 1023 - 1038.

[12] Langmuir I. The adsorption of gases on plane surfaces of glass, mica and platinum[J]. Journal of American Chemical Society, 1918, 40(9): 1361 - 1403.

[13] Liu Y, Zhang J, Tang X. Predicting the proportion of free and adsorbed gas by isotopic geochemical data: A case study from lower Permian shale in the southern North China basin (SNCB)[J]. International Journal of Coal Geology, 2016 (156): 25 - 35.

[14] Loucks R G, Reed R M, Ruppel S C, et al. Morphology, genesis, and distribution of nanometer-scale pores in siliceous mudstones of the Mississippian Barnett Shale [J]. Journal of sedimentary research, 2009, 79(12): 848 - 861.

[15] Machel H G. Bacterial and thermochemical sulfate reduction in diagenetic settings - old and new insights [J]. Sedimentary Geology, 2001, 140(1):

143 - 175.

[16] Murowchick J B, Coveney R M J, Grauch R I, et al. Cyclic variations of sulfur isotopes in ambrian strata bound Ni - Mo -(PGE - Au) ores of southern China [J]. Geochemical et Cosmochimica Acta, 1994, 58(7): 1813 - 1823.

[17] Murray R W, Brink M R B, Gerlach D C. Rare earth elements as indicators of different marine depositional environments in chert and shale [J]. Geology, 1990, 18(3): 268 - 271.

[18] Nolte K G. Determination of fracture parameters from fracturing pressure decline [C]//SPE Annual Technical Conference and Exhibition. Society of Petroleum Engineers, 1979.

[19] Passey Q R, Creaney S, Kulla J B, et al. A practical model for organic richness from porosity and resistivity log. AAPG Bulletin, 1990, 74(12): 1777 - 1794.

[20] Pattan J N, Pearce N J G, Mislankar P G. Constraints in using Cerium-anomaly of bulk sediments as an indicator of paleo bottom water redox environment: A case study from the Central Indian Ocean Basin[J]. Chemical Geology, 2005, 221(3): 260 - 278.

[21] Prasolov E M. Isotope geochemistry and origin of natural gases[J]. Nedra, Saint-Petersburg, 1990.

[22] Roberts H H, Carney R S. Evidence of episodic fluid, gas and sediment venting on the northern Gulf of Mexico continental slope [J]. Economic Geology and the Bulletin of the Society of Economic Geologists, 1997, 92(7): 863 - 879.

[23] Rona P A. Criteria for recognition of hydrothermal mineral deposits in oceanic crust[J]. Economic Geology, 1998, 73(2): 135 - 160.

[24] Ross D J K, Bustin R M. Characterizing the shale gas resource potential of Devonian-Mississippian strata in the Western Canada sedimentary basin: application of an integrated formation evaluation [J]. AAPG Bulletin, 2008, 92(1): 87 - 125.

[25] Sano Y, Pillinger C T. Nitrogen isotopes and N_2/Ar ratios in cherts. An attempt

to measure time evolution of atmospheric. DELTA. 15N value [J]. Geochemical Journal, 1990(24): 315 - 325.

[26] Schmoker J W. Method for assessing continuous-type (unconventional) hydrocarbon accumulations: in Gautier, DL, Dolton, G[J]. L., Takahashi, KI, andVarns, KL, eds, 1995.

[27] Schoell M. The hydrogen and carbon isotopic composition of methane from natural gases of various origins [J]. Geochimica et Cosmochimica Acta, 1980, 44(5): 649 - 661.

[28] Spry P G. Geochemistry and origin of coticules (spessar-tine-quartz rocks) associated with metamorphosed massive sulfide deposits[C]//Spry P G, Bryndzia L T. Regional Meta-morphism of Ore Deposits and Genetic Implications. Utrecht: VSP, 1990(49): 75.

[29] Tribovillard N, Algeo T J, Lyons T, et al. Trace metal as paleredox and paleoproductivity proxies: An update [J]. Chemical Geology, 2006, 232(1): 12 - 32.

[30] Tyler P A, Mcvean J R. Significance of project risking methods on portfolio optimization models [J]. Journal of Petroleum Technology, 2001, 53(12): 52 - 53.

[31] Warpinski N R, Mayerhofer M J, Vincent M C, et al. Stimulating unconventional reservoirs: maximizing network growth while optimizing fracture conductivity[J]. Journal of Canadian Petroleum Technology, 2009, 48(10): 39 - 51.

[32] Whiticar M J. Carbon and hydrogen isotope systematics of bacterial formation and oxidation of methane [J]. Chemical Geology, 1999, 161(1): 291 - 314.

[33] Wingnall P B. Black Shales [M]. Oxford: Clarendon Press, 1944: 45 - 89.

[34] Xia X, Tang Y. Isotope fractionation of methane during natural gas flow with coupled diffusion and adsorption/desorption[J]. Geochimica et Cosmochimica Acta, 2012(77): 489 - 503.

[35] Zhang T, Zhang M, Bai B, et al. Origin and accumulation of carbon dioxide in the Huanghua depression, Bohai Bay Basin, China[J]. AAPG bulletin, 2008, 92(3): 341-358.

[36] 包书景,林拓,聂海宽,等. 海陆过渡相页岩气成藏特征初探:以湘中坳陷二叠系为例[J]. 地学前缘,2016,23(1):44-53.

[37] 沉积岩中镜质组反射率测定方法. 中国石油集团石油管工程技术研究院,SY/T 5124—2012.

[38] 沉积岩中黏土矿物总量和常见非黏土矿物X射线衍射定量分析方法. 中国石油天然气总公司,SY/T 6210—1996.

[39] 沉积岩中总有机碳的测定. 国家质量监督检验检疫,GB/T 19145—2003.

[40] 陈康,张金川,唐玄,等. 湘鄂西地区下志留统龙马溪组页岩吸附能力主控因素[J]. 石油与天然气地质,2016,37(1):23-29.

[41] 陈平. 钻井与完井工程[M]. 北京:石油工业出版社,2005.

[42] 陈尚斌,左兆喜,朱炎铭,等. 页岩气储层有机质成熟度测试方法适用性研究[J]. 天然气地球科学,2015,26(3):564-572.

[43] 储层敏感性流动实验评价方法. 国家能源局,SY/T 5358—2010.

[44] 戴金星. 概论有机烷烃气碳同位素系列倒转的成因问题[J]. 天然气工业,1990,10(6):15-20.

[45] 戴金星,戴春森,宋岩,等. 中国东部无机成因的二氧化碳气藏及其特征[J]. 中国海上油气(地质),1994,8(4):215-222.

[46] 戴金星,夏新宇,秦胜飞,等. 中国有机烷烃气碳同位素系列倒转的成因[J]. 石油与天然气地质,2003,24(1):1-5.

[47] 戴文林,石文睿,程俊,等. 基于随钻录井资料确定页岩气储层参数[J]. 地质勘探,2012,32(12):17-21.

[48] 党伟,张金川,黄潇,等. 陆相页岩含气性主控地质因素——以辽河西部凹陷沙河街组三段为例[J]. 石油学报,2015,36(12):1516-1530.

[49] 地质样品有机地化测试:有机质稳定碳同位素组成分析方法. 国家质量技术监督局,GB/T 18340.2—2001.

[50] 地质样品有机地球化学分析方法 第2部分：有机质稳定碳同位素测定同位素质谱法. 国家质量监督检验检疫,GB/T 18340.2—2010.

[51] 董大忠,邹才能,杨桦,等. 中国页岩气勘探开发进展与发展前景[J]. 石油学报,2012,33(增刊1)：107－113.

[52] 杜小伟,杨晓勇,杨钟堂,等. 印度次大陆中央构造带沉积-变质型锰矿的矿物学和地球化学[J]. 地质科学,2009,44(1)：103－117.

[53] 覆压下岩石孔隙度和渗透率测定方法. 国家能源局,SY/T 6385—2016.

[54] 龚建明,王蛟,孙晶,等. 前陆盆地——页岩气成藏的有利场所[J]. 海洋地质前沿,2012,28(12)：25－29.

[55] 固井质量评价方法. 国家发展和改革委员会. SY/T 6592—2004.

[56] 郭秋麟,米石云. 油气勘探目标评价与决策分析[M]. 北京：石油工业出版社,2004.

[57] 郭旭升. 南方海相页岩气“二元富集”规律——四川盆地及周缘龙马溪组页岩气勘探实践认识[J]. 地质学报,2014,88(7)：1209－1217.

[58] 国家地质总局书刊编辑室. 区域地质调查野外工作方法 第1分册 准备工作、一般工作方法、地层[M]. 北京：地质出版社,1979.

[59] 韩国生,周艳红,田野,等. 四川威远页岩气储集层录井解释评价方法[J]. 录井工程,2015,26(3)：75－79.

[60] 何继善,李帝铨,戴世坤. 广域电磁法在湘西北页岩气探测中的应用[J]. 石油地球物理勘探,2014,49(5)：1006－1012.

[61] 何明舫,马旭,张燕明,等. 苏里格气田“工厂化”压裂作业方法[J]. 石油勘探与开发,2014,41(3)：349－353.

[62] 贺邦芙. 四川盆地涪陵大安寨页岩气“甜点”地球物理预测技术研究[D]. 中国地质大学(北京),2015.

[63] 何治亮,聂海宽,张钰莹. 四川盆地及其周缘奥陶系五峰组-志留系龙马溪组页岩气富集主控因素分析[J]. 地学前缘,2016,23(2)：8－17.

[64] 侯读杰,包书景,毛小平,等. 页岩气资源潜力评价的几个关键问题讨论[J]. 地球科学与环境学报,2012,34(3)：7－16.

[65] 黄金管生烃热模拟实验方法. 国家能源局,SY/T 7035—2016.

[66] 贾爱林,位云生,金亦秋. 中国海相页岩气开发评价关键技术进展[J]. 石油勘探与开发,2016,43(6):949-955.

[67] 金之钧,胡宗全,高波,等. 川东南地区五峰组-龙马溪组页岩气富集与高产控制因素[J]. 地学前缘,2016,23(1):1-10.

[68] 金之钧,张金川. 天然气成藏的二元机理模式[J]. 石油学报,2003,24(4):13-16.

[69] 井身结构设计方法. 国家发展和改革委员会,SY/T 5431—2008.

[70] 井下作业安全规程. 国家能源局,SY/T 5727—2014.

[71] 康玉柱. 中国非常规泥页岩油气藏特征及勘探前景展望[J]. 天然气工业,2012,32(4):1-5.

[72] 矿化度的测定(重量法). 水利部,SL 79—1994.

[73] 离子色谱仪分析方法通则. 国家教育委员会,JY/T 020—1996.

[74] 李弘博. 低渗透油藏压裂水平井试井解释方法研究[D]. 中国石油大学(华东),2012.

[75] 李玉喜,聂海宽,龙鹏宇. 我国富含有机质泥页岩发育特点与页岩气战略选区[J]. 天然气工业,2009,29(12):115-118.

[76] 李玉喜,乔德武,姜文利,等. 页岩气含气量和页岩气地质评价综述[J]. 地质通报,2011,30(2-3):308-317.

[77] 林腊梅,张金川,唐玄,等. 中国陆相页岩气的形成条件[J]. 天然气工业,2013,33(1):35-40.

[78] 林腊梅. 页岩气资源评价方法研究及应用[D]. 中国地质大学(北京),2013.

[79] 林治家,陈多福,刘芊. 海相沉积氧化还原环境的地球化学识别指标[J]. 矿物岩石地球化学通报,2008,27(1):72-80.

[80] 刘树根,孙玮,王国芝,等. 四川叠合盆地油气富集原因剖析[J]. 成都理工大学学报(自然科学版),2013,40(5):481-497.

[81] 刘文汇. 含硫天然气的形成与分布[M]. 北京:科学出版社,2015.

[82] 毛玲玲,朱正杰,双燕,等. 黑色岩系型矿床与页岩气藏之间的耦合关系[J]. 矿

物学报,2015,35(1):65－72.

[83] 煤层气测定方法(解吸法). 中华人民共和国煤炭行业标准. MT/T 77—94.

[84] 聂海宽,何发岐,包书景. 中国页岩气地质特殊性及其勘探对策[J]. 天然气工业,2011,31(11):111－116.

[85] 聂海宽,金之钧,边瑞康,等. 四川盆地及其周缘上奥陶统五峰组-下志留统龙马溪组页岩气"源-盖控藏"富集研究[J]. 石油学报,2016,37(5):557－571.

[86] 聂海宽,张金川. 页岩气聚集条件及含气量计算——以四川盆地及其周缘下古生界为例[J]. 地质学报,2012,86(2):349－361.

[87] 裴森龙. 多级压裂技术在龙马溪组页岩中的适应性研究[D]. 中国地质大学(北京),2013.

[88] 气藏试采地质技术规范. 国家发展和改革委员会. SY/T 6117—2008.

[89] 气藏试采技术规范. 中国石油天然气总公司. SY/T 6171—1995.

[90] 气井试气、采气及动态监测工艺规程. 国家能源局. SY/T 6125—2013.

[91] 盛秋红,李文成. 泥页岩可压性评价方法及其在焦石坝地区的应用[J]. 地球物理学进展,2016,31(4):1473－1479.

[92] 石油地质岩石名称及颜色代码. 国家经济贸易委员会,SY/T 5751—2012.

[93] 石油天然气安全规程. 国家安全生产监督管理总局,AQ 2012—2007.

[94] 石油天然气井下作业健康、安全与环境管理体系指南. 国家石油和化学工业局,SY/T 6362—1998.

[95] 苏义脑. 水平井井眼轨道控制[M]. 北京:石油工业出版社,2000.

[96] 唐玄,张金川,丁文龙,等. 鄂尔多斯盆地东南部上古生界海陆过渡相页岩储集性与含气性[J]. 地学前缘,2016,23(2):147－157.

[97] 唐颖,邢云,李乐忠龙,等. 页岩储层可压裂性影响因素及评价方法[J]. 地学前缘,2012,19(5):356－363.

[98] 天然气组成分析:气相色谱法. 国家质量监督检验检疫,GB/T 13610—2003.

[99] 童晓光,何登发. 油气勘探原理和方法[M]. 北京:石油工业出版社,2001.

[100] 透射光-荧光干酪根显微组分鉴定及类型划分方法. 中国石油天然气总公司,SY/T 5125—2014.

[101] 王茂林,肖贤明,魏强,等.页岩中固体沥青拉曼光谱参数作为成熟度指标的意义[J].天然气地球科学,2015,26(9):1712-1718.

[102] 王世谦,王书彦,满玲,等.页岩气选区评价方法与关键参数[J].成都理工大学学报(自然科学版),2013,40(6):609-618.

[103] 王香增,高胜利,高潮.鄂尔多斯盆地南部中生界陆相页岩气地质特征[J].石油勘探与开发,2014,41(3):294-303.

[104] 王志刚.涪陵焦石坝地区页岩气水平井压裂改造实践与认识[J].石油与天然气地质,2014,35(3):425-430.

[105] 王中华.国内页岩气开采技术进展[J].中外能源,2013,18(2):23-30.

[106] 汪泽成,赵文智,彭红雨.四川盆地复合含油气系统特征[J].石油勘探与开发,2002,29(2):26-28.

[107] 肖贤明,宋之光,朱炎铭,等.北美页岩气研究及对我国下古生界页岩气开发的启示[J].煤炭学报,2013,28(5):721-727.

[108] 岩石薄片鉴定.国家石油和化学工业局,SY/T 5368—2016.

[109] 岩石可溶有机物和原油族组分棒薄层色谱-火焰离子化定量分析方法.中国石油化工集团公司,Q/SH 0300—2009.

[110] 岩石热解分析.国家质量监督检验检疫,GB/T 18602—2012.

[111] 岩石物理力学性质实验规程第18部分:岩石单轴抗压强度试验.国土资源部,DZ/T 0276.18—2015.

[112] 岩石物理力学性质实验规程第4部分:岩石密度实验.国土资源部,DZ/T 0276.4—2015.

[113] 岩石物理力学性质实验规程第6部分:岩石硬度实验.国土资源部,DZ/T 0276.6—2015.

[114] 岩石物理力学性质试验规程第20部分:岩石三轴压缩强度试验.国土资源部,DZ/T 0276.20—2015.

[115] 岩石物理力学性质试验规程第24部分:岩石声波速度测试.国土资源部,DZ/T 0276.24—2015.

[116] 岩样核磁共振参数实验室测量规范.国家发展和改革委员会,SY/T 6490—

2007.

[117] 杨超,张金川,唐玄. 鄂尔多斯盆地陆相页岩微观孔隙类型及对页岩气储渗的影响[J]. 地学前缘,2013,20(4):240-250.

[118] 杨川东. 采气工程[M]. 北京:石油工业出版社,2001.

[119] 页岩气资源/储量计算与评价技术规范. 国土资源部,DZ/T 0245—2014.

[120] 页岩油气井录井资料录取及解释技术要求. 中国石油化工集团公司,Q/SH0606—2014.

[121] 张大伟,李玉喜,张金川,等. 全国页岩气资源潜力调查评价[M]. 北京:地质出版社,2012.

[122] 张东晓,杨婷云. 页岩气开发综述[J]. 石油学报,2013,34(4):792-799.

[123] 张金川,边瑞康,荆铁亚,等. 页岩气理论研究的基础意义[J]. 地质通报质,2011,30(3):319-323.

[124] 张金川,姜生玲,唐玄,等. 我国页岩气富集类型及资源特点[J]. 天然气工业,2009,29(12):109-114.

[125] 张金川,李玉喜,聂海宽,等. 渝页1井地质背景及钻探效果[J]. 天然气工业,2010,30(12):114-118.

[126] 张金川,金之钧,袁明生,等. 油气成藏与分布的递变序列[J]. 现代地质,2003,17(3):323-330.

[127] 张金川,金之钧,袁明生. 页岩气成藏机理和分布[J]. 天然气工业,2004,24(7):15-18.

[128] 张金川,林腊梅,李玉喜,等. 页岩气资源评价方法与技术:概率体积法[J]. 地学前缘,2012,19(2):184-191.

[129] 张金川,聂海宽,徐波,等. 四川盆地页岩气成藏地质条件[J]. 天然气工业,2008,28(2):151-156.

[130] 张金川,唐玄,姜生玲,等. 碎屑岩盆地天然气成藏及分布序列[J]. 天然气工业,2008,(12):11-17.

[131] 张金川,唐颖,唐玄,等. 吸附气含量测量仪及其实验方法. 中国专利,ZL201010137275.1,2011-10-05.

[132] 张金川,徐波,聂海宽,等. 中国页岩气资源勘探潜力[J]. 天然气工业,2008,28(6):136-140.

[133] 张金川,杨超,陈前,等. 中国潜质页岩形成和分布[J]. 地学前缘,2016,23(1):74-86.

[134] 赵红燕,崔启亮,石文睿,等. 涪陵页岩气录井解释评价关键技术[J]. 江汉石油职工大学学报,2015,28(3):28-31.

[135] 朱光有,张水昌,梁英波,等. 天然气中高含 H_2S 的成因及其预测[J]. 地质科学,2006,41(1):152-157.

[136] 朱岳年. 天然气中 N_2 的成因与富集[J]. 天然气工业,1999,19(3):23-26.

[137] 周仁元,赵得思,郝福江. 区域地质调查工作方法[M]. 北京:地质出版社,2009.

[138] 周文,王浩,谢润成,等. 中上扬子地区下古生界海相页岩气储层特征及勘探潜力[J]. 成都理工大学学报(自然科学版),2013,40(5):569-576.

[139] 邹才能. 非常规油气地质[M]. 北京:地质出版社,2011.

[140] 邹才能,董大忠,王玉满,等. 中国页岩气特征、挑战及前景(二)[J]. 石油勘探与开发,2016,43(2):166-178.